KULT-KARREN

UNSERE AUTOS DER 60ER, 70ER UND 80ER

Joachim Kuch

Motor buch Verlag

IMPRESSUM

Einbandgestaltung: Luis dos Santos unter Verwendung von Fotos aus den Archiven der Hersteller und der Sammlung Schwab.

Bildnachweis: Sofern Bilder nicht aus dem Arhciv des Autors stammen, befinden sich die Bildquellen unter den jeweiligen Abbildungen; die Rechte an den Bildern verbleiben bei den Urhebern.

ISBN 978-3-613-04614-6

1. Auflage 2023

VORWORT 4

DEUTSCHLAND 6
Nach dem Wirtschaftswunder 8
AUDI 10
Audi-NSU 18
BMW 20
Ford 28
Mehr als nur Käfer: Karmann 36
Melkus 38
Mercedes-Benz 40
Opel 48
Porsche 56
American Way of Drive: Buggys 64
Trabant 66
Volkswagen 68
Die Bulli-Legende 76
Wartburg 78

FRANKREICH 80
Vive la Difference 82
Citroën 84
Matra 90
Frankreichs Elfer: Alpine 94
Peugeot 96
Renault 102
Simca 106

Konzept und Text: Joachim Kuch
Lektorat: Martin Gollnick/Joachim Köster
Innengestaltung: Luis dos Santos
Druck und Bindung: Graspo CZ, Zlin
Printed in Czech Republic

4L TROPHY 2011
FACOM
SKF
Deloitte
928

Die Solidität der Sechziger: Mercedes-Strichacht, 1968–1976.

DEUTSCHLAND

Kultig sind oder werden so ziemlich alle Autos, die alt genug sind, um ein H-Kennzeichen zu tragen. Das hat damit zu tun, dass praktisch jeder damit persönliche Erinnerungen verbindet. Das gilt nur noch in Maßen für die Autos aus den Zeiten des Wirtschaftswunders: Die wirken schon wie Oldtimer, denn in Sachen Automobiltechnik liegen sie meist auf dem Niveau der Dreißiger und Vierziger.

Das gilt auch, mit Abstrichen, für Autos der Sechziger. Die ausländischen Hersteller waren zu dem Zeitpunkt schon weiter. Erst in den Siebzigern gaben die deutschen Hersteller richtig Gas, und ausgerechnet die kriselnde VW AG gab das Signal zum Aufbruch. Mercedes und BMW schafften international den Durchbruch und unterstrichen in den Achtzigern den Anspruch, in Sachen Fahrzeugtechnik eine Führungsrolle einzunehmen. In jenem Jahrzehnt arbeitete sich auch Audi nach vorne, während VW mit der neuen Frontantriebspalette nach Audi-Muster die Käfer-Vergangenheit endgültig zurückließ. Einzig Porsche war noch nicht gerettet und schien reif für eine Übernahme zu sein.

Brandenburger Tor bei Nacht. (Foto: © Groman123, CC-BY-SA-3.0)

INHALT

GROSSBRITANNIEN 112
- Britisch Elend 114
- Austin 116
- Jaguar 118
- Nicht nur skurril: Kleinserienhersteller 120
- MG 124
- MINI 126
- ROLLS-Royce 128
- ROVER / LANDROVER 130
- TRIUMPH 132

ITALIEN 134
- Jenseits der Fiat-Dominanz 136
- Alfa-Romeo 138
- Ferrari 144
- Fiat 146
- Individuelle Eleganz: Kleinserienhersteller 154
- Lamborghini 156
- Lancia 158
- Maserati 164

JAPAN 166
- Die Gelbe Gefahr 168
- Honda 170
- Mazda 172
- Mitsubishi 174
- Nissan / Datsun 176
- Subaru / Suzuki 178
- Geländewagen werden Trend 180
- Toyota 182

USA 184
- Saufende Saurier 186
- Chevrolet 188
- Chrysler 192
- Schnelle Schlangen: Die Shelby Cobras 196
- Ford 198
- Jeep 202

AUS ALLER WELT 204
- Unbekannte Größen 206
- DAF 208
- Lada 210
- Polski-Fiat 212
- Saab 214
- Brasilien: Schöne Grüße aus Wolfsburg 218
- Škoda 216
- Volvo 220

VORWORT

VON ENTEN, KÄFERN UND VIELEN ERINNERUNGEN

Erinnerungen sind bekanntlich das einzige Paradies, aus dem wir nicht vertrieben werden können, und genau aus diesem Grund ist dieses Buch entstanden: Ich wollte alte Freunde treffen. Doch wie auf Facebook: Die meisten davon kenne ich nicht persönlich, eher vom Sehen. Von Prospekten, von Autoquartetten oder aus der Hobby. Daher ist dieses Buch keine Enzyklopädie, kein lückenloses Nachschlagewerk über die Fahrzeuge der Sechziger, Siebziger und Achtziger (zumal ich einige wenige Youngtimer eingeschmuggelt habe, die als kommende Klassiker gelten).

Es hat keine Techniktabellen oder dergleichen, und die einschlägigen Verdächtigen, jene Liebhaberstücke und Supersportwagen, die schon damals als Sammlerstücke vom Band liefen, spielen nur eine untergeordnete Rolle: Berührt haben uns jene Autos, mit und in denen wir groß geworden, die Alltagshelden jener Jahrzehnte.

Und dazu muss man diese Autos noch nicht einmal unbedingt selbst gefahren haben. Auch meine persönlichen Erfahrungen, zumindest die aus den Sechzigern, sind meist solche aus zweiter Hand: Als Angehöriger der geburtenstarken Jahrgänge mit Kurzschuljahr-Schädigung habe ich erst Ende der Siebziger meinen Führerschein gemacht, und so musste ich mich bis dahin zwangsläufig auf das Mit- und Beifahren beschränken. Im lindgrünen Ford 12m P4, zum Beispiel, den mein Vater gekauft hatte, als Neuwagen, aber mit Dachschaden: Der war nämlich bei der Produktion in Köln Niehl vom Band gefallen, dann repariert und günstiger abgegeben worden: Für einen Familienvater mit drei Kindern war das – und die Tatsache, dass ein mausgrauer VW 1300 viel zu eng war – Grund genug, um nach Köln zu fahren und den Ford direkt im Werk abzuholen: Das sparte die Überführungskosten. Wir drei Kinder hingen dann am Fenster unserer Altbauwohnung im zweiten Stock und schauten im Halbdunkel der anbrechenden Nacht nach unten den ersten Einparkversuchen zu. Das ging unfallfrei, und der Blick aus der Vogelperspektive zeigte, zu meiner großen Enttäuschung, keine Dellen auf dem Dach. Schade eigentlich, denn ich hatte mir das so interessant vorgestellt, irgendwie ähnlich wie die Punkte eines Maikäfers. Dafür aber verhieß der grüne Ford uns Freiheiten, die wir im ollen Lloyd, der bisherigen Familienkutsche, nicht gekannt hatten. Zu dritt nebeneinander auf der Rücksitzbank, ohne dass es aufgrund der Enge zu Streitereien kommen musste – Herrlich! (Ruhe scheint trotzdem nicht geherrscht zu haben, fragen Sie meine Eltern !) Und dann das feine grüne Vinyl an den Oberkanten der Sitze und die magisch knisternden, mit schwarz durchwirkten grünen Synthetiksitzbezüge, die, wenn man nur schnell genug drüberstrich, dann so angenehm brizzelten.

Vielleicht ist diese frühe Grün-Prägung der Grund, dass mein erstes Modellauto von Solido, an dessen Kauf ich mich erinnern kann, ein NSU Prinz in Minzgrün gewesen ist. Und zum Daktari-Set von Corgi, das wir drei Jungs zu Weihnachen geschenkt bekamen – da waren drei Autos drin, für jeden eins – gehörte neben dem Bedford-Giraffentransporter und dem Dodge-Flatbed-Truck auch ein grüner Landrover mit schwarzen Zebrastreifen. Das unergründliche Schicksal loste aber meinem kleineren Bruder den Landy zu, was mich in eine tiefe Krise stürzte. Einige Wochen später ging dann eine entfernte Tante (also nicht nur räumlich, sondern auch emotional betrachtet) mit zum Spielzeugladen, wo ich mir einen Corgi-Landrover raussuchen durfte. Nicht in Grün, sondern in Rot, und ohne Zebrastreifen, aber mit gelbem Abschleppkran am Heck, das war viel besser. Ätsch!

Nicht grün, sondern eher türkisfarben war der Ford 20 M P5 von Wiking, den ich, wenn es nach meinem älteren Bruder gegangen wäre, mir beim Familienausflug zu einer Neckarburg hätte wünschen sollen. Stattdessen entschied ich mich für ein Sandmännchen-Buch, was einen großen Vorteil hatte: Das hatte ich nämlich für mich ganz alleine, den Ford hätte über kurz oder lang mein Bruder im Zuge der unvermeidlichen Tauschgeschäfte – »Na gut, ich gehe mit zum Schwimmen, aber nur wenn Du mir den Ford schenkst« – seiner wachsenden Wiking-Sammlung einverleibt. Dann allerdings gäb's den heute noch, und ich könnte ihn als späte Wiedergutmachung zurückfordern.

An vielen Autos, die auf den folgenden Seiten vorfahren, hängen also persönliche Erinnerungen. Diesel-Strichacht, Beige? Onkel Eugen, im Nebenerwerb Landwirt. Peugeot 504? Hatte Onkel Herbert, in Himmelblau. Renault 16 TS? Fuhr meine Französischlehrerin, in Grün! Opel Ascona A, in Weiß? War das Fahrschulauto, in dem mein Bruder seinen Führerschein gemacht hat, damals noch ein postkartengroßer Vierseiter in Grau und merkwürdiger Textur, genannt »Lappen«. Konnte man auch mal mitwaschen, ohne dass er gleich kaputt ging. Nur die Stempelfarbe verblasste überraschend schnell ...

Grau, Silbergrau, war auch der Simca 1000 meiner Mutter. Den hat mein älterer Bruder dann als Führerscheinneuling im Rahmen einer entzückenden Pirouette – das Ding hatte ja Heckmotor – auf regennasser Fahrbahn um einen Baum gewickelt. Zum Glück ist ihm nichts passiert, auch später nicht, als ihm mit seinem marsroten Dritthand-Golf GTI auf der Autobahn der Reifen platzte und er im Graben landete ... Später ist er dann in ein reichlich ramponiertes Käfer-Cabriolet umgestiegen, seinen grünen VW 1500 hat er dann gegen einen ziemlich neuen roten 1303 LS-Cabrio umgetauscht. Ihn fährt er, drei Jahrzehnte und 450.000 Kilometer später, immer noch.

Wahrscheinlich könnte jeder von uns solche oder ähnliche Geschichten erzählen, und nur in den wenigsten wird es um Ferrari, Porsche und Co. gehen: Der Alltag hieß Volkswagen, Simca oder Opel. Daher dreht sich diese kleine Zeitreise in erster Linie um Autos mit Bodenhaftung.

Und obwohl man sie damals hunderttausendfach gesehen hat: Die meisten davon sind praktisch ausgestorben. Das hat wiederum zur Folge, dass diese Brot-und-Butter-Autos von gestern bei Oldtimertreffen heute seltener zu sehen sind als Porsche: Diese Autos waren Wegwerfartikel, und das macht ihren heutigen Reiz aus.

Bevor wir jetzt aber ein Betroffenheitstränchen verdrücken und bedeutungsschwer die Köpfe wiegen: Damals war mitnichten alles besser, die Autos schon gar nicht. Langzeitqualität, Airbags und Zweijahres-Inspektionsintervalle waren damals noch nicht erfunden, und die Benzinverbräuche erscheinen in Relation zur Leistung nachgerade aberwitzig. Andererseits wurden damals die technischen Grundlagen für das, was heute selbstverständlich ist, gelegt. Und wer nicht ganz ungeschickt war, konnte auch noch selber daran herum schrauben.

Das erklärt vielleicht auch, warum man Autos aus diesen Jahren, unabhängig von der Preisklasse, auch heute noch problemlos im Alltag bewegen kann – zumindest, sofern man nicht bei Gluthitze im Stau steht. Doch selbst wenn dem so sein sollte: Die Sympathien der anderen Verkehrsteilnehmer sind einem sicher, und das ist mehr, als man von jedem modernen Auto sagen kann.

JOACHIM KUCH

Die »Quatrelle«, der Renault 4, kam 1961 auf den Markt und wurde über fünf Millionen Mal gebaut. (Foto: © Pyromaniak45, CC-BY-SA-3.0)

Aerodynamik und Effizienz werden immer wichtiger: Opel Calibra, 1989–1997.
(Foto: © GM Corp. Media)

Die unbeschwerten frühen Siebziger: Ford Capri II, 1974–1978.

Vernunft und Fahrspaß in den frühen Achtzigern: BMW 315, 1980–1982.
(Foto: © BMW AG)

Das Zeitalter der Kompakten: VW Golf GTI, 1976–1983. (Foto: © Volkswagen AG)

NACH DEM WIRTSCHAFTSWUNDER

Die Sechziger begannen, soweit es Autoenthusiasten betraf, mit einem Paukenschlag: Borgward machte Pleite. Die Norddeutschen Autobauer, die in den Fünfzigern mit der Isabella in der Mittelklasse für Furore gesorgt hatten und mit Lloyd und Arabella eine echte Alternative für Kleinwagenkäufer gebildet hatten, mussten den Betrieb einstellen. Borgward war der spektakulärste Zusammenbruch eines Automobilbauers, doch beileibe nicht der erste: Schon im Jahrzehnt zuvor hatte sich eine erste Konsolidierung in einer Branche abgezeichnet, die von einer Vielfalt an Herstellern gekennzeichnet war, die mit ihren hastig zurechtgezimmerten Kleinstwägelchen versuchten, ihr Stück vom Wirtschaftswunderkuchen abzubekommen. Sie konnten aber nur in den ersten Jahren des Nachkriegsbooms bestehen, als die Kunden alles kauften, was mehr als zwei Räder und ein Dach über dem Kopf hatte. Sie verschwanden meist so schnell, wie sie entstanden waren, Kleinschnittger (1959 gegründet) zum Beispiel schloss 1957 die Tore, Champion (1949) im Jahr darauf, Victoria (1956) 1959. Einen Messerschmitt Kabinenroller fand man Mitte der Sechziger ebenso wie einen Kabinenroller von Heinkel oder einen Zündapp Janus noch nicht einmal mehr bei dubiosen Gebrauchtwagenhändlern. Von den ganzen Kleinwagen-Herstellern trotzte lediglich noch das Goggomobil der Hans Glas GmbH in Dingolfing dem Ansturm des Volkswagens, allerdings war klar, dass Kleinstautos mit kleinvolumigen Zweitakt-Motoren ihre besten Zeiten hinter sich hatten. Dennoch: Bis Mitte 1969 waren über 280.000 Goggomobile entstanden, mehr als von jeder anderen Kleinwagenkonstruktion.

Mit ihren Zweitaktmotoren in ernste Schwierigkeiten gebracht hatte sich auch die Auto Union, die 1949 in Ingolstadt neu entstanden war und 1950 unter dem Markennamen DKW Vorkriegskonstruktionen auflegte. Eine Fahrzeugklasse darüber angesiedelt waren die nach 1957 angebotenen Auto Union mit Kastenrahmen, Frontantrieb und Einliter-Zweitakt-Dreizylinder. Mit mäßigem Erfolg, 1958 übernahm Daimler-Benz die Aktienmehrheit und verkaufte sechs Jahre später die Marken DKW und Auto Union samt dem neuen Mitteldruck-Viertaktmotor an VW, das daraus 1965 die Marke Audi formte. VW wiederum übernahm 1969 die traditionsreiche Firma NSU und verschmolz sie mit ihrer Tochter Audi. Künftig firmierte das Unternehmen dann als Audi-NSU. Zu dem Zeitpunkt war die Marke Glas bereits komplett verschwunden: BMW hatte den Goggo-Hersteller 1966 übernommen und die Mittelklasse-Typen 1700 und 1600 GT sowie den luxuriösen Glas V8 unter eigenem Markenzeichen weitergebaut. Die Markenbezeichnung Glas verschwand endgültig 1968, der ehemalige Glas 1700 wurde bis 1973 von BMW Südafrika gebaut. Mit der NSU-Übernahme endete letztlich die Sturm-und-Drang-Ära der deutschen Automobilhersteller, die Branche hatte sich gefunden.

Das Goggomobil 250 Coupé war die Sensation der IFMA 1956. Es ging im Februar 1957 in Serie und war so gelungen, dass – so die Presse – »kaum noch jemand glauben würde, ein Rollermobil vor sich zu haben.« (Foto: © Auto-Medienportal.Net/John Black/RM Sotheby's)

Der 1973 auf der IAA präsentierte Bitter CD war das erste Auto von Erich Bitter. Es wurde bis 1979 bei Baur in Stuttgart 395 Mal gebaut.

Die Isabella galt als schönster Mittelklassewagen der Nachkriegszeit. Umso größer war der Schock der Borgward-Pleite. Die Diskussion darüber beschäftigte die Deutschen die Sechziger hindurch. (Foto: © Lothar Spurzem, cc-by-sa 2.0)

Kleinwagen, die Zweite: Der Kabinenroller steht, neben der Isetta von BMW, wie kein anderer für die Kleinstwagen der frühen Fünfziger. Damals für kleines Geld zu haben, erzielen Topexemplare heute schwindelerregende Preise. (Foto: © Auto-Medienportal.Net/RM Sotheby's)

Der Amphicar wurde zwischen 1961 und 1964 gebaut, der Motor stammte von Triumph. (Foto: © Dontworry, CC-BY-SA-3.0)

Der DKW mit dem Daimler-Motor erschien als Audi zum September 1965, der Variant folgte im Mai 1966, hier als Audi 75 von 1969. (Foto: © Audi AG)

Bis zum Erscheinen des Audi 80 gab es den Audi nur mit zwei- oder viertüriger Einheitskarosserie. Optisch unterschieden sich die einzelnen Modelljahre nur minimal. (Foto: © Audi AG)

Ende 1964 ging die Auto Union von Daimler an Volkswagen. Zu dem Zeitpunkt war der neue Viertaktmotor noch nicht serienreif, die Ingolstädter bauten nur Zweitaktmotoren, wie im rundlichen 1000 und dem DKW. (Foto: © Audi AG)

Den Audi gab es als 60, 70, 75, 80 und 90 und mit Motorleistungen von 55 bis 90 PS. Die frühen Maschinen liefen arg rauh und hatten erhebliche Kaltstartprobleme.

AUDI

Der Markenname Audi rührt aus grauer Vorzeit: Automobilpionier August Horch zog die Firma 1910 hoch; im Zuge einer ersten Konzentrationswelle im Automobilbau schloss sich Audi dann 1932 mit Horch, DKW und Wanderer zur Auto Union zusammen. Nach dem Zweiten Weltkrieg gründete sich im nunmehrigen Westteil des Landes eine neue Auto Union, die unter dem Markennamen DKW produzierte, 1958 dann verkauft und bei der Daimler-Benz AG angedockt wurde. Diese wiederum verkaufte das Unternehmen 1964 an Volkswagen, nicht ohne zuvor den Grundstein für eine erste Generation von Viertakt-Motoren gelegt zu haben, quasi als Mitgift. Und deren Konstrukteur, Ludwig Kraus, gleich mit dazu. In Stuttgart wird man sich heute noch darüber ärgern. Volkswagen ließ den Markennamen Audi wieder aufleben und präsentierte im Herbst 1965 den ersten Nachkriegs-Audi, eine verfeinerte DKW-Konstruktion, jetzt aber mit dem neuen Viertaktmotor. Der Rest ist, wie man so schön sagt, Geschichte, und an dieser hat Porsche-Enkel Dr. Ferdinand Piëch als Ingenieur und zeitweiliger Vorsitzender des Audi-Vorstandes den größten Anteil: Er sorgte dafür, dass die Marke Audi neben Mercedes Benz und BMW zur dritten großen deutschen Nobelmarke geworden ist.

DIE MARKE, DIE VW INS ROLLEN BRACHTE

Anfang der Siebziger konnte man das allerdings bestenfalls erahnen. Der erste Audi, noch ganz ohne Zusatzbezeichnung, hatte 72 PS und war 1965 vorgestellt worden. Er galt als echte Überlebenschance für die angeschlagene Auto Union. Der Motor stammte von Daimler-Benz, die Karosserie vom Auto Union, und die Produktionstechnik von VW. Bis 1972 variierten die Ingolstädter das Grundmodell und präsentierten diverse Motor- und Ausstattungsvarianten, ohne dass sich aber etwas Grundsätzliches geändert hätte: Vom Sparmobil Audi 60 bis zum Super 90 – der als erster Nachkriegs-Audi die 160 km/h-Marke knackte – entsprachen Karosserie (Zweitürer, Viertürer, Kombi) und Fahrwerk im Grunde genommen noch weitgehend dem verblichenen DKW F 102, jetzt aber mit Vierzylinder-Viertaktmotor und seriösem Kühlergrill, angesiedelt irgendwo zwischen Mercedes und Opel.

Der neue Audi biete *»für etwa 8000 DM durchaus nicht zu wenig«*, schrieb etwa die Zeitschrift mot, und dank des soliden Mercedes-Motors sei der neue Audi, so auto motor und sport, ein Kauf *»ohne Risiko.«*

Nichts mehr mit den alten Zweitakt-Stinkern gemeinsam hatte indes die zweite neue Audi-Generation der Neuzeit, der Audi 100 von 1968. Der ziemlich unscheinbare Neuzugang – die Presse lobte diese Unauffälligkeit als *»zukunftssichere Modernität«* – orientierte sich an Mercedes, was vielleicht erklärlich wird, wenn man weiß, dass Audi kurzfristig im Besitz der Daimler-Benz AG war. Für Vortrieb sorgte, wie gehabt, der 1,7-Liter-Mitteldruckmotor von Mercedes-Mann Ludwig Kraus. Damit etablierte sich Audi in der oberen Mittelklasse, auch wenn das zunächst gar nicht so geplant gewesen war: Kraus entwickelte den Mercedes-Konkurrenten quasi im Alleingang und präsentierte den Wagen dann der Konzernspitze. Das Resultat des heimlichen Tuns geriet zu einem gigantischen Erfolg und leitete die Höherpositionierung der Marke ein. Der neue Mercedes-Konkurrent war zunächst in drei Leistungsstufen zwischen 80 und 100 PS erhältlich, wobei die mitunter nur unwillig startenden Vierzylindermotoren Weiterentwicklungen des Super-90-Aggregats darstellten. Neben wahlweise Lenkrad- oder Mittelschaltung gab es für das neue 100-PS-Spitzenmodell Audi 100 LS ab Frühling 1970 auch eine Dreigang-Automatik. Die Motortester zeigten sich schwer beeindruckt, und die Kunden griffen eifrig zu, auch wenn der Audi 100 kein Schnäppchen war: Für das Grundmodell rief Audi 1968 stattliche 8600 D-Mark auf, was zwar immer noch 3000 D-Mark weniger waren als die Summe, die für einen Mercedes 200 hingelegt werden musste, aber fast 1000 mehr, als etwa Ford für einen 17 M aufrief. Bis 1976, bis zur Ablösung der Modellreihe, bot Audi noch zahlreiche weitere Ausstattungs- und Leistungsvarianten an, so ergänzte für 1970 ein Zweitürer die Limousinenpalette. Alle hatten den Audi-typischen Frontantrieb. Als die letzten Exemplare dieser Generation im Sommer 1976 das Band verließen, hatte Audi rund

AUDI

800.000 Limousinen verkauft – zuzüglich der heute so gesuchten 30.000 Coupés. Die Fließheck-Variante war auf der IAA 1969 erstmals gezeigt worden und baute auf der verkürzten Audi-Bodengruppe auf. Unter der Haube sorgte der mild getunte Mitteldruck-Vierzylinder mit 115 PS für Vortrieb: *»Möchtegern-Ferrari«*, schrieb die Presse, doch: *»Es hat auch schon viel schlimmere Möchtegernautos gegeben«*. Entscheidend für die Geschichte des Gesamtkonzerns – und damit letztlich auch für den Gang der Automobilgeschichte – sollte die dritte Neukonstruktion des Hauses werden: Der völlig neue Audi 80 erschien 1972 und hat (und so deutlich muss man es sagen) Volkswagen das Leben gerettet. Denn nachdem die Wolfsburger noch immer keinen brauchbaren Wagen mit zeitgemäßem Motor und Frontantrieb auf die Räder gestellt hatten, andererseits aber die Kunden Käfer und Konsorten scharenweise den Rücken kehrten (und das nicht nur in Deutschland, sondern auch in den USA), brannte in Wolfsburg der Baum. In den Medien wurden die Zukunftsperspektiven in tiefschwarzen Farben ausgemalt, während die Bilanzzahlen sich mit beängstigender Geschwindigkeit rot färbten.

Das Audi-Coupé war der Star auf dem IAA-Messestand des Jahres 1969. Es basierte auf der verkürzten Bodengruppe, nutzte aber die Türen der Limousine. (Foto: © Audi AG)

VON VW-ZWILLINGEN UND MERCEDES-KONKURRENTEN

Der Audi 80 sorgte dafür, dass der Fall Volkswagen nicht vollends zum Politikum geriet: Er kam, sah und siegte: Handlich, fahrsicher und komfortabel gefedert, bildete er innerhalb des VW-Konzerns die Blaupause für den wenig später von VW präsentierten Passat, der sich lediglich im Kühlergrill vom Audi unterschied. Um eine Kannibalisierung zu vermeiden, gab es den Audi stets mit Stufenheck, wer Schräg- oder Kombiheck wollte, musste zum VW greifen. Der Motor des Audi 80 – eine komplette Neukonstruktion – in Versionen mit 1,3, 1,5 oder 1,6 Liter Hubraum avancierte in jener Zeit zum meistverwendeten Antriebsaggregat des VW-Konzerns, dem Audi 80 GT von 1973 mit 100 PS folgte als Spitzenmodell der Audi 80 GTE mit der 110-PS-GTI-Maschine. Im August 1976 wurde die gesamte Modellreihe überarbeitet, was sich in erster Linie an der Front mit den rechteckigen Scheinwerfern, den großen Blinkern sowie den neuen Stoßstangen bemerkbar machte. Die Produktion dieser Modelle endete im Juli 1978, wobei zuletzt für einen viertürigen Audi 80 GLS 14.970 D-Mark zu bezahlen waren. Der stets nur zweitürige Audi 80 GTE kostete zu dem Zeitpunkt 16.615 D-Mark.

Der vierte neue Audi, der Audi 50, war auch der letzte, den Ludwig Kraus noch verantwortete. Dabei handelte es sich um den ersten echten Kleinwagen deutscher Provenienz mit allen Features, die auch heute noch einen guten Mini auszeichnen: Frontantrieb, Quermotor, Schrägheck-Karosserie und vorzügliche Raumökonomie. Zusammen mit dem kärglich ausgestatteten VW Polo rollte er bis 1978 mit 1,1- und 1,3-Liter-Motoren knapp 181.000 Mal in Wolfsburg vom Band, die Ingolstädter konzentrierten sich danach voll und ganz darauf, ihre Bestseller-Baureihen Audi 80 und Audi 100 zu verfeinern. Der zweite Audi 80, zur IAA im September 1978 gezeigt, hatte ein schickes Giugiaro-Kleid und darunter die weitgehend unveränderte Technik des Vorgängers. Motortechnisch kamen die 1,3- und 1,6-Liter-Benzinmotoren mit 55, 75 oder 85 PS aus dem Konzernregal zum Einsatz, später dann auch die diversen Diesel, deren Beliebtheit aufgrund der steigenden Benzinpreise in den Achtzigern stetig wuchs. Wie gehabt beschränkte sich das Karosserieangebot auf das Stufenheck-Modell mit zwei oder vier Türen.

Wenn Audis erste 100-Generation den Fuß in die Tür der automobilen Oberklasse gestellt hatte, so trat die zweite sie vollends ein: Die zwischen 1976 und 1983 gebauten Audi 100/200 brachten die VW-Tochter endgültig auf Augenhöhe mit Mercedes, und mit dem davon abgeleiten Audi 200 und dem 170-PS-Fünfzylinder-Turbo gehörte man nun auch dem exklusiven 200-km/h-Zirkel an.

Der 4,70 Meter lange Viertürer – ab Februar 1977 gab es ihn dann auch als Zweitürer – bot den bekannt üppigen Artenreichtum, der bis zur Modellpflege 1981 die Ausstattungspakete Audi 100/L/GL/GLS/CD und später, ab 1981, C/CL/GL und CS umfasste.

Der Audi 50 entstand, wie der Polo dann auch, in Wolfsburg. (Foto: © Audi AG)

Die zweite Generation des Audi 100 erschien 1976. Sie brachte Audi auf Augenhöhe mit Mercedes. Eine Schrägheck-Limousine gab's dort aber nicht. (Foto: © Audi AG)

Der Audi 80 GT als Sportversion des GL erschien zur IAA 1973. Es gab ihn nur in Monzagelb und als Zweitürer. Drehzahlmesser, Sportlenkrad mit Lochspeichen, 5-Zoll-Sportfelgen und Mittelkonsole waren serienmäßig. Audi 80 GTE und VW Golf GTI hatten den gleichen 1,6-Liter-Einspritzmotor, montierten diesen aber unterschiedlich: Im GTE saß er längs, im GTI quer.

Den Audi 80 GTE setzten die Ingolstädter ab 1978 unter Freddy Kottulinsky in der Deutschen Rallyemeisterschaft ein. (Foto: © Audi AG)

Der Audi 100 in GL-Ausstattung, hier mit den aufpreispflichtigen Doppelscheinwerfern und Vinyldach. Er brachte Prestige ins Programm.

AUDI

Wesentlich häufiger als die Schrägheck-Variante »Avant« war der Audi 100 (C2) in den Siebzigern mit Stufenheck zu sehen. In den USA lief er als Audi 5000. (Foto: © Audi AG)

Auch typisch geriet die Preisgestaltung, der 1,6-Liter-L kostete 1976 15.630 D-Mark; der Zweiliter-GLS 17.250 D-Mark. Stärkste Ausführung war der Audi 100 5E mit dem 136 PS starken Fünfzylinder-Einspritzer, er kostete als GS zunächst 19.350 D-Mark. Im Oktober 1978 erschien der erste Audi 100 mit Dieselantrieb, nachdem Audi zur Einführung zwei Vorserienexemplare auf eine 66 Tage dauernde Weltreise geschickt hatte, die über 38.000 Kilometer führte. Im Durchschnitt verbrauchten die Ingolstädter Diesel 10,2 Liter, was als sparsam galt. Der fünfzylindrige Audi 100 5D war mit den verschiedenen Ausstattungspaketen kombinierbar und blieb bis zum Produktionsende dieser Modellreihe im August 1982 im Verkaufsprogramm. Er kostete in L-Ausstattung anfangs 19.600 D-Mark und gegen Ende der Laufzeit 22.200 D-Mark.

Im August 1977 präsentierte Audi die dritte Karosserievariante des Audi 100, den Avant. Der Schrägheck-Kombi mit der großen Heckklappe war keine ausgesprochene Schönheit, und den Begriff des Lifestyle-Kombis gab es noch nicht: Die Deutschen waren noch kein Volk von Kombi-Fahrern, zu dem wurden sie erst in den Neunzigern. Und ausgesprochene Hedonisten waren sie auch nicht, der Audi 200 vom September 1979 – Erkennungszeichen: rechteckige Doppelscheinwerfer und 15-Zoll-Leichtmetallräder – war trotz solcher Luxus-Attribute wie Zentralverriegelung, Servolenkung und Scheinwerferreinigungsanlage kein Renner. Als er beim Modellwechsel 1982 nicht wieder aufgelegt wurde, vermisste ihn niemand ernsthaft.

MIT ALLRAD AUF DIE ÜBERHOLSPUR

Zu dem Zeitpunkt nämlich hatte Audi ein neues Erfolgsrezept gefunden, welches das Unternehmen in den Achtzigern auf die Überholspur brachte: den Allradantrieb, der bei Audi den Zusatz »Quattro« erhielt. Nun war das Unternehmen beileibe nicht der erste Hersteller, der den Allradantrieb nutzte, doch bis auf Nischenhersteller wie die britische Firma Jensen oder die in Europa weitgehend unbekannte japanische Firma Subaru gab es keinen Hersteller von Belang, der alle vier Räder antrieb.

Die Quattro-Ursprünge reichen in den Winter 1976/77 zurück. Damals unternahm eine Gruppe von Audi-Ingenieuren Testfahrten im tief verschneiten Schweden. Zu Vergleichszwecken fuhr ein Iltis mit – trotz seiner nur 75 PS ließ der hochbeinige Geländewagen den viel stärkeren Audi-Prototypen mit ihrem Frontantrieb keine Chance. Wenige Wochen später begann ein kleines Team von Ingenieuren, an der Spitze

Die dritte Audi-100-Generation (C3, 1982–1991) gab es wieder als Avant. Nach 1985 wurde die Karosserie vollverzinkt. (Foto: © Audi AG)

AUDI

der damalige Entwicklungsvorstand Dr. Ferdinand Piëch, ein Allrad-Auto zu entwickeln. Der Geniestreich, der die Quattro-Technologie möglich machte, bestand in der Hohlwelle – einer hohl gebohrten Sekundärwelle im Getriebe, über die Kraft in zwei Richtungen fließt. Von ihrem hinteren Ende aus treibt sie das Mittendifferenzial an. Die andere Hälfte des Antriebsmoments gelangt über eine Abtriebswelle, die in der hohlen Sekundärwelle rotiert, zum Differenzial der Vorderachse. Die Hohlwelle ermöglichte einen Allradantrieb, der praktisch verspannungsfrei, leicht, kompakt und effizient im Wirkungsgrad war und ohne schweres Verteilergetriebe nebst zweiter Kardanwelle auskam. Die revolutionäre Technologie feierte ihr Debüt auf dem Genfer Salon 1980 im neuen Audi quattro, einem kantig gestylten 200-PS-Coupé. Anfangs nur als Kleinserie geplant, entwickelte sich der Ur-Quattro aufgrund der großen Nachfrage zum Erfolgsmodell; immer wieder verfeinert, blieb er bis 1991 im Programm. 1984 stellte ihm Audi den Sport quattro mit 306 PS Leistung und um 32 cm verkürztem Radstand zur Seite, der in der Wettbewerbsausführung 400 PS brachte. Quattro und quattro S1 revolutionierten den Rallyesport, Höhe- und Endpunkt war der 500 PS starke Sport quattro S1 für den Einsatz in der Gruppe B. Seinen größten Triumph feierte der dann 598 PS starke S1 1987 am Pikes Peak: Walter Röhrl sorgte für den dritten Audi-Sieg in Folge beim Bergrennen in Colorado/USA. Bis zum Audi-Ausstieg 1986 aus der Rallye-WM hatten die Ingolstädter vier Titel in der Rallye-WM und drei Siege am Pikes Peak eingefahren. Die Quattro-Technik beflügelte aber nicht nur sportive Zweitürer, sondern auch die braven Limousinen wie den Audi 80, erstmals ab 1983. Da diese Flaggschiffe der Modellpalette aber stets sehr teuer waren, hielt sich die Verbreitung in engen Grenzen, was sie heute zu gesuchten und teuren Youngtimern macht.

Und man muss kein Prophet sein, um dem Audi TT eine Karriere als Liebhaberfahrzeug vorherzusagen. Der TT der Volkswagen-Tochter begann seine Karriere als Studie auf der IAA 1995. Drei Jahre später gab dann die Serienausführung des Audi-Zweisitzers ihr Debüt: Die Bezeichnung »TT« war eine Verbeugung vor der eigenen Vergangenheit, etwa in Gestalt des NSU TTS. Für das Design zeichnete in erster Linie Peter Schreyer verantwortlich, der später die koreanische Marke Kia neu einkleidete. Die Motorenpalette umfasste zunächst einen 1,8-Liter-Fünfventil-Turbomotor in zwei Leistungsstufen – 180 bis 225 PS –, später wurde die Modellreihe sowohl nach oben als auch nach unten (150 PS) ausgebaut. Zum stärksten Audi TT der bis 2006 gebauten ersten Generation avancierte der 250 PS starke Sechszylinder im 3.2 quattro. Die Produktion des Coupés wie auch des ab Herbst 1999 gelieferten Roadsters erfolgte überwiegend im ungarischen Györ. Nicht zuletzt dank dieser Klassiker hat sich Audi fest in der Spitzengruppe der deutschen Automobilhersteller etabliert.

Audi 200 5T von 1981: Den 200er baute Audi bis 1991. Im Grunde genommen war das ein höher motorisierter Audi 100 mit US-Front. (Foto: © Audi AG)

Frühe Audi Coupé GT (1981–1988) mit Doppelscheinwerfer werden rar, ebenso frühe Exemplare mit wenig Rost. (Foto: © Auto-Medienportal.Net/Ralph Kremlitschka)

Auf der IAA 1989 in Frankfurt zeigte Audi eine viersitzige Cabrio-Studie auf Basis der Audi-80/90-Reihe. Der offene Viersitzer ging 1991 in Serie. (Foto: © Audi AG)

Natürlich ist der Audi TT noch kein Youngtimer, schließlich kam er erst 1998. Ein Design-Klassiker aber ist er schon jetzt. (Foto: © Audi AG)

Der erste »Quattro«, zunächst mit 200 PS, feierte auf dem Genfer Salon 1980 sein Debüt. Mit dem bis zu 320 PS starken A1 (»Allrad 1«) fuhr Audi 1981 und 1982 in der Rallye-WM mit, der A2 1983/84 brachte den Durchbruch: Blomqvist/Cederberg sicherten Audi 1984 Fahrer- und Markentitel. Bei Rallye-Festivals ist das Coupé ein gern gesehener Gast. Rallye-Quattros sind unbezahlbar, auch die Frontantriebs-Coupés ziehen im Preis an. (Foto: © Audi AG)

Bis heute unvergessen: Der NSU Ro 80, die einzige deutsche Wankellimousine. Sie blieb zehn Jahre in Produktion und wurde 37.400 Mal gebaut. 115 PS stark, gehörte die Dreigang-Halbautomatik zum Serienumfang. (Foto: © Audi AG)

Insgesamt gab es nur 2402 echte TT-S, der zahmere TT wurde fast 65.000 Mal gebaut. Der leistete zuletzt 65 PS und hatte 1,2 Liter Hubraum, der TT-S hatte einen Einliter-Motor mit 70 PS. Leicht waren sie beide, rostanfällig auch, aber sensationelle Fahrmaschinen und heute richtig teuer. (Foto: © Audi AG)

Der Wankel-Spider, gebaut zwischen 1964 und 1967, war eine Variante des von Nuccio Bertone entworfenen Sportprinz. (Foto: © Audi AG)

AUDI-NSU

Typisch für das NSU-Modellprogramm der Nachkriegszeit waren die »Prinzen«. Es gab kleine, mittlere und große, gemeinsames Merkmal aller war der Heckmotor und, ab den frühen Sechzigern, die grundsätzliche Karosseriegestaltung mit der umlaufenden »Corvair«-Linie. Die kleinste und mehrfach erneuerte Baureihe, der Einfachheit halber durchnummeriert von eins bis vier, war auch die mit deutlich über 600.000 Exemplaren erfolgreichste.

Darüber angesiedelt, mit Vierzylindermotor und vergrößerter Prinz-4-Karosserie, sortierte sich 1964 der Prinz 1000 mit seinen ovalen Scheinwerfern ein. Auch wenn diese Typen ab Ende 1967 nicht mehr von Adel waren und schlicht »NSU 1000« hießen: Die 3,80 Meter langen Einliter-NSU entpuppten sich als Verkaufsrenner, zum Straßenfeger indes avancierte der 55 PS starke und 150 km/h schnelle TT. Seine Kennzeichen waren die rassigen Doppelscheinwerfer, eine schwarze »Bauchbinde«, stylische Talbot-Außenspiegel, 13-Zoll-Gürtelreifen und vordere Scheibenbremsen, um nur einige der Goodies zu nennen. Zuletzt hatte die Rennsemmel 65 PS und lief laut Werk 155 km/h, das reichte, um jeden Käfer zu verscheuchen. Noch schärfer war der TTS, der sich von vorne durch seinen Ölkühler und die aufstellbare Motorhaube hinten vom TT unterschied. Da standen dann 70 PS in den Papieren, was eine Spitze von knapp 165 km/h bedeutete, was den NSU zu den *»kleinen, aber unerhört schnellen Spielzeugen«* machte, die kein anderer deutscher Hersteller anzubieten hatte. Könige im Prinzenreich indes waren die Typen der Baureihe 110 mit der auf vier Meter aufgeblasenen Prinz-1000-Karosserie. Jetzt waren die Heckschleudern in der Mittelklasse angekommen, mussten sich mit Konkurrenten wie Ford, Opel und VW herumschlagen. Es gab sie mit 1100er und später einem 1200er Motor. Die Chromfassade machte mächtig was her, und mit einer Spitze von knapp 145 km/h war man in den frühen Siebzigern wirklich kein Verkehrshindernis.

DER WANKEL-WAHN

Während auch andere Firmen pfiffige Kleinwagen im Programm hatten, war doch die 1967 gezeigte Ro-80-Limousine (Ro = Rotationskolben, 80 = Typenbezeichnung) einzigartig. Der neue Wagen entwickelte sich zum Aushängeschild des deutschen Automobilbaus und war von seinem ganzen Konzept her bahnbrechend. Der Außerirdische brillierte mit fabelhafter Straßenlage und einer Spitze von gut 180 km/h, wobei nach Testermeinung zwar *»der Motor dem Wagen Einmaligkeit«* gab, aber auch *»die übrigen Qualitäten den Ro 80 so attraktiv«* machten, dass er bei jedem Neuwagenkauf in dieser Klasse in die engere Wahl gezogen werden müsse: *»Er ist ein mutiges, neuartiges Auto, und das macht ihn sympathisch.«* Allerdings eines mit Schattenseiten, wozu in erster Linie der hohe Verbrauch an Öl und Benzin gezählt werden musste: Im Stadtverkehr genehmigte sich der Neckarsulmer durchaus mal 20 oder mehr Liter.

Im Verlauf seiner zehnjährigen Produktionszeit wurde er technisch ständig verbessert, denn der Wankel-NSU war zunächst ziemlich anfällig, auch wenn die ständig kolportierten Geschichten von reihenweise eingehenden Motoren stark übertrieben waren. Unbestritten indes: Ein Ro 80 erforderte ein sensibles Fahrerhändchen, war aber in Händen eines Kenners ein Traum von einem Wagen, der seine Qualitäten vor allem auf Langstrecken zur Geltung zu bringen vermochte. Immerhin wurde er noch bis 1977 gebaut.

Zu dem Zeitpunkt war der K 70 längst schon Geschichte. Die konventionell gezeichnete Stufenhecklimousine mit neuem wassergekühlten 1,5-Liter-90-PS-Vierzylinder, Frontantrieb und vielen technischen Delikatessen sollte dem Audi Paroli bieten, wurde aber am Vorabend des Genfer Salons 1969 auf Anordnung der neuen Eigentümer zurückgezogen: Wie Insider später zu berichten wussten, völlig zu Recht, denn die ambitionierte Stufenheck-Limousine war alles andere als ausgereift – allen Verschwörungstheorien zum Trotz. Volkswagen brachte den Viertürer später, hatte viel Zeit, Geld und Arbeit investiert, um ihn zur Serienreife zu bringen, nahm ihn dann wegen miserabler Verkaufszahlen aber bald wieder vom Band.

BMW

Seit den Sechzigern ging es bei den Münchener Autobauern aufwärts. Es waren Goldene Jahrzehnte, nachdem die Firma Ende der Fünfziger beinahe untergegangen wäre.

ALLES NEU MIT DER NEUEN KLASSE

Die Wende eingeleitet hatte die »Neue Klasse« von 1962, der BMW 1500. Die neue Mittelklasse-Baureihe brachte den Bayern, die sich in den Fünfzigern mit dem Isetta über Wasser gehalten hatten – die Mercedes-Konkurrenten vom Typ 501/502 »Barockengel« wie auch die Sportwagen 503/507 waren nur schlecht verkäuflich –, die dringend notwendige Erfolgsreihe. Mitte der Sechziger begann dann auf Basis der Neuen Klasse eine kluge Auffächerung des Modellprogramms. In der Luxus-Klasse spielte BMW keine große Rolle mehr: Die neue Mercedes-S-Klasse (1972 erschienen) grub den großen BMW-Sechszylindern das Wasser ab. Zu dem Zeitpunkt waren die BMW 2500 und 2800 Limousinen der Baureihe E3 gerade vier Jahre auf dem Markt. Mit ihren prestigeträchtigen Doppelscheinwerfern waren sie in Form, Größe, Gewicht, Leistung und Preis mit den entsprechenden Modellen von Mercedes vergleichbar, vermittelten aber wegen der lebendigeren Motoren und härteren Fahrwerke einen viel sportlicheren Eindruck.

Die von BMW neu entwickelten Reihensechszylinder-Motoren gehörten zu den besten Motorkonstruktionen jener Zeit und hatten eine außerordentlich hohe Laufkultur: Laufleistungen von über 150.000 Kilometern ohne Motorrevision – damals eine Seltenheit – waren für einen großen BMW normal. Gebrauchtwagenkäufer konnten bedenkenlos zugreifen, zumal auch Rost kein Thema darstellte. Basismodell war der 150 PS starke BMW 2500, darüber angesiedelt der zunächst viel besser ausgestattete und 20 PS stärkere BMW 2800. Er besaß bis Ende 1971 Luxus-Goodies wie eine serienmäßige Niveauregulierung und ein Sperrdifferenzial. Erstere entfiel dann ersatzlos, Letzteres blieb, auch für alle späteren Ausführungen, als Sonderausstattung lieferbar. Im April 1971 wurde die Modellreihe nach oben erweitert, es folgten der BMW 3.0 S mit Dreiliter-Vergaser und 180 PS sowie im September 1971 der BMW 3.0 Si mit Dreiliter-Einspritzmotor und satten 200 PS. Das Facelift im September 1973 bescherte der Oberklasse-Baureihe einen schwarzen Kühlergrill, Ende 1974 begann dann der Abschied auf Raten, zuerst erwischte es den 2,8-Liter. Zwischen 1973 und 1977 waren alle E3-BMW mit zehn Zentimeter längerem Radstand und entsprechend verlängerter Karosserie zu haben, als Antwort auf die lange S-Klasse. Das änderte aber nichts daran, dass im direkten Vergleich zur neuen S-Klasse aus Untertürkheim die Münchener stets nur zweiter Sieger blieben. Dabei kostete der BMW 3.3 L mit fast 40.000 Mark ebenso viel wie ein kurzer Mercedes 450 SE (aber fast 12.000 Mark weniger als ein BMW 3.0 Si), der SEL war also wesentlich teurer als der lange Lulatsch, doch es half nichts: Insbesondere in der Topversion 6.9 galt der SL als Auto, das *»in seiner Vollkommenheit ... nicht seinesgleichen hat.«* Mit der BMW-Siebener-Reihe versuchte BMW dann nach 1977, verlorenen Boden in der Luxusklasse wieder gutzumachen.

Anders sah es bei den großen Coupés aus: Da hatten die Bayern die Nase vorn und die Schwaben das Nachsehen. Zwischen 1968 und 1975 standen auf Basis der Limousinen die von Karmann gebauten CS-Coupés im Angebot, wobei die Karosserie im Grunde genommen schon beim 2000 C/CS des Jahres 1965 auftauchte, 1968 aber wegen der Sechszylinder-Motoren eine längere Schnauze und einen anderen Grill erhielt. Eine ganz besondere Rarität war das aus dem 3.0 CSi entwickelte Leichtbau-Coupe 3.0 CSL von 1971, von dem 1000 Stück entstanden. Es handelte sich um eine zusammen mit Alpina entwickelte Homologationsserie für den Tourenwagensport nach FIA-Gruppe 2, wobei der Leichtbau Bleche mit geringerer Wandstärke, Plexiglasscheiben und Aluminiumhauben und -türen umfasste. Bis November 1975 entstanden drei Ausführungen mit 180, 200 und 206 PS, wobei die stärkste – ab Juli 1973 – die spektakulärste war: Rundum verspoilert, lag der gigantische Heckflügel im Kofferraum, denn fest montiert hätte der Production-Racer keine Straßenzulassung

Den Prototyp der »Neuen Klasse« stellte BMW auf der Frankfurter IAA im September 1961 vor. Mit ihm fuhr BMW in die Neuzeit. (Foto: BWM AG)

Die Weiterentwicklung der zunächst nur als Viertürer lieferbaren »Neuen Klasse« führte endlich wieder zu einer geeigneten Basis für den Motorsport bei BMW. Burkhard Bovensiepens Firma Alpina bot zum Beispiel für den 1,8-Liter ein umfangreiches Tuningprogramm an.

Der 2000 C von 1965 war die Coupé-Ausführung der »Neuen Klasse«. Den Zweiliter gab es mit 100 PS, als CS brachte er noch einmal 20 PS mehr auf die Straße. Die Karosserie lieferte Karmann zu. (Foto: © BMW AG)

Der 02-touring war kürzer als die Stufenheck-Limousine, hatte aber eine Heckklappe und eine umklappbare Rücksitzlehne. Die Kombi-Limousine blieb ein Ladenhüter.

1972 ergänzte das 2002 Cabrio die Nullzwei-Reihe. Das Dachmittelteil war herausnehmbar, das Verdeck abklappbar. Wurde bei Baur gefertigt, nach 1974 mit eckigen Heckleuchten.

Nach Erscheinen der S-Klasse von Mercedes brachen die Absatzzahlen der großen Sechszylinder-BMW 2500/2800 ein. Im April 1971 legte BMW nach und präsentierte den 3.0 S (rechts), kurz darauf auch als Si mit Einspritzung. Die Überholung der Einspritzpumpe ist kompliziert und teuer.

Die Ablösung der Coupé-Baureihe stand auf dem Genfer Salon im Frühjahr 1976 und erhielt, gemäß der neuen BMW-Nomenklatur, die Ordnungsziffer 6. Als Motorisierung standen zwei Sechszylinder-Triebwerke zur Wahl. Die Baureihe lief bis 1989, zuletzt als 635 CSi mit schwarzer Spoilerlippe.

Der BMW 2002 turbo erschien im September 1973, galt aber wegen der Ölkrise als viel zu krawallig. Er wurde Ende 1974 schon wieder eingestellt. (Foto: BWM AG)

erhalten. Mit 38.860 Mark war das Rennsport-Coupé 120 Mark günstiger als der 3.3 L. Zum Jahresende 1975 lief die Produktion nach rund 30.000 Coupés aus, und natürlich gab es mit der Sechser-Reihe wieder adäquaten Ersatz: Das Coupé – als 633 CSi dann mit 3,2-Liter-Reihensechszylinder aus dem 3.3 Li und knapp 220 km/h schnell – basierte aber nicht auf der Siebener-Reihe, sondern bediente sich der Fünfer-Komponenten*: »Ein souveränes, überlegenes Auto«*, mit einem Motor, der in dieser Hubraumklasse *»nirgendwo auf der Welt eine ebenbürtige Konkurrenz findet«.* Die Tester schrieben von einer *»erstaunlichen Treibstoff-Ökonomie«*: Selbst mit allerschwerstem Bleifuß und Vollgas genehmigte sich der Bayerische Stenz maximal 18 Liter auf 100 Kilometer . Bayerns Sechser hielt bis 1989 durch, in den Neunzigern war es dann die Achter-Reihe – heute besonders gesucht als 850i mit Zwölfzylinder-Motor –,welche die Coupé-Tradition aufrecht erhielt.

Sportwagen waren gut für das Image, Stückzahlen brachten die kleineren Baureihen, die »Neue Klasse«. Die Modellreihe, mit der 1961 die Wiedergeburt des weißblauen Herstellers begonnen hatte, lief zum Modelljahr 1970 aus, wer einen mochte, musste sich auf den Gebrauchtwagenmärkten umtun. Aber Vorsicht: Gerade bei den ersten Modellen war der Lack schon längst ab, die frühen 1500er waren ziemliche Gurken und taten dem BMW-Image nicht sonderlich gut. Immerhin waren Technik und Form wegweisend, was zum Beispiel gerade die japanische Konkurrenz dazu animierte, BMW nachzueifern: Der in den USA ungeheuer erfolgreiche Datsun Bluebird 510 war im Grunde genommen eine BMW-Kopie. Allerdings eine sehr solide, und dessen Reifegrad erreichte das Original erst im Laufe des Jahrzehnts.

MÜNCHEN NULLZWEI

Abgeleitet vom viertürigen Typ 1600, erschien 1966 eine zweitürige Variante 1600-2, vorgestellt auf dem Genfer Salon, die Produktion begann wenige Wochen später. Der vergleichbare Viertürer kostete rund 1000 Mark mehr, was erklärt, warum die neuen BMW – die seit April 1971 gemäß der neuen Nomenklatur nicht mehr etwa 1600-2, sondern 1602 hießen – sich so großer Beliebtheit erfreuten. Natürlich gab es von der Nullzwei-Reihe entsprechende Sportausführungen, wie bei den Viertürern hatten diese die Kürzel »ti« bzw. »tii«. Die ti-Modelle hatten 40er Solex-Doppelvergaser, und beim BMW 2002 tii sowie dem späteren 2002 turbo erfolgte die Gemischbildung mit mechanischer Kugelfischer-Einspritzanlage, die damals auch im Rennsport sehr erfolgreich war (dort meist mit Flachschieberanlage statt Drosselklappe).

Den BMW 2002 mit Zweiliter-Motor gab es seit Januar 1968, im September löste er mit Zweivergasermotor den 1602 ti ab. Seit März 1971 gab es den Zweitürer auch mit 1,8-Liter-Motor, und schließlich, als Reaktion auf die Ölkrise und die anhaltende Diskussion über die Einführung eines Tempolimits, noch in einer Einstiegsvariante 1502 (der eigentlich ein abgemagerter 1602 war). Obwohl er auch nur 1000 Mark günstiger war als ein regulärer 1602, überlebte er sogar den Modellwechsel zum Dreier und lief erst im August 1977 aus. Eine Sonderstellung nahm der BMW 2002 Turbo ein: Das falsche Auto zur falschen Zeit, da halfen weder Kriegsbemalung noch Spoilerwerk. Das Topmodell, insbesondere in Weiß und mit den Farbstreifen der 3.0-CSL-Werksrenner (es gab ihn auch noch in Silber) trug auf dem Spoiler den Schriftzug »turbo« in Spiegelschrift, was für einen Eklat sorgte und sogar im Rahmen einer aktuellen Fragestunde im Bundestag thematisiert wurde: Was denn die Bundesregierung gegen solche Auswüchse zu unternehmen gedenke, wurde da gefragt, denn selten war das Timing unglücklicher: Der 2002 erschien just im Spätjahr 1973, als im Zuge der Ölkrise die weltweite Automobilindustrie in eine tiefe Sinnkrise stürzte. Und wenn es denn ein Zeichen für automobile Unvernunft gab, so schien der zwangsbeatmete BMW 2002 mit Kugelfischer-Benzineinspritzung das ideale Beispiel dafür zu sein. Der erste deutsche Wagen mit Turbolader beschleunigte mit seinen 170 PS den knapp 1100 Kilo schweren Viersitzer in acht Sekunden bis zur 100er-Marke, die Höchstgeschwindigkeit lag bei 211 km/h. Ein Kostverächter war der Nullzweier natürlich nicht, selbst die Werksangaben – notorisch optimistisch – sahen ihn bei 14,5

Litern und damit um mindesten 1,5 Liter höher als beim nächstschwächeren 2002 tii mit 130 PS. Der 2002 turbo in seiner Kriegsbemalung (wenn auch ohne Schriftzug auf dem Spoiler, der fehlte in der Serie) wurde nur ein starkes Jahr gebaut, im November 1974 lief die Fertigung dann nach 1672 Stück aus. Die Regierung musste daher die Angelegenheit nicht länger *»mit Sorge betrachten«*, so seinerzeit die Antwort auf die oben erwähnte Anfrage.

Während die normalen Zweitürer sich blendend verkauft hatten (863.000 Stück waren ein nie erwarteter Erfolg), interessierten sich nur Individualisten für die anderen 02-Varianten, die Kombi-Limousinen namens »Touring« und die Cabriolets. Die Touring-Modelle waren zwar die praktischeren Nullzweier, fuhren sich aber wegen ihrer Hecklastigkeit und Windempfindlichkeit weniger angenehm als die Limousinen. Sie verkauften sich wesentlich schlechter als erwartet. Und wie so oft: der Flop von gestern ist der Klassiker von heute.

Das gilt natürlich auch für die BMW-Cabrios, gebaut bei der Firma Baur in Stuttgart und enthüllt auf der Frankfurter Automobil-Ausstellung 1967. Gelungen war die Linie dank des voll versenkbaren Verdecks. Nachteil der grazilen Erscheinung: Der schmucke BMW war ziemlich labil und gammelte in Rekordgeschwindigkeit: Rostschutz und Baur, das passte auch später nicht so recht zusammen. Insgesamt wurden 1938 Cabrios gebaut, davon 256 äußerlich nicht von den 1600ern zu unterscheidende BMW 2002 Cabriolets (für die heute selbst im Schrottzustand irrwitzige Preise bezahlt werden). Zumindest das Problem mit der Stabilität bekam Baur in den Griff und zeigte im April 1971 das BMW 2002 Cabriolet mit dem breiten Überrollbügel. Damit ging aber das unverfälschte Cabrio-Feeling flöten, Fans wandten sich mit Grausen: Die Siebziger waren eine miese Zeit für die Freunde der offenen Fortbewegung. Im Juni 1975 endete nach 2272 Baur-Cabrios diese Episode, auch die Nachfolger wurden nie als vollwertige Cabriolets akzeptiert.

Der erste 3er war deutlich größer als der 02er. Die Modellreihe umfasste die Typen 316, 318, 320 und 323, der 315 (1981–1983) war ihr letzter Vertreter. (Foto: BMW AG)

BAYERN DREI

Die Ablösung des Nullzwei vom Juli 1975 gab es in der ersten Dreier-Auflage – Kennung E21 – ausschließlich als Zweitürer sowie als Baur-Cabriolet. Äußerlich waren die verschiedenen Varianten der Dreier-Reihe nahezu identisch, jedoch besaßen der 316 und der 318 einfache, der 320, der 320i und der 323i Doppel-Scheinwerfer. Dazu trugen die Sechszylinder-Modelle ein Typenschild im Kühlergrill. Der BMW 323i war als einzige Variante mit zwei Auspuffendrohren (eines auf der linken und eines auf der rechten Seite des Fahrzeughecks) ausgestattet, das »i« hinter der Zahlenkombination signalisierte »injection«, also Einspritzer. Die 320 und 320i wurden ab September 1977 durch den 320 und ab Februar 1978 durch den 323i mit Sechszylinder-Motoren ersetzt. Mit diesen neuen Triebwerken, die sich durch moderne Konstruktionen, geringes Gewicht, hohe Leistung, Drehfreudigkeit und vorbildliche Laufkultur auszeichneten, wurde BMW wieder einmal seinem Ruf gerecht, die feinsten Automobilmotoren der Welt zu bauen. Im November 1982 wurde die Produktion des ersten Dreiers beendet, nur der 315 lief noch bis Ende 1983. Die E21-Reihe brachte es als bis dahin meistgebauter BMW auf 1.364.039 Einheiten. Rund ein Drittel aller Dreier war mit Sechszylinder-Motoren ausgerüstet. Erfolgreichstes Modell der Reihe war, wie von den Testern erwartet, der mehr als eine halbe Million Mal gebaute BMW 320, denn: ***»Wenn Fortschritte so offensichtlich sind, werden sie meist auch honoriert.«*** Einen der 109 PS starken 320er ließ sich BMW übrigens mit 15.330 Mark honorieren, das waren rund 1500 Mark mehr als der auf der IAA im September 1975 erstmals gezeigte Golf GTI kosten sollte.

BMW KANN AUCH BEQUEM

Die erste Dreier-Reihe passte hervorragend in die neue BMW-Design-Linie, die der von Paul Bracq geformte Fünfer vorgegeben hatte. Diese Baureihe war 1972 erschienen und stellte die erste BMW-Neuentwicklung der Siebziger dar. Innerhalb des Modellprogramms handelte es sich dabei um den Nachfolger der Neuen Klasse,

Der BMW 835 sollte ursprünglich bei Lamborghini entstehen, als das nicht klappte, sprang Baur ein. Das Mittelmotor-Coupé ging Ende 1978 als BMW M1 in Serie. (Foto: BMW AG)

Die Fünfer-Reihe erschien 1972 und löste die »Neue Klasse« ab. Im Bild ein Exemplar der zweiten Generation von 1981 als Topmodell M5 mit 286 PS. (Foto: BMW AG)

Auf zwei folgt drei: Die neue 3er-Reihe (Modellbezeichnung E21) erschien im Juli 1975 sowohl mit Sechs- als auch mit Vierzylinder-Motoren. Doppelscheinwerfer hatten nur die Modelle 320 und 323. Gepflegte 320er sind heutzutage rar. (Foto: BMW AG)

Der Z1 wurde dann in 8012 Exemplaren zwischen 1988 und 1991 gebaut. Rote Z1 sind nicht ganz so gefragt, kosten aber immer noch ab € 35.000,– aufwärts. (Foto: © BMW AG)

Die 8er-Reihe E31 löste die 6er-Coupés ab, war aber eine halbe Klasse höher angesiedelt. Der Luxusliner mit Klappscheinwerfern kam zunächst als 850i mit V12. (Foto: © BMW AG)

Das Linder BMW M Team errang 1990 beim 24-Stunden-Rennen auf dem Nürburgring einen Doppelsieg. Den M3 der Baureihe E30 setzte BMW zwischen 1987 und 1993 bei nationalen wie internationalen Tourenwagen-Meisterschaften in der Gruppe A ein. (Foto: © BMW AG)

Den E30 gab es in zahlreichen Ausführungen, auch als Werks-(Voll-)Cabrio, hier als M3 mit 2,3-L-Sechszylinder. Heute extrem gesucht und sehr teuer. (Foto: © BMW AG)

daher stand er auch ausschließlich als viertürige Limousine im Angebot – zunächst mit Vier-, dann auch mit Sechszylinder-Motoren. Zuerst kam der BMW 520. Gegenüber dem bisherigen BMW 2000 blieben Motor, Getriebe und Fahrwerk im Wesentlichen gleich, die Karosserie wirkte deutlich stattlicher, was sich zuerst auf der Waage, dann am Preis und schließlich am Temperament bemerkbar machte: Der 520 mit Vergasern war eher etwas für behäbigere Gemüter und der 520i mit Einspritzung zu teuer, daher schoben die Weißblauen für 1974 den 525 mit 2,5 Liter- und ab Februar 1975 den 528 mit 2,8-Liter-Sechszylinder-Motor aus dem BMW 2.8 L nach. Sie wurden beide zu einem durchschlagenden Erfolg, der freilich zu Lasten der großen BMW 2500/2800 ging. Auch der Basis-Fünfer geriet in die Klemme, der BMW 518 vom Juni 1974 mit 1,8-Liter-Motor wurde von der Fachpresse als zeitgemäße Antwort auf steigende Benzinpreise gelobt. Handlich waren sie aber alle, gut fahrbar sowieso, boten viel Platz und wenig Ausstattung, doch das zu gesalzenen Preisen: Es war auch diesmal *»etwas teurer, einen BMW zu fahren.«*

In den Kaufberatungen kamen die kleineren Vierzylinder immer ein wenig besser weg als die rappeligen, schlecht gedämmten Zweiliter. Wer es sich allerdings leisten konnte, war mit den größeren Sechszylindern besser bedient. Da stimmte einfach alles: Preis, Fahrleistungen, Laufkultur. Das obere Ende der Modellpalette markierte ausgangs des Jahrzehnts dann der ab September 1979 lieferbare BMW M 535i mit dem 218 PS starken 3,5-Liter der Siebener-Baureihe: Eine sauschnelle, aber dennoch angesichts der Fahrleistungen – 0–100 km/h in 7,0 s, Spitze 228 km/h – mit knapp 44.000 Mark recht günstige Familienlimousine.

VOLLGAS IN DEN ACHTZIGERN

Dreier, Fünfer, Sechser, Siebener: Mit diesem ganz klar strukturierten Modellprogramm startete BMW dann in den Achtzigern richtig durch. Zu den bemerkenswertesten Modellen des neuen Jahrzehnts gehörten die Neuauflagen von Dreier- (E30) und Fünfer-Reihe (E34), und da wiederum die jeweils stärksten Ausführungen, aufgebaut von der BMW-Motorsport-Tochter, der M GmbH, die sich nach Beendigung des Engagements in der Formel 1 auf den Tourenwagen-Rennsport konzentrierte und dafür 1986 den ersten BMW M3 präsentierte. Der kompakte Zweitürer stellte für BMW die erste konsequente Parallelentwicklung von Serie und Motorsport dar: Die Straßenversion – zu Homologationszwecken mussten innerhalb eines Jahres 5000 Exemplare verfügbar sein – wurde von Anfang an renntauglich konzipiert und dem Reglement der Gruppe A förmlich auf den Leib geschneidert. Der 195 PS starke Dreier mit Vierzylinder-Vierventilmotor und serienmäßigem Katalysator avancierte zum erfolgreichsten Tourenwagen des Jahrzehnts. Aber auch als Straßenfahrzeug erreichte er ungeahnte Absatzzahlen, unverbastelte Fahrzeuge werden hoch gehandelt, und Sondermodelle wie die »Cecotto«-Edition scheint man mit Gold aufzuwiegen. Vom ersten BMW M3 wurden 17.970 Exemplare verkauft, einschließlich der 600 Exemplare des 2,5 Liter M3 Sport Evolution und der 765 von Hand gefertigten M3-Cabriolets. Doch auch die zivilen E30-Cabrios – BMW offerierte sie nach 1985 und ruinierte damit die Firma Baur, deren Topcabriolets standen plötzlich wie Blei in den Verkaufsräumen – haben insbesondere als Sechszylinder die Talsohle als Gebrauchtwagen durchschritten und legten kräftig zu – eine Entwicklung, welche der Z1 längst hinter sich gebracht hat. Der stand zwei Jahre nach dem Dreier-Cabriolet auf der Frankfurter IAA im September 1987 und verstand sich als zeitgenössische Interpretation des urenglischen Roadster-Gedankens: Lange Schnauze, kurzer Radstand, breite Spur und tiefer Schwerpunkt, aufgebaut auf einem tauchverzinkten Chassis mit eingeklebtem Kunststoffboden. Die Karosserie bestand aus zwei verschiedenen Kunststoffen, der Clou waren die nach unten in den Schwellern verschwindenden Türen. Antriebstechnik und Vorderachse steuerte der BMW 325i E30 bei, die Hinterachse war neu und fand dann ihren Weg in die Dreier-Neuauflage (E36) von 1991. Der Modellwechsel brachte auch das Aus für den bis dahin offensten BMW der Nachkriegszeit. Insgesamt wurden 8000 Einheiten produziert, 3000 mehr als ursprünglich geplant – zum Stückpreis von 85.000 Mark.

Mit den M-Modellen hat BMW die Hochleistungs-Limousine erfunden, mit dem M5 Touring – E34 – dann auch den Power-Kombi. (Foto: © BMW AG)

FORD

Ford in Deutschland – diese Geschichte begann im Jahre 1925 mit einer Importfirma für Traktoren, setzte sich 1926 mit einer Montagelinie für das T-Modell fort und führte Anfang der 30er Jahre dann zu einem gigantischen Werks-Neubau in Köln. Am Tage der deutschen Kapitulation im Mai 1945 begann man in Köln-Niehl wieder mit der Auto-Produktion, und die folgenden beiden Jahrzehnte kannten die Produktions- und Absatzkurven nur eine Richtung: es ging aufwärts, in der zweiten Hälfte der Sechziger etwas langsamer als zuvor, denn die neuen Escort am einen und der pompöse P7 am anderen Ende der Modellpalette waren nicht gerade Renner. Die dazwischen angesiedelte Taunus-Riege war veraltet, die Motoren antiquiert. Zum Standardantrieb gab es keine Alternativen, und der neue Taunus mit der »Knudsen«-Nase, der Sicke auf der Haube (die ein ansonsten längst schon vergessener Vicepresident verordnet hatte) bot viel Blechbombast, aber wenig Innovation. Nachdem Robert A. Lutz 1974 den Chefsessel der deutschen Ford-Werke übernommen hatte, den Karosserieschwulst reduzierte und die Garantiefristen auf ein Jahr oder 20.000 Kilometer verdoppelt hatte, liefen die Geschäfte bestens: Die deutsche Tochter konnte für 1976 eine hundertprozentige Dividende in die USA überweisen, und mit dem neuen Frontantriebsmodell Fiesta hatte Ford den modernsten deutschen Kleinwagen im Programm.

»Ein geräumiger, braver Familienwagen« – der 17 M im Test-Urteil, 1965. (Foto: © Ford AG)

ESCORT-SERVICE

Die beim Fiesta gesammelten Erfahrungen führten dann zu Fords erstem Weltauto, dem Escort mit Frontantrieb vom Modelljahr 1981. Die dritte Escort-Generation war keine rein europäische Angelegenheit mehr, sondern eine, bei der auch die amerikanische Konzernzentrale mitmischte. Die Amerikaner benötigten nämlich einen konkurrenzfähigen Kompaktwagen mit Frontantrieb und moderner Technik: Aus dem europäischen Escort wurde das erste Weltauto des Konzerns, auch wenn der US-Escort mit hiesigen Escort nicht viele Gemeinsamkeiten aufwies. Die dritte Generation erschien während ihrer zehnjährigen Laufzeit in unzähligen Varianten und Motorausführungen; es gab sie als Schrägheck-Limousine mit zwei und vier Türen, als Stufenheck-Viertürer (»Orion«), als Kombi und Kleinlieferwagen mit zwei und dann vier Türen sowie als Karmann-Cabriolet. Spitzenmodell war der dreitürige RS Turbo mit 132 PS. Letztlich war die dritte Escort-Generation ein gelungener Entwurf, mit ausreichend Platz, guter Handlichkeit und noch besserer Verarbeitung, kurzum: die dritte Escort-Generation hatte mit den beiden vorangegangenen nicht mehr das Geringste zu tun. Escort Nummer 1, der mit dem Hundeknochen-Grill, gelangte im September 1968 in die Schauräume der deutschen Händler. In weiten Teilen eine britische Entwicklung, war dessen Konzeption mit Einzelradaufhängung vorn und Starrachse hinten konservativ und der Fahrkomfort nur auf guten Straßen erträglich. Das Design galt bestenfalls als unauffällig. Hinter dem Hundeknochen-Kühlergrill versteckten sich alte Vierzylinder-Reihenmotoren aus dem britischen Ford-Programm: Unverwüstliche, aber laute Stoßstangen-Motoren mit fünffach gelagerter Kurbelwelle und einer per Zahnriemen angetriebenen Nockenwelle. Zwei 1100er und drei 1300er-Aggregate standen zur Verfügung, das Leistungsspektrum reichte von 40 bis 72 PS. Als Grundmodell kostete der Escort 5394,60 Mark, und viel mehr als vier Räder und einen Motor gab es dafür nicht. Was die Ausstattung anging, so gab sich der Escort zugeknöpft. Alles, was nicht unbedingt sein musste, stand auf der Aufpreisliste. In jedem Fall gab's eine direkte Lenkung, die überdurchschnittlich gute Heizung, den knapp geschnittenen Innenraum und die mäßige Verarbeitung obenauf. In England wurde der Escort auf Anhieb zu einem Bestseller, in Deutschland dagegen sah er gegen den Opel Kadett kein Land, trotz der Dumpingpreise: Das Grundmodell mit 40-PS-Motor kostete 1968 nur 5395 Mark.

Die zweite Escort-Auflage von 1975 punktete in erster Linie mit ihrer neuen, schnörkellosen Karosserie, nicht wegen technischer Sperenzchen – wie auch, schließlich steckte unterm Blech der alte Hundeknochen. Der Rückgriff sollte Geld sparen und attraktive Endpreise ermöglichen, tatsächlich aber war die Verarbeitung der in Saarlouis gebauten Escort nicht so gut wie erwartet, was sie auf die Dauer doch ziemlich

Der Escort entwickelte sich in den frühen Siebzigern zum beliebten Renngerät. Als RS 2000 mit dem Zweiliter-Consul-Motor lief er gut 180 km/h.

Deutsch-britische Gemeinschaftsentwicklung mit italienischem Namen: Mit dem Capri versuchten die Ford-Töchter, den Erfolg des Mustang zu wiederholen. (Foto: © Ford AG)

Heute praktisch ausgestorben: Ford 15 M RS Coupé (1968–1970). Die RS-Streifen konnten abbestellt werden. 1,7 Liter Hubraum, 75 PS, 175 km/h. (Foto: © Ford AG)

Der 20 M RS hatte serienmäßig den 2,3-Liter-V6 unter der Haube, auf Wunsch und gegen Mehrpreis gab es ihn auch mit 125 PS. Lieferbar als Limousine und Coupé, war das Topmodell 26 M auch mit 2,6-Liter-Sechzylinder zu haben. Unverbastelte, vollständige Exemplare sind rar, Rost die Regel. (Foto: © Ford AG)

Ford Taunus TC (1970–1975): Der »Knudsen-Taunus« mit dem Wulst auf der Motorhaube steht wie kaum ein anderes Auto für die 70er Jahre. Rost ist der große Feind, die Technik robust.

Consul und Granada waren praktisch baugleich, die Ausstattung machte den Unterschied. Im Bild ein Granada-GT-Coupé nach dem Facelift 1974.

Der Capri II war ein aufgebügelter Capri I mit weniger schwülstig geformter Karosserie.

Der Taunus anno 76 war wesentlich sachlicher gestaltet worden. (Foto: © Ford AG)

Die zweite Escort-Generation kam bei den deutschen Ford-Freunden sehr gut an.

teuer machte. Die frühen Modelle litten unter zahlreichen Kinderkrankheiten, vor allem der Motor machte Ärger. Im ersten Jahr waren diese Ford eine einzige Baustelle. Fahrverhalten und -komfort waren indes deutlich besser geworden, obwohl sich der Fahrwerksaufwand in arg überschaubaren Grenzen hielt. Schließlich gehörten Starrachse und Blattfedern Mitte der 70er-Jahre nicht mehr unbedingt zum letzten Stand der Technik. Etwas mehr Fahrwerks-Feinschliff hätte dem blechernen Langweiler allerdings nicht geschadet. Gewiss, die Ausstattung galt zwar als überdurchschnittlich gut und die Funktionalität als tadellos, dennoch: *»Biedere und brave Transportmittel ohne jeden fahrerischen Reiz«*, urteilte die Presse, und diese Attribute passten auch zu Fords Mittelklasse, die im Jahrzehnt der Fönfrisuren noch unter der Traditionsbezeichnung Taunus verkauft wurde.

MIT DEM TAUNUS NACH GRANADA

Zwei Generationen mit der anspruchslosen, soliden Technik entstanden in diesen Jahren, von der ersten – der mit der Nase – gab es auch zweitürige Coupés. High-Tech suchte man vor wie nach dem Modellwechsel vergebens, ebenso vernünftige Federelemente, sparsame Motoren oder Traktion auf nassen und vereisten Straßen: Der Taunus verkörperte die Blech gewordenen Siebziger.

Die erste Generation, 1970 erstmals ausführlich im Test, gefiel mit einer neuen Karosserielinie mit Blechwulst auf der Nase (»Knudsen-Nase«) und flotter Karosserielinie, in der manche eine Verwandtschaft zum Ford Mustang erkannt haben wollten. Fahrerisch waren weder Motor noch Fahrwerk eine Offenbarung, und das lässt sich mit Fug und Recht auch von den Ford der noblen Sorte behaupten: Der 20/26-M-Nachfolger Granada war als Spitzenmodell mit drei verschiedenen Sechszylinder-Triebwerken in drei verschiedenen Karosserieformen und in drei verschiedenen Ausstattungen lieferbar. Gemeinsames technisches Highlight war die neue Hinterachse-Konstruktion mit Einzelradaufhängung, größte Pluspunkte das verschwenderische Platzangebot, die Ausstattung und der Preis. Und Fords Einstieg in die Luxusklasse wurde zu einem vollen Erfolg. Die Rüsselsheimer erbebten unter dem Granada-Ansturm bis in die hinteren Starrachsen. Im ersten Jahr verließen über 100.000 Granada-Exemplare die Produktionshallen in Köln-Niehl, Fords Marktanteil in jenem Segment stieg auf über fünf Prozent. Dass es nicht noch mehr wurden, lag nicht nur an der wirtschaftlichen Situation, sondern auch am nur allmählich wachsenden Karosserieangebot, das schließlich eine Stufenhecklimousine mit zwei oder vier Türen sowie das zweitürige Fließheck-Coupé umfasste. Robust, zuverlässig und ausgereift, mit befriedigendem Federungskomfort und unproblematischen Fahreigenschaften waren sie alle, und diese Tugenden gab Ford auch seinem 1976 gezeigten Nachfolger mit auf den Weg. An dem war in erster Linie die auf 4,72 Meter gewachsene Karosserie neu. Die optische Entschleunigung führte zu einer wesentlich sachlicheren Form, zu klaren Kanten und größeren Fensterflächen: *»Hat dem Granada gut getan«*, lobte die Presse, auch wenn jetzt eine hohe Ähnlichkeit zum Taunus herausgekommen war. Plattform und Antriebsstrang indes entstammten nahezu unverändert dem bisherigen Granada-Programm, neu hinzu gekommen waren lediglich eine 135 PS starke Vergaser-Version des bekannten 2,8-Liter-Einspritzers mit bis zu 160 PS. Dafür fielen die 2,6- und 3,0-Liter-V6 aus dem Programm. Von Anfang an stand der Granada II als zwei- und viertürige Limousine sowie als fünftüriger Kombi *(»frei vom gewerblichen Beigeschmack«)* zur Verfügung, das Coupé verschwand in der Versenkung. Auch so hatten Granada-Interessenten noch die Wahl zwischen 63 möglichen Kombinationen, darunter erstmals auch mit einem bei Peugeot eingekauften Diesel.

Dem Granada folgte der Scorpio. Wie der Taunus-Nachfolger völlig gegen den Strich gebürstet und zunächst nur mit Schrägheck zu haben, verschreckte der 4,67 Meter lange Kölner aber die konservative Klientel durch seine progressive Optik, und das straften die Käufer mit Ablehnung. Wer sich nicht davon abhalten ließ, erhielt einen üppig ausgestatteten Langstreckenexpress mit verschwenderischen Platzverhältnissen im Innern (*»mit dem Wort „groß" nur unzureichend beschrieben«* – auto motor und

Consul und Granada ersetzten die 17/20/26 M, wobei die Ausstattung den Unterschied machte: Der Granada GLS Turnier hatte Nebelscheinwerfer, Stahlkurbeldach und Servolenkung. (Foto: © Ford AG)

Der Sport-Escort RS 1800 wurde von der britischen Ford-Tochter vor allem im Rallyesport eingesetzt. Mit 245 PS wurde der Hecktriebler zu einem der wichtigsten Rallyefahrzeuge in der zweiten Hälfte der 70er. Die Deutschen bestritten damit Rundstrecken-Rennen und Rennen nach Gruppe-5-Reglement. (Foto: © Auto-Medienportal.Net/RB Hahn)

Der Sierra, vor allem der Diesel-Kombi, war beliebt als Leasing- und Flottenfahrzeug. Für Schlagzeilen aber sorgten die RS 500-Renntourenwagen 1987/88. (Foto: © Ford AG)

sport) und serienmäßiger Wohlfühl-Atmosphäre: *»Der neue Scorpio ist von Grund auf gut.«*

Deutlich revolutionärer war auch der Nachfolger des verschnarchten Taunus geraten: Der Modellwechsel 1983 brachte den Sierra hervor. Fords Aufbruch zu neuen Ufern war unkonventionell gezeichnet und mit sensationellem cW-Wert gesegnet, nach der Badewanne von 1963 war das der zweite revolutionäre Ford-Entwurf in zwei Jahrzehnten: *»Der beste Ford, den es je gab«*, schrieb die Presse, mit sensationeller Optik, üppigen Platzverhältnissen und tollen Sitzen. Die Modellreihe stand bis 1993 im Programm und wurde dann vom Mondeo abgelöst, dem langweiligsten Auto der Neunziger. Aus der Vielzahl an Sierra-Modellen stechen natürlich die Sportversionen hervor, der zwischen 1983 und 1985 bei Karmann gebaute dreitürige XR4i, der auch in die USA geliefert wurde (2,8 Liter, 150 PS), ebenso wie der Sierra Cosworth mit 204 beziehungsweise 220 PS und Allradantrieb – ein begnadeter und fähiger Renntourenwagen, der den BMW-Dreiern mehr als ein Mal das Leben schwer machte.

KÖLNS LÄNGSTE SCHNAUZE

Fords Modellangebot der Siebziger komplettierte der sportlich angehauchte Capri. Formal zumindest entsprach er mit der langen Schnauze und dem kurzen Heck ganz den Erwartungen der jugendbewegten Kundschaft. Fords Sport-Coupé wurde beinahe 18 Jahre lang nach diesem Strickmuster gebaut. Immerhin wurde über die Jahre das Blech gefältelt, die optischen Spielereien, Schnörkel und Details, welchen nur in den wenigsten Fällen konstruktive Bedeutung zukam, geglättet. Bestes Beispiel dafür war der Wegfall der seitlichen (und sinnlosen) Hockeyschläger-Sicke, und die Luftschlitz-Attrappen vor den Hinterrädern hatten auch nicht mehr Funktion, es sei denn als Hinweis darauf, dass der Capri-Eigner sich mehr leisten konnte als das nackte, ärmlich ausgestattete Grundmodell ohne dieselben. Das stärkste Argument für den Familiensportler war, neben den ausgewogenen Proportionen, sein sensationeller Grundpreis. Im günstigsten Fall wanderten 6993 Mark über den Tresen, dann hatte der Capri aber lediglich 55 spaßfreie PS, wie sie nicht lustloser beim Organspender 12 M hätten sein können: *»Er tritt auf wie ein Rennpferd, besitzt aber das Herz eines Ackergauls.«* Zum sportlichen Auftritt passte der 2,3-Liter-V6 (108 PS) viel besser, der Capri 2300 GT kostete trotzdem keine 9000 Mark, eine Spitze von über 180 Stundenkilometern gab's für so wenig Geld sonst nirgends.

Anders als der große Konkurrent Opel Manta entstand der Capri auf einer neuen Plattform, die davon aber auch nicht moderner wurde. Vorne Einzelradaufhängung, hinten Starrachse – dieses Ensemble fand im Prinzip auch bei anderen Ford-Modellen jener Zeit Verwendung. Dieses Arrangement, bei der Markteinführung 1969 noch als zeitgemäß und gut liegend gelobt – nur beim 2300er und mehr noch beim Capri 2600 monierten die Tester leichte Schwächen – sollte der Capri bis zum Baustopp 1987 beibehalten, zu dem Zeitpunkt allerdings galt es bereits als völlig antiquiert und ungenügend. Im Grunde genommen ist damit alles gesagt, Ford beließ es beim Capri bei zwei großen – 1974 und 1978 – und vielen kleinen Modellpflegemaßnahmen.

Zu den beliebtesten und bemerkenswertesten Ford-Modellen der Neunziger avancierte der Ford Ka, benannt nach der Schlange im Dschungelbuch. Die sympathische Knutschkugel begründete nicht nur ein neues Marktsegment, das »Sub B«-Segment, sondern gab mit ihrem »New Edge«-Design die Richtung des Ford-Stylings für das nächste Jahrzehnt vor. Der knuffige, 3,62 Meter lange Dreitürer war auf Anhieb ein Erfolg, dass es den Frauenversteher stets nur mit zwei ziemlich antiquierten 50- und 60-PS-Motoren gab, tat seiner Beliebtheit keinen Abbruch. Blöd nur, dass die mit Fiesta-Technik ausgestattete motorisierte Einkaufstasche, die im spanischen Ford-Werk Valencia gebaut wurde, bei aller Fortschrittlichkeit in der Konstruktion unter einem Geburtsfehler litt, der ihm mit schöner Regelmäßigkeit jede Tüv-Statistik verhagelte: Der lausige Rostschutz, wegen dem der sympathische Kleine in Rekordzeit zerfiel. Auch der nette Stoffdach-Roadster (»Street Ka«) machte da keine Ausnahme. Die Abwrackprämie hat vielen Ka den Garaus gemacht, der Rost erledigt den Rest.

Mäßig überarbeitet, präsentiert sich die Capri-Neuauflage des Jahres 1978. In den folgenden zehn Jahren sollte sich in Sachen Optik kaum mehr etwas ändern. (Foto: © Ford).

Kurz vor der IAA 1981 wurde entschieden, das Escort-Cabriolet vorzustellen. Erst zwei Jahre später war die Studie serienreif, die Produktion erfolgte bei Karmann. (Foto: © Ford AG)

Ja, ein Auto aus den 2000ern, aber eines, das sehr bald rar werden wird: Der in Italien gebaute Streetka ist so rostanfällig wie jeder andere Ka jener Epoche. (Foto: © Ford AG)

Drei Transit-Generationen, und keine von ihnen schaffte es, am VW-Transporter vorbeizuziehen. V.l.n.r.: Gen. III (1986–2000), Gen II. (1978–1986) und Gen. I (1965–1978), jeweils als Diesel. (Foto: © Ford AG)

Die erste Fiesta-Generation erschien 1976 und bildete den ersten echten Kleinwagen aus dem Hause Ford. Trotz der Vorbehalte in der Konzernspitze wurde der Fronttriebler verwirklicht. Gesucht vor allem in der Sportausführung XR2 mit dem 1,6-Liter-Reihenvierzylinder aus dem Escort-Programm. (Foto: © Ford AG)

MEHR ALS NUR KÄFER: KARMANN

Im Jahre 1874 gründete der Stellmacher Christian Klages in Osnabrück eine Sattlerei und Wagenfabrik, aus der 1902 die Firma Karmann hervorging. Klages und seine Nachfolger lieferten Qualität, sie überstanden die Wirtschaftskrisen des neu gegründeten Kaiserreiches, ebenso die Währungsreformen, Weltkriege und Systemwechsel.

Nach 1945 kam die Produktion nur schleppend wieder in Gang. Auf der Basis des Humber Snipe, eines damals auch bei den Besatzungsbehörden beliebten englischen Personenwagens, entstanden die ersten Nachkriegs-Karosserien. Dafür nutzte man die noch vorhandenen Werkzeuge des Adler 2 Liter, die allerdings für den Snipe ein wenig zu groß waren. Abgesehen davon wurde in der Zeit alles Mögliche hergestellt, Besteck und Schuhlöffel inklusive. Und für die Hamburger Tempo-Werke Vidal & Sohn erzeugte man zehntausend Blechwannen für Schubkarren.

Erste Aufträge für die Frankfurter Firma Adler (die dann in der Nachkriegszeit doch keine Personenwagen mehr baute), für Ford (deren Karosseriewerk lag in Ostberlin und war daher nicht lieferfähig), DKW (im Westen neu gegründet und daher ohne jegliche Infrastruktur) und VW (angeblich war es der 10.000 gebaute Käfer, aus dem das erste viersitzige Cabriolet entstand) brachten die »Karmänner« wieder ins Auto-Geschäft.

Karmanns Name blieb für die nächsten Jahrzehnte immer eng mit dem von Volkswagen verbunden; die Osnabrücker schufen mit Segen des Werks am Mittellandkanal ein viersitziges Cabriolet auf Basis der Volkswagen-Limousine. VW-Chef Nordhoff bestellt zunächst 2000 offene »Vierfenster«-Cabriolets, die ersten Cabrio-Prospekte wurden nicht von Volkswagen, sondern von Karmann publiziert. Nordhoff gab übrigens auch ein Zweisitzer-Cabriolet in Auftrag, das sollte aber bei der Firma Hebmüller entstehen. Die brannte aber aus, was dazu führte, dass Karmann zum Haus- und Hoflieferanten für offene Volkswagen avancierte.

1955 kam als erste und bekannteste Eigenentwicklung der von Luigi Segre gezeichnete VW Karmann-Ghia (Typ 14) heraus. Dieser basierte auf Technik und Bodengruppe des Käfer, wies aber eine Karosserie des italienischen Designstudios Ghia in Turin auf. Das Projekt, ohne Wissen und Unterstützung von VW-Chef Nordhoff begonnen, wurde von der Wolfsburger Chefetage begeistert aufgenommen, von Coupé und Cabriolet wurden bis 1973 zusammen über 360.000 Exemplare gebaut. Wesentlich kurzlebiger war der »Große Karmann-Ghia« Typ 34, der Versuch, den Erfolg des Käfer-Coupés auf Basis des VW 1500/1600 Typ 3 zu wiederholen. Auch Buggys, eine Fahrzeuggattung, die wie keine zweite für die frühen Siebziger steht, wurden in Kleinserie bei Karmann gebaut.

Das Hauptgeschäft machte Karmann aber mit der Produktion von Scirocco, Golf-Cabriolet und Corrado, mit Cabrioversionen von Escort, Renault 19 und weiteren Kleinserien. Das Unternehmen, das zu seinen besten Zeiten mit etwa 10.000 Mitarbeitern an verschiedenen Standorten (Osnabrück, Rheine – dort vor allem Wohnmobile – und Sao Bernardo do Campo / Brasilien; es gab auch Tochtergesellschaften in Japan, Nordamerika und Mexiko) alljährlich etwa 100.000 Fahrzeuge von den Bändern rollen ließ, geriet nach dem Auslaufen des Golf Cabriolets 2002 in Schwierigkeiten und wurde Ende 2009 schließlich von Volkswagen übernommen.

Auch das ist Karmann: Die Osnabrücker fertigten den GF-Buggy, nachdem die Zeitschrift »Gute Fahrt« von der Nachfrage überrollt wurde. (Foto: © Volkswagen AG)

Der »Große Karmann«, die Coupé-Ausführung des Typ 3, verkaufte sich lange nicht so gut wie erwartet. Er wurde nur zwischen 1961 und 1969 gebaut; Blechteile sind, so sie denn noch zu bekommen sind, teuer. (Foto: © Volkswagen AG)

Dank des Käfer-Cabriolets – hier ein 1302 LS von 1970 – kannte jeder Karmann. Das Unternehmen fertigte aber auch für andere Hersteller. (Foto: © Volkswagen AG)

MELKUS

Was ein Porsche 911 für den Bundesbürger, war der Melkus für den DDR-Bürger: Ein unerreichbarer Traum. Allerdings hatte der Wessi wesentlich mehr Chancen und Gelegenheiten, zu seinem Porsche zu kommen, als ein ostdeutscher Autofan, einen Melkus zu ergattern. Von dem gab es nämlich nur 101 Stück, und die waren für Motorsportler reserviert.

Treibende Kraft hinter dem DDR-Sportwagen war der Dresdner Heinz Melkus. In den Nachkriegsjahren hatte er das Rennfahren begonnen und agierte dabei sehr erfolgreich, wobei er das Geld dafür mit seiner privaten Fahrschule verdiente. Gebaut hat er aber nicht nur alleine, sondern mit einigen Gleichgesinnten im Dresdener Rennwagenbau-Kollektiv. Dieses entwickelte sich bald zu einem Zentrum des DDR-Rennwagenbaus und belieferte zunächst einheimische Fahrer mit den begehrten Autos für Formel-Rennen. Aufgrund der Nachfrage wurden diese schließlich sogar in die Ostblockstaaten exportiert; besonderes Interesse zeigte dabei auch die UdSSR. So war aus der Feierabend-Bastelbude ab 1959 ein eigener Betrieb geworden, der bis Ende der 80er-Jahre bestehen sollte.

Flügeltürer Ost: Wie der Mercedes-Benz 300 SL war auch der RS 1000 mit Flügeltüren versehen. Beide waren schon damals gesuchte Liebhaberstücke.
(Foto: © Thomas Doerfer, GNU)

MIT IMPROVISATIONSTALENT ZUM RENNWAGEN

Weil Zweitakt-Rennwagen allmählich international nicht mehr konkurrenzfähig waren, waren DDR-Motorsportler spätesten Ende der Sechziger weitgehend unter sich. Um zu beweisen, dass man in Sachen Motorsport – etwa bei Bergrennen – dennoch mithalten konnte, erhielt Melkus jetzt staatliche Unterstützung. Das vereinfachte die Teilebeschaffung allerdings nur wenig, denn die Produzenten gaben nur widerwillig etwas ab, die hatten selbst nicht genug brauchbares Material. Der neue Wagen sollte nur an Ausweisfahrer des DDR-Motorsportverbands »ADMV« verkauft werden, und jeder Käufer eines RS 1000 (RS für Rennsportwagen) war zur Teilnahme an Autorennen verpflichtet.

Der DDR-Ferrari kostete letztlich stolze 28.600 Ostmark, das waren rund 10.000 Mark mehr als der Technikspender Wartburg. Dafür erhielt der Sportpilot einen aerodynamisch geformten Flügeltürer – das Design stammte von der Hochschule für bildende Künste – mit GFK-Karosserie von den Robur-Werken Zittau. Das Getriebe lieferte die Dresdner Firma »Manfred König«, Rahmen – mit 30-Liter-Tanks in den Schwellern – sowie Lenkung, Motor und übrige Technik waren eine kreative Mischung aus Wartburg-353-Serienteilen und Improvisationstalent. Chassisbau und Endmontage übernahm Melkus selbst. Auch die übrigen Teile (Scheinwerfer, Entlüftungsgitter, Bremsen, Instrumente u. a.) mussten aufgrund der Materialknappheit von eigenen sowie von Ostblock-Pkw und aus Nutzfahrzeugen beschafft werden. Jeder Wagen geriet so zwangsläufig zum Unikat.

In Sachen Motor war die Vielfalt allerdings stark eingeschränkt. Standardmäßig kam der Dreizylinder-Zweitaktmotor aus der Wartburg-Limousine zum Einsatz, der hier 70 PS bei 4500 Umdrehungen leistete. In Verbindung mit dem geringen Gewicht von 690 Kilogramm sorgte das für ein Spitze von rund 170 km/h, je nach Ausbaustufe waren dem Einliter-Triebwerk bis zu 90 PS zu entlocken, angeblich wurden sogar im Versuch 118 PS gemessen. Der Motor saß direkt vor der Hinterachse, was ungeübte Fahrer im Grenzbereich durchaus ins Schwitzen zu bringen vermochte. Unter der vorderen Haube befand sich ein handtaschengroßer Kofferraum.

Nach dreijähriger Entwicklungszeit gab der Melkus RS 1000 sein Renndebüt beim Dresdner Autobahnspinne-Rennen im Jahr 1969. Homologiert war der Zweisitzer nach internationalem Reglement für Fahrzeuge bis 1,3 Liter Hubraum, nachdem die FIA aber 1973 das Hubraumlimit auf 1,6 Liter anhob, waren die Melkus international chancenlos. Die nach 1974 gebauten Melkus hatten demzufolge samt und sonders Straßenzulassung, die Produktion endete 1979. Wie viele Fahrzeuge nun exakt entstanden sind, ist nicht ganz klar, sicher ist nur, dass die Behörden den Bau von maximal 100 Fahrzeugen genehmigt haben. Zusammen mit dem Vorserienfahrzeug ergibt sich so die offizielle von Melkus gemeldete Gesamtzahl von 101 Exemplaren, tatsächlich dürften noch einige wenige Exemplare mehr entstanden sein.

Improvisationskunst gefragt: Den RS 1000 baute Melkus aus gerade zur Verfügung stehenden Einzelteilen zusammen. Im Detail glich kaum einer dem anderen. (Foto: © PD)

Nach Änderungen im Reglement wurden die Melkus nach 1974 nur noch im Straßenverkehr eingesetzt. Die Fertigung endete 1979. (Foto: © MartinHansV, cc-by-sa 3.0)

Ausgestattet mit der Technik des Wartburg 353, war der RS 1000 der einzige echte Rennsportwagen der ehemaligen DDR. Sein Dreizylinder-Reihenmotor leistete 70 PS und ermöglichte eine Höchstgeschwindigkeit von 170 km/h. (Foto : © Ralf Weinreich)

Ein Jahr nach Vorstellung der Vierzylinder-Ponton-Baureihe erschienen 1954 die großen Ponton-Mercedes der Baureihe W 180 mit Sechszylinder-Motor. Im Bild das Cabrio, das bis 1961 gebaut wurde. (Foto: © Auto-Medienportal.Net/Darin Schnabel, RM Sotheby's)

Der Nachfolger des Ponton-Mercedes der Fünfziger: die Heckflossen-Baureihe W 110, 1961–1968. Am beliebtesten sind die Sechszylinder, am behäbigsten die Diesel. Rosten tun sie beide gern, und der Restaurierungsaufwand ist hoch. (Foto: © Daimler AG)

Der Pagoden-SL (Baureihe W 113, gebaut zwischen 1963 und 1971) gehört zu den begehrtesten Klassikern überhaupt. Spitzenexemplare erreichen inzwischen sechsstellige Bereiche, und das ist kein Wunder: Optik, Technik, Verarbeitung – stets vom Feinsten. (Foto: © Daimler AG)

Das W 111 Coupé ist technisch gesehen eine Sechszylinder-Heckflosse mit eleganterer Karosserie. Technisch über jeden Zweifel erhaben, sind die Ersatzteile für Blech und Interieur empfindlich teuer. Noch mehr in's Geld gehen die Cabriolets. (Foto: © Daimler AG)

MERCEDES-BENZ

Für den Stuttgarter Konzern waren die Sechziger außerordentlich gute Jahre: Es gab praktisch kaum Konkurrenz. Die einzigen, die versuchten, ihnen am Zeug zu flicken, waren die wackeren Mannen von BMW, und dann waren da noch die großen Sechs- und Achtzylinder-Baureihen von Opel, die ihren Zenit aber auch bereits überschritten hatten. Und sonst? Volvo bot mit seiner 140er-Serie in der zweiten Hälfte der Sechziger erstmals so etwas wie eine Alternative zur Mercedes-Heckflossen-Baureihe. Im Grunde genommen teilten alle Fahrzeuge, den staatstragenden 600er mal beiseite gelassen, die gleiche technische Basis. Das war rationell, versprach maximalen Ertrag und genügte anscheinend – paradiesische Zustände, im Grunde genommen konnten die Untertürkheimer nichts falsch machen. Und das galt auch noch in den Siebzigern. In diesem Jahrzehnt reiften in schwäbischer Beschaulichkeit nicht mehr als vier neue Baureihen heran. Und jede von ihnen setzte Maßstäbe. Diese hatten auch die »Strich-Acht« gesetzt, nach ihrem Erscheinungsjahr 1968 so benannt, ersetzten sie die bisherigen Heckflossen-Modelle und setzten sich klar von den weiter gebauten Sechszylinder-Modellen mit der bisherigen Einheitskarosserie ab. Und obwohl die neue Mittelklasse-Baureihe – interner Jargon W 114 beziehungsweise W 115, je nach Motorisierung – deutlich kleiner war als zuvor, kam keiner auf die Idee, sie darob für schmächtig zu halten. Die ausgewachsene Mittelklasse-Limousine (*»kein kleiner, sondern eher ein zeitgemäßer Mercedes«*, so die Presse) war bei Markeneinsteigern und insbesondere bei Taxibetrieben ungeheuer beliebt. Gewiss, die Zweiliter-Diesel mit ihren 55 PS hatten das Temperament einer Wanderdüne (ließen sich aber, so steht's im Test, nicht von einem Käfer abhängen, was beim alten 200er der Fall gewesen war), und auch die 65 PS starken 240 D von 1973 gerieten nicht in den Verdacht überbordender Sportlichkeit, doch war Dynamik in den Siebzigern eine weit weniger hoch gehandelte Tugend als heutzutage: Wer einen Diesel fuhr, erwartete Knauserverbräuche und Dauer-Haltbarkeit, und die lieferten die Selbstzünder mit dem Stern. Gleichwohl: Etwas weniger Pragmatismus hätte ihnen nicht geschadet, weniger Ausstattung schien kaum denkbar: *»Spartanischer Presspappe-Look«*, monierte die Presse und sinnierte, *»ob Sitzpolster wirklich teurer wären, wenn sie frischere Farben hätten?«* Doch trotz der Interieurs mit der *»hygienischen Abwaschbarkeit von Taxis und Linienomnibussen«* verkaufte sich diese knochentrockene Nüchternheit hervorragend, denn in der Technik hatte Mercedes an nichts gespart und zum Beispiel neue Radaufhängungen spendiert. Auch die bestehenden Motoren zeigten sich so fein überarbeitet, dass bis auf Weiteres jede Veränderung als überflüssig galt. 1,8 Millionen Strich-Acht-Limousinen entstanden bis 1976, rund die Hälfte davon mit Otto-Motor. Davon gab es verschiedene Ausführungen mit vier und sechs Zylindern und Hubräumen von 2,2 bis 2,8 Litern. In punkto Karosserie war die Vielfalt weit weniger groß, ab Werk gab es die viertürige Limousine und das zweitürige, ziemlich seltsam anmutende Coupé mit der unförmigen C-Säule. Eleganz sieht anders aus.

Die Mercedes-Baureihe W 114/115 löste die Heckflosse ab. Solide, unverwüstlich und wirtschaftlich, ist die Ersatzteilversorgung erfreulich gut.

MERCEDES-BENZ

DER (VOR)LETZTE ECHTE MERCEDES

Dass die Stylisten das besser konnten, bewies das Coupé der nachfolgenden 123-Baureihe. Zwar blieb es bei einer breiten C-Säule, doch verkürzte man den Radstand um 85 mm und kam so zu vernünftigen Proportionen, *»exklusivem Flair«* und *»gediegener Atmosphäre«*. Dem Nussbaum-Furnier sei's gedankt: Im W 123 ging's gemütlich zu wie im *»exklusiven Wohnzimmer«*, so das Magazin DM. Diese heute so gesuchte Baureihe – die Zahl der Fahrzeuge, die inzwischen das begehrte H-Kennzeichen tragen, wächst ständig und ist höher als bei jedem anderen Typ – wurde vor ihrer Premiere 1976 ziemlich skeptisch beäugt, die Strichacht-Schuhe waren überaus groß. Wie man heute weiß: Es gelang ihr mühelos, diese auszufüllen. Sie war ja auch größer, trotz des im Grunde gleichen Fahrwerkkonzepts. Die Motoren kannte man ebenfalls von der Vorgängerreihe. Einsteigermodell unter den Benzinern war der 200er mit 94 PS, die Hubräume gingen hoch bis 2,8 Liter und 177 PS. Der W 123 lief zehn Jahre lang, bis 1985. Insgesamt wurden 2,4 Millionen Fahrzeuge ausgeliefert, und jedes einzelne gebaut mit *»wohldosiertem Fortschritt, gezielter Weiterentwicklung und kompromissloser Bereitschaft zur Qualität«*. Meistverkaufter Benziner der Baureihe war der 230 E, damals an jedem Taxistand anzutreffen der 240 D mit 65 PS starkem Vierzylinder. Größter Selbstzünder war der 300er, der dank Abgas-Turbolader auf 125 PS kam. Neben der Limousine gab es auch das schon erwähnte Coupé (das auch mit dem sehr laufruhigen neuen 2,3-Liter-Vierzylinder und 109 PS) sowie, ab 1977, einen viertürigen Kombi, das T-Modell.

»T« stand für »Touristik« und »Transport« und nicht für »Tapeten«; der Lademeister unter den Mercedes erfand quasi im Alleingang das Segment der Lifestyle-Kombis (wobei tatsächlich der Ford Granada Turnier als einziger Konkurrent angesehen werden musste, denn andere Anbieter gab es schlichtweg nicht). Mit zum Erfolg trug auch die gelungene Form bei, denn eine Kombi-Variante war von Anfang an mit eingeplant gewesen: Niemand hatte erst nachträglich der Limousine ein Kombiheck übergestülpt. Andererseits war der Kombi so teuer – der 280er TE kostete fast 34.000 Mark –,dass kein Handwerker den Nobel-Benz im Alltag verschleißen wollte.

KENNZEICHEN S

Preislich jenseits von gut und böse angesiedelt war natürlich auch die 1972 aufgelegte S-Klasse vom Typ W 116. Sie gilt heute mehr denn je als gestalterischer Meilenstein und prägte das Mercedes-Design der Siebziger. Sie debütierte als 280 S, 280 SE und 350 SE. Besonders der 2,8-Liter-Dohc-Sechszylinder war ein technischer Leckerbissen. Neu waren hier die Doppelquerlenker-Vorderachse und die fahraktivere, hintere Schräglenkerachse (wie im Strich-Acht). Das völlig befriedigende Vergasermodell blieb über die gesamte Laufzeit im Programm – anfangs kostete es 23.800 Mark, am Ende 34.200 Mark. Hervorzuheben ist besonders die crashabsorbierende Auslegung der Karosserie – sicherer war noch nie ein Serienauto konstruiert worden, und nur die wenigsten Tester vermissten für die großen Mercedes *»einstige Herrenzimmer-Pracht.«* Serienmäßig war übrigens auch hier noch das Schaltgetriebe. Automatik und Niveauregulierung gab es nur optional. Der 280 SE übertraf den 280 S in der Stückzahl – vom Vergasermodell wurden rund 123.000 Exemplare ausgeliefert. 1975/76 erhielten die Motoren der SE/SEL-Modelle eine elektronisch geregelte D-Jetronic statt der bisherigen mechanisch gesteuerten K-Jetronic. Mit dem 450 SEL krönte Mercedes zunächst die S-Klasse-Baureihe. Seit 1973 wurden verlängerte Versionen mit zehn Zentimetern mehr Radstand angeboten – als 2,8-Liter, 3,5-Liter und 4,5-Liter. Der seidenweich laufende V8 stammte vom 3,5-Liter ab und hatte einen größeren Hub. Der Wagen mit den staatstragenden zehn Zentimetern mehr zwischen den Achsen war das ideale Chauffeursfahrzeug für Spitzenmanager oder Staatsdiener. 1978 war hier das welterste ABS-System verbaut. Alles in den Schatten stellte aber der Mitte 1975 präsentierte 450 SEL 6.9: Er hatte den aufgebohrten V8 des Mercedes 600 unter der Haube – und lief damit 225 km/h. Statt der bisherigen Luftfederung verfügte er bereits über eine hydropneumatische Federung. Und er hatte vielbe-

Die Baureihe W 123 löste 1976 die W114/115 ab. Technisch waren die Baureihen eng verwandt und gehören zu Deutschlands beliebtesten Youngtimern. (Foto: © Daimler AG)

Mercedes-Benz bewarb das T-Modell nie als Nutzfahrzeug, nutzte es aber gerne selbst als ein solches: Bekannt wurden die blauweißen Servicefahrzeuge . (Foto: © Daimler AG)

Schwäbische Luxus-Liner: SLC, SL, S und SEL auf der Versuchsbahn in Untertürkheim 1973. Die liegenden Breitbandscheinwerfer sollten für die Mercedes-Fahrzeuge der folgenden Jahrzehnte typisch werden.

Die SL-Baureihe R 107 erschien 1971 zunächst mit einem 3,5-Liter-V8. Die geriffelten Blink- und Heckleuchten waren typisch für die Mercedes-Modelle in den Siebzigern. Sie sollten Verschmutzungen vorbeugen. Heute einer der gefragtesten Mercedes-Oldies überhaupt. (Foto: © Daimler AG)

Evolution der Mittelklasse in drei Jahrzehnten: Das Strichacht-Coupé (oben) wirkt noch etwas ungelenk, der Zweitürer der Baureihe 123 schon wesentlich harmonischer, und das 124er Coupé verströmt zeitlose Eleganz. Gesucht sind sie alle drei, und empfehlenswert sowieso. (Foto: © Daimler AG)

Für einen Mercedes galt ein Baby-Benz der Baureihe W 201 als sportlich. Die Einsätze im Tourenwagensport haben mit dazu beigetragen. Mehr als die Hälfte aller 201er waren aber eher phlegmatische Diesel. (Foto: © Daimler AG)

staunte Serien-Goodies wie die Scheinwerfer-Waschanlage, Zentralverriegelung und Klimaanlage. Er kostete allerdings über 70.000 Mark und damit rund 27.000 Mark mehr als ein 450 SEL, und auch für ihn galt, was auto motor und sport schon bei der Erstvorstellung der Reihe 1972 geschrieben hatte: *»Durch die Verbesserungen ist das Fahren ... so nervenschonend geworden, dass man selbst bei hohen Schnitten kaum noch von physischer oder psychischer Beanspruchung des Fahrers sprechen kann.«*

DER DAUERBRENNER: MERCEDES-BENZ SL

Kurz vor der neuen S-Klasse hatte Mercedes-Benz die Neuauflage seiner SL-Klasse lanciert und blieb auch in dieser Beziehung seiner eher luxuriösen denn sportlichen Linie treu. Schon der »Pagoden-SL« von 1963 war kein Nachfolger für den 300 SL gewesen, sondern ersetzte in erster Linie den kleinen 190 SL. Fahrwerk und Bodenanlage stammten von der bürgerlichen »Heckflosse« ab, allerdings waren hier 14-Zoll-Räder statt der bis dahin üblichen 13-Zöller aufgezogen worden. Der Motor war eine hubraumgrößere Variante des M-127-Motors aus dem 220 SEb (W 111). Die Premiere erfolgte auf der IAA 1963, auf jener IAA, auf der auch Porsche seinen 911 präsentierte. Zunächst einziges Modell war der 230 SL mit einer Leistung von 150 PS und einer Höchstgeschwindigkeit von 200 km/h. Der 230 SL wurde bis 1967 gebaut, gefolgt vom kurzlebigen 250 SL mit dem 2,5-Liter-Sechszylinder aus dem W 108 / W 111, der sich weder optisch noch in der Leistung vom 230er unterschied. Die Abschlussausführung bildete der bis Februar 1971 gebaute 280 SL mit dem in der Leistung auf 170 PS gesteigerten 2,8-Liter-Motor aus dem 280 SE.

Dessen Ablösung in Gestalt der Baureihe 107 sollte dann als der am längsten gebaute Mercedes in die Firmengeschichte eingehen – mal abgesehen vom G-Modell, das ja heute noch entsteht. Der offene Zweisitzer entstand bis 1989. Er erschien zunächst als 350 SL mit 3,5-Liter-Achtzylinder und 200 PS, der den immerhin 1600 Kilogramm schweren Zweisitzer von null auf 100 km/h in 9 Sekunden beschleunigte, die Höchstgeschwindigkeit lag bei 210 km/h. Zu den technischen Features gehörten die Doppelquerlenker-Vorderachse, Schräglenker-Pendelhinterachse, 70er-Reifen, Vierspeichen-Sicherheitslenkrad und profilierte Rückleuchten, diese Technik fand sich dann auch in der ersten S-Klasse W 116. Auf den 350 SL folgte 1973 der 215 km/h schnelle 450er, im Juli 1974 kam dann – die Ölkrise ging auch an Oberklasse-Käufern nicht spurlos vorüber – der 185 PS starke 280 SL mit dem 2,8-Liter-Sechszylinder der »Strich-Acht«-Baureihe. Die Höchstgeschwindigkeit betrug 205 km/h, der Standardsprint war in 10,1 Sekunden abgehakt. 1980 und 1985 gab es noch einmal wesentliche Änderungen und neue Motoren mit bis zu 245 PS, damit hatte es sich dann auch. Außerdem gab es Feinarbeit an Technik und Interieur, wobei die Technik wo immer möglich der S-Klasse angeglichen wurde. Die Produktion der Baureihe R 107 endete im August 1989 nach insgesamt 237.287 Stück. Mit einem sich elektrohydraulisch öffnenden Dach und erstmals mit Windschott trat die Baureihe R 129 ab 1989 die Nachfolge der R 107-Reihe an. Die Reihensechszylinder-Motoren wurden gegen Ende der 90er-Jahre durch V6-Motoren ersetzt. Auch die R-129-Reihe wurde immerhin zwölf Jahre lang produziert und 2001 abgelöst; der R 129 gilt – wie so ziemlich jeder Daimler, der vor 1995 entwickelt und gebaut wurde – noch als »echter« Mercedes.

Längst nicht so erfolgreich agierte die Coupé-Baureihe mit dem Kürzel »C 107«. Der SL mit vier Sitzen und 36 cm längerem Radstand erschien ein halbes Jahr nach dem 350 SL und war bis zur A-Säule mit dem Roadster identisch. Auch die Technik entsprach der des Zweisitzers. Bis 1980 wurde den jeweiligen offenen SL eine entsprechende SLC-Variante zur Seite gestellt, nach der Modellpflege 1980 wurden aber nur noch der 380er mit dem Leichtmetall-Triebwerk als Nachfolger des bisherigen 350 und der 500 SLC weitergebaut. Allerdings endete auch deren Fertigung bereits im Jahr darauf. Es waren 62.888 Exemplare entstanden – darunter knapp 3000 Einheiten des Spitzenmodells 450 SLC 5.0 (241 PS, 225 km/h), der im September

1977 vorgestellt worden war. Motor- und Kofferraumhaube dieses Flaggschiffs der Modellreihe bestanden aus Aluminium, zudem hatte es serienmäßig Leichtmetallfelgen und einen Gummispoiler am Heck. Damit bestritten die Stuttgarter zwischen 1978 und 1980 einige Rallye-Veranstaltungen, wobei die Langstreckenwettbewerbe wie die Safari-Rallye den 300 PS starken, aber auch rund 1,7 Tonnen schweren Coupés besonders lagen. Allerdings: Wenn schon durch Busch und Steppe, dann mit Stil: Automatikgetriebe und Klimaanlage hatten die Stuttgarter Waldläufer mit an Bord.

Die G-Klasse, 1979 eingeführt, hat sich bis heute kaum verändert. Rost war erst nach 1989 kein Thema mehr, die Auswahl an Motoren ist mit Vier- Fünf-, Sechs- und Achtzylindern enorm. Die Nachfrage nach dem Geländekletterer hält die Preise hoch. (Foto: © Daimler AG)

VOM BABY-BENZ ZUR E-KLASSE

SL und SLC waren aber nur für gut Betuchte etwas. Um neue Zielgruppen anzusprechen, brauchten die Untertürkheimer etwas Volkstümlicheres im Angebot. Und diese neue Ausrichtung bestimmte die Zielrichtung für den Rest des Jahrhunderts. Die Achtziger waren dann geprägt vom »Baby Benz«: Mercedes siedelte die neue Baureihe – interne Bezeichnung W 201 – unterhalb des W 123 an und brachte damit einen Rivalen zum Dreier-BMW auf den Markt. Anders als diesen, boten die Untertürkheimer ihr Küken aber nur als Viertürer an, die frivole Karosserievielfalt, wie sie beim BMW herrschte, war für die konservativen Schwaben undenkbar. Gipfel der Extravaganz stellten die geflügelten Evo-Modelle dar, als Wolf im Schafspelz entpuppten sich die Mercedes 190 E 2.3-16: 185 PS stark und über 230 km/h schnell, das genügte, um die arrivierten Sportlimousinen aus Bayern zu verblasen. Gute Baby-Benze sind mittlerweile rar, gepflegte Fahrzeuge aus Rentnerhand kaum mehr zu bekommen und unverbastelte Evos preislich auf dem Höhenflug. Doch egal in welcher Ausführung: Jeder Baby-Benz ist wesentlich begehrter als die Nachfolgegeneration, die C-Klasse von 1993: Bei denen nämlich ist Rost ein arges Problem, wer etwa versucht, für seinen C-Klasse Kombi eine gebrauchte Heckklappe ohne Rost aufzutreiben, wird sehr, sehr lange suchen müssen.

In der Mittelklasse folgte auf die (namenlose) W-123-Generation die E-Klasse. So hießen die W 124 aber erst nach der Modellpflege (»Mopf« im Mercedes-Jargon) 1993. Als die Reihe 1984 eingeführt wurde, diente, wie stets, der Hubraum als Identifikationsgröße. An Diesel-Motoren standen Vier-, Fünf- und Sechszylinder zur Wahl, Benziner gab es als Vier- und Sechszylinder. Neben den klassischen viertürigen Limousinen gab es die T-Kombis. Neu hinzu kamen im Laufe der Jahre zweitürige Coupés und Cabrios, bis auf viertürige Sparbrötchen sind alle 124er heute heiß begehrt. Die Nachfolgebaureihe W 210 mit dem Vieraugen-Gesicht gilt als Tiefpunkt in Sachen Verarbeitungsqualität, wobei gerne vergessen wird, dass auch der W 124, als er auf den Markt kam, wegen anfänglicher Qualitäts- und Verarbeitungsmängel den Zorn der Kunden, insbesondere der Taxifahrer, auf sich zog. Doch im Grundsatz gilt jeder ältere Mercedes als solide, ausgreift, zuverlässig und langlebig, wobei der Kult-Faktor natürlich maßgeblich mit dem Grad der Offenlegung zusammenhängt. Und da bietet der SLK – heute SLC – eine ganze Menge. Zeitweilig das meistverkaufte Cabriolet in Deutschland, hat Mercedes den Zweisitzer 1996 in Serie gehen lassen, wobei die Technik im Wesentlichen von der C-Klasse stammte. Völlig neu aber war das zweiteilige Stahldach, das vollständig im Kofferraum versenkt werden konnte. Bis 2004 wurde diese Baureihe R 170 gebaut, hauptsächlich mit Vierzylinder-Motoren. Sie sind heute auf dem Weg zum Klassiker.

Das S-Klasse-Coupé der Baureihe W 126 wurde ausschließlich mit V8-Motor angeboten. Deren Haltbarkeit ist legendär, eine halbe Million Kilometer auf der Uhr muss kein ernsthaftes Kaufhindernis darstellen. (Foto: © Daimler AG)

Die Baureihe W 140 von 1991 galt anfangs als zu groß und zu schwer – der Peinlichkeitsfaktor war höher als bei jedem anderen Benz. (Foto: © Daimler AG)

Nahezu jeder Mercedes ist ein kommender Klassiker, so auch der SLK. Die erste Generation von 1996 hat jetzt in Sachen Preis den Tiefpunkt überwunden. (Foto: © Daimler AG)

Der SL der Baureihe 129, von 1989 bis 2001 gebaut, hatte als erster Mercedes eine in mehreren Stufen justierbare elektronische Dämpferverstellung. Rund 250.000 Fahrzeuge wurden produziert, der Bestand ist groß und die Ersatzteilsituation blendend. Da kann man kaum etwas falsch machen. (Foto: © Daimler AG)

Der Opel Kadett B Rallye war ab 1966 auf dem Markt. Opel bezeichnet ihn als »Urahn aller Kompaktsportler«. War damals selten und ist heute, in gutem Zustand, richtig teuer.

Die KAD-Familie der B-Serie von 1969: Technisch weitgehend baugleich, hatte der Diplomat im Mercedes-Stil senkrecht stehende Scheinwerfer und der Admiral liegende.

Am 15. September 1968 ging in Zolder in der Gruppe 5 der Spezial-Tourenwagen ein 150 PS starker Opel Rekord C an den Start, offizielle Markenrennen gab's dann im Folgejahr. Der schwarze Lack und das gelbe »Opel-Auge« verhalfen ihm zum Spitznamen »Schwarze Witwe«, der Sound war infernalisch. (Foto: © GM Corp. Media)

OPEL

Der GT war ein ganz und gar untypischer Opel. Der Hersteller veranstaltete, um den Ruf als sportliche Marke zu festigen, in den frühen Siebzigern sogenannte Sporttage.

Opel setzte in den frühen Siebzigern zum Höhenflug an: Die Marke übernahm 1972 die Zulassungsspitze noch vor Volkswagen und ließ Ford weit hinter sich. Die Erfolgsmodelle hießen Kadett, Ascona und Rekord. Commodore, Admiral und Diplomat brachten zwar keine Stückzahlen, taten aber viel für's Image – so wie Opels GT. Mit diesem ganz und gar untypischen Opel hielt der Slogan *»Nur Fliegen ist schöner«* Einzug in den deutschen Sprachgebrauch, und mit ihm wurde auch der Opel GT, dem der Slogan galt, unsterblich.

SCHÖNER FLIEGEN IM GT

Im November 1968 rollte der erste GT vom Band, drei Jahre nach seiner Premiere auf der IAA 1965. Der ungewöhnlichste Opel seit den Tagen des Vorkriegs-Raketenwagens stand dort, noch etwas schüchtern, als »Experimental-GT«. Die Konzeptstudie eines Zweisitzers mit flachem Bug und Klappscheinwerfern, bauchigen Kotflügeln und scharfer Abrisskante am Heck erinnerte ein wenig an die amerikanische Sportwagen-Ikone, den Chevrolet Corvette, und kam so gut an, dass GM grünes Licht für die Umsetzung in die Großserie gab. Die technische Basis stellte der Kadett B, die Hinterachse an Schraubenfedern war neu. Aus Kapazitätsgründen übernahmen die französischen Karosseriebauer Chausson und Brissoneau & Lotz die Press- und Schweißarbeiten der Blechteile sowie Lackierung und Innenausstattung; die Bochumer Belegschaft montierte Fahrwerk und Motor. Letztere stammten wiederum aus dem Kadett-B-Ersatzteilregal. Basis-Motorisierung bildete der 1,1-Liter-Vierzylinder mit 60 PS, darüber angesiedelt war das 90 PS starke 1,9-Liter-Aggregat, das der sportlichen Optik adäquate Fahrleistungen versprach. Der GT 1900 hatte eine Höchstgeschwindigkeit von 185 km/h und beschleunigte von Null auf 100 in 10,8 Sekunden. Serienmäßig gelangte die Motorkraft über ein manuelles Viergang-Getriebe zur Hinterachse. Die optionale Dreigang-Automatik war vor allem in Übersee beliebt, GM bot den GT auch in den USA an. Der Einstiegspreis für den überraschend kompromisslosen Opel lag bei 10.767 Mark, der GT war allerdings im Ausland weit beliebter als hierzulande, wo ihm die Autojournalisten von Anfang an mit Skepsis begegneten: *»Es bleibt jedoch die Frage, ob der Opel GT genug Reiz besitzt, um es mit stilistisch und technisch besseren Fabrikaten der Konkurrenz von Alfa Romeo oder Fiat aufzunehmen«*, moserten die Stuttgarter bei der Vorstellung 1968. Und tatsächlich: Noch nicht einmal ein Fünftel der 103.463 gebauten Fahrzeuge blieb in Deutschland. Die Produktion endete im Juli 1973.

OPELS NEUE MITTE: MANTA UND ASCONA

Die Rolle als Sportgerät erfüllte der wesentlich massenkompatiblere Manta A, der im September 1970 vorgestellt worden war. Das sportliche Coupé, dessen Flügelrochen-Emblem nach Fotos des Meeresforschers Jacques Cousteau entworfen wurde, verstand sich als Alternative für Individualisten, als Auto im Stil der populären »Pony Cars« aus den USA. Was nicht ganz so laut verkündet wurde: Opel, als seinerzeit erfolgreichste Marke auf dem deutschen Markt, hatte anders als Erzrivale Ford mit dem Capri kein familientaugliches Coupé auf Basis der Großserie im Angebot. Während dieser aber auf einer eigenständigen Plattform aufbaute, teilte sich der Manta Technik und Bodengruppe mit der einen Monat später vorgestellten Ascona-Reihe. Hier wie da kamen viele bewährte Komponenten aus Opels Technik-Baukasten, insbesondere von Kadett und Rekord, zum Einsatz. Damals noch durchaus üblich war die Kombination aus Einzelradaufhängung und Schraubenfedern vorn und starrer Hinterachse an Längslenkern mit Panhardstab. Die neue Mittelklasse aus Rüsselsheim passte mit ihrer sachlichen Linienführung in den Stil der Zeit, Fords Taunus dagegen verkörperte den Blechbarock der Sechziger, und das in einem Jahrzehnt, in dem sich allmählich die Erkenntnis durchsetzte, dass immer mehr und immer größere Autos immer weniger in immer dichter befahrene Innenstädte passten. In Verbindung mit der zur Verfügung stehenden gutbürgerlichen Motorisierung war der Manta auch mit dem 90 PS starken Rekord-Motor ein familienfreundliches Coupé mit anständiger Zweier-

Der Rekord C war die typische Mittelklasselimousine der Sechziger.
(Foto: © GM Corp. Media)

Sitzbank, das sich *»unter allen Bedingungen schnell und außerordentlich sicher«* bewegen ließ. Das Topmodell der Baureihe, der Manta GT/E, feierte im Herbst 1973 seine Premiere auf der IAA in Frankfurt. Sein Vierzylinder 1,9-Liter-Einspritzmotor mit Bosch LE-Jetronic leistete 105 PS. Typisch für jene Zeit war der Verzicht auf jedweden Chromzierrat. Bis zur Ablösung durch den Manta B wurden 498.553 Manta A gebaut, vom Ascona A waren es 691.438 Einheiten.

Den Ascona wiederum pries Opel als *»Auto der technischen Vernunft«*. Man positionierte ihn zwischen Kadett und Rekord. Angeboten wurde der Ascona als zwei- und viertürige Limousine und als Kombimodell in Normal- und Luxus-Ausführung mit zuerst nur einem 1,6-Liter-Vierzylinder und zunächst maximal 80 PS – mit seitlich angeordneter Nockenwelle keine topmoderne, aber durch und durch unverwüstliche Konstruktion. Zur sportlichsten Serienausführung avancierte der zum Genfer Salon 1971 gezeigte Ascona SR mit 1,9-Liter-Aggregat und 90 PS, der dem Ascona frühen Rallye-Ruhm einbrachte: Aufgebohrt auf zwei Liter Hubraum und umgebaut auf einen Aluminium-Crossflow-Zylinderkopf, brachte der Ascona A des Opel-Euro-Händler-Teams über 200 PS bei 6700 U/min. Damit siegten Walter Röhrl und Jochen Berger 1974 bei sechs von acht Läufen und gewannen überlegen die Rallye-Europameisterschaft und 1975 mit der Rallye Akropolis den ersten Rallye-WM-Lauf für Opel überhaupt.

Zum Modelljahr 1976 ersetzte Opel sein Erfolgsgespann Manta/Ascona durch eine neue Modellreihe, die sich technisch kaum – Ausnahme: die Vorderachse, jetzt vom Kadett C –, optisch aber um so mehr von den Vorgängern (die sich damit den Nachnamen »A« verdienten) unterschieden. Die Motorenpalette barg ebenfalls keine großen Überraschungen, sie reichte zunächst vom überforderten 1,2-Liter mit 60 PS bis zum Zweiliter-Einspritzer mit 110 PS. Einen Ascona Kombi gab es nicht mehr.

OPELS KÄFER-RIVALEN

Waren Manta und Ascona typische Kinder der Siebziger, so bildeten Kadett und Rekord die Brücke zur Vergangenheit: Der erste Opel, der die Bezeichnung Kadett trug, war 1936 erschienen, der erste Nachkriegs-Kadett kam 1962 aufs Band. Von Opel ausdrücklich als Käfer-Killer konzipiert, hatte man dafür ein neues Werk in Bochum gebaut. Dieser erste der neuen Kadetten war ein zwar konventionelles, aber erwachsenes Auto. Mit einem Motor, der vorne lag und einem Kofferraum, der diesen Namen auch verdiente, sollte er dem vermaledeiten Käfer endlich den Garaus machen. Gestalterisch war er vielleicht nicht die große Offenbarung (*»Eine so einfallslose Frontansicht hat man bei Opel lange nicht mehr hervorgebracht«*), galt aber dennoch als großer Wurf (*»alles an ihm hat Hand und Fuß«*) und stellte, da war sich das Fachblatt auto motor und sport sicher, die bislang größte Bedrohung für den Volkswagen dar: *»Die große Jagd beginnt.«* Auf Anhieb verkaufte sich der 40-PS-Kadett hervorragend, und die Karosserievielfalt war deutlich größer als beim Rivalen aus Wolfsburg: Luxusausführung, Kombi (Verkaufsbezeichnung Caravan) und, zum Modelljahr 1964, auch ein 48-PS-Coupé – Opel bediente jeden Geschmack, und wenn man ihm etwas vorwerfen mochte, dann vielleicht seine arg schmächtige Statur. Der knapp vier Meter lange und komplett in Deutschland entwickelte Kleinwagen wurde zum Modelljahr 1966 durch den B-Kadett abgelöst. Der erhielt deutlich mehr Lametta, wuchs in allen Dimensionen und legte in Sachen Hubraum und Leistung noch ein Schäufelchen nach, was allerdings im direkten Vergleich vielleicht nicht immer direkt spürbar war. Er war in unglaublich vielen Karosserieformen lieferbar – als Stufenheck, Schrägheck, Kombi, Coupé, als Zwei- und Viertürer, es gab Sportausführungen und Besserverdiener-Kadetten –, technisch aber keine Offenbarung. Erst im Lauf der Modellpflege wurden Vorder- und Hinterachse zeitgemäß aufgerüstet. Bemerkenswert war das Coupé. War das A-Coupé nichts anderes gewesen als eine skalpierte Limousine mit kürzerem Dach, so hatten die Stylisten hier eine modische Fastback-Karosserie gezeichnet, es aber, zum Leidwesen aller Coupé-Enthusiasten, dabei belassen: Innen herrschte die bekannte Graubrot-Tristesse der Limousine:

Der Kadett C von 1974 war das erste Weltauto von Opel-Mutter General Motors. Die Karosserievielfalt war wesentlich größer als bei der Konkurrenz.

Den Irmscher Manta A fuhren die Rallye-Legenden Walter Röhrl und Rauno Altonen 1975 beim 24-Stunden-Rennen in Spa. (Foto: © GM Corp. Media)

Nach fünf Jahren und 1,2 Millionen gebauten Einheiten stellte Opel zur IAA in Frankfurt im September 1975 die zweite Ascona-/Manta-Generation vor.

Der Commodore B war die Luxus-Ausgabe des Rekord D von 1972. Als GS/E mit dem Admiral-Sechszylinder knackte er mit 160 PS die prestigeträchtige 200-km/h-Marke.

Der D-Kadett von 1979 brachte Opel wieder auf Augenhöhe mit VW. (Foto: © GM Corp. Media)

Die Achtziger waren traurig für Cabrio-Liebhaber; findige Händler legten aber selbst Hand an, so wie Opel-Händler Keinath. Der KC3 entstand auf Ascona-C-Basis in 325 Exemplaren. (Foto: © Keinath)

Mit dem Senator versuchte Opel, Mercedes- und BMW-Kunden zum Umsteigen zu bewegen. Zusammen mit der Coupé-Ausführung Monza wurde er 1978 in Südfrankreich der Presse präsentiert, und die zeigte sich schwer beeindruckt: *»Mit ihm glückte Opel eine glanzvolle Rückkehr in die Oberklasse«*, lobt die Zeitschrift mot. (Foto: © GM Corp. Media)

Die Ablösung des C-Rekord von 1972 hätte eigentlich die Kennung »D« erhalten müssen. Um Verwechslungen mit dem Diesel zu vermeiden, hieß er letztlich aber »Rekord II«.

Zweifelsohne schmackhaft, aber nichts für den feinen Gaumen. Die Speerspitze im Programm war der Rallye-Kadett. Der rollte im November 1966 zum ersten Mal vom Band und hatte zunächst den 60 PS starken 1,1-Liter-SR-(Super-Rallye-)Motor. Der schaffte 148 km/h und war mit mattschwarzer Motorhaube und flotten Seitenstreifen sportlich herausgeputzt worden. Die Produktion des Rallye Kadett B endete im Juli 1973 nach knapp über 100.000 Einheiten. Die Bezeichnung »Rallye« verschwand zunächst aus dem Modellprogramm, sportliche – und im Rennsport einsetzbare – Kadetten indes gab es weiterhin: Sie hießen nur jetzt anders.

Die dritte Kadett-Generation startete weltweit durch: Dabei handelte es sich um das erste Welt-Auto von General Motors, das erste Auto, das bei nur geringen Unterschieden in Optik und Ausstattung auf allen fünf Kontinenten angeboten werden sollte. Das sparte Entwicklungskosten, und da der Käfer-Konkurrent zu günstigen Preisen angeboten werden sollte, griff man auch bei der Technik auf bestehende Komponenten zurück. Die Vorderachse spendierte der Ascona A, die starre Hinterachse der Kadett B, und die Motoren mit 1,0-, 1,2-, 1,6-, 1,9- und 2,0-Liter-Hubraum und Leistungen von 40 bis 115 PS stammten ebenfalls aus dem Opel-Regal. Im Grunde genommen war der Kadett C nur zwei Jahre konkurrenzfähig, dann erschien der Ur-Meter aller Kompakten, der VW Golf, und ließ die Konkurrenz aus Köln und Rüsselsheim mit einem Mal steinalt aussehen: Quermotor, Frontantrieb und Heckklappe sind seitdem Standard in dieser Klasse, und da wirkte der Kadett C einfach alt, trotz der einzigartigen Karosserievielfalt inklusive Targa-Cabriolet und »GT/E«-Spitzenmodell.

Die vierte Serie, Kadett D, unterschied sich schon äußerlich deutlich von ihren Vorgängern und besaß einen quer eingebauten Motor sowie Frontantrieb (was für Opel eine vollständige Abkehr von dem bisherigen technischen Konzept bedeutete). Der D-Kadett nach Golf-Vorlage avancierte tatsächlich zum härtesten Rivalen der Kopiervorlage aus Wolfsburg, der Escort musste sich stets mit einem dritten Platz begnügen. Topmodell und GTI-Gegenstück war der GTE mit 1,8 Liter Hubraum und 115 PS, auch dass Opel erstmals einen Diesel-Kadett anbot, war eine Reaktion auf den Vormarsch der VW-Selbstzünder.

1984 erschien das letzte Modell der Traditionsreihe auf dem Markt. Der rundgelutschte Kadett E entstand bis 1991 in diversen Ausführungen, es gab ihn auch offen.

REKORDVERDÄCHTIG IN DER MITTELKLASSE

Bis in die Sechziger hinein hatte Opel in der Mittelklasse richtig Kasse gemacht. Die Rekord- und die darüber angesiedelten Kapitän-Baureihen gehörten zum Inventar des wirtschaftswunderlichen Deutschlands. *»Opel – der Zuverlässige«*, dieser Werbeslogan war mehr als ein Versprechen, das war ein rollender Bausparvertrag. Die Mittelklasse, das war Opel-Land. Die Rivalen aus Köln hielten gehörigen Respektabstand, und Volkswagen fand hier nicht statt. Das Rüsselsheimer Erfolgsrezept stand für wenig aufregende, aber haltbare Hut-und-Hosenträger-Konstruktionen mit Standardantrieb und schaukelweicher Federung. Wer sich für einen Mittelklassewagen interessierte, landete fast zwangsläufig beim Rekord und hatte das gute Gefühl, für seine sauer verdienten 6500 Mark einen reellen Gegenwert zu erhalten. Na ja, und im Grunde genommen galt das auch für den neuen Rekord anno '63. Der mochte sich nicht von seiner hinteren Starrachse trennen, was dazu führte, dass er an der Hinterhand härter gefedert war als je zuvor und als der unkomfortabelste Opel aller Zeiten galt. Je weiter das Jahrzehnt aber fortschritt, desto mehr verlor Opels Mittelklasse-Star an Boden, fürs Modelljahr 1967 sollte es eine neue Rekord-Generation richten. Diese C-Rekord-Reihe – die B-Modelle stellten eine nur ein Jahr gebaute Facelift-Ausführung des A-Typs dar – war weicher, fahraktiver, leistungsstärker und vor allem viel gefälliger als je zuvor. Erstmals gab es auch einen Sechszylinder-Rekord. Der 2,2-Liter-Motor, später mit 2,5 und gar 2,8 Litern Hubraum, sorgte auch beim neuen Luxus-Modell »Commodore« für Vortrieb.

Dennoch lief es in der Mittelkasse Anfang der Siebziger nicht mehr richtig rund. Die Zeiten änderten sich, auf den Straßen protestierte die Jugend, und Opel-Fahrer waren per se Spießer. Das machte sich allmählich auch in den Absatzzahlen bemerkbar. Der 1971 abgelöste C-Rekord hatte es auf knapp 1,3 Millionen Fahrzeuge gebracht, der bis 1977 gebaute Rekord D kam auf anständige 1,1 Millionen – schließlich fällt in diese Zeit die Ölkrise mit den damit verbundenen Absatzeinbußen –, doch der E-Rekord blieb unter der magischen Million. Die Gründe dafür sind schnell aufgezählt: technischer Stillstand, hausinterne Konkurrenz durch die Ascona, die immer erfolgreicheren Audi – für den immer wieder überarbeiteten und doch ständig gleichen Rekord-Hecktriebler (der sich bis zum Schluss 1986 nicht von seiner hinteren Starrachse trennen mochte) tickte die Uhr. Gewiss; die Karosserievielfalt war unvergleichlich, der Fahrkomfort hoch und die Motoren deckten in ihrer Vielfalt ein breites Spektrum vom schwer atmenden 60-PS-2,1-Liter-Diesel – jawohl, Opel bot jetzt neben Mercedes ebenfalls einen Selbstzünder an – bis zu den spritzigen Sechszylinder-Commodore mit 2,5- und 2,8-Liter-Reihensechser und bis zu 160 PS: Opel-Käufer waren kühle Rechner, keine Heißsporne. Freude am Fahren sah anders aus, leidenschaftliche Autofahrer machten einen Bogen um die Opel, die – inzwischen völlig zu Unrecht – im Ruf standen, »Opa-Schaukeln« zu sein. Dennoch gehörten die freundlichen Familienkutschen zum Inventar der Siebziger wie die Prilblumen auf den Küchenfliesen und der Flokati im Wohnzimmer.

Zu den gesuchtesten Opeln der Achtziger gehört der Omega 3000 mit 3,0-Liter-Sechszylinder, als Evolution 500 satte 230 PS stark. (Foto: © GM Corp. Media)

GLÜCKLOS IN DER OBERKLASSE

Bis Anfang der Sechziger war der Kapitän der größte Opel der deutschen GM-Filiale gewesen: Groß, schwer und technisch nicht mehr auf Augenhöhe mit Mercedes, was in den frühen Fünfzigern noch durchaus der Fall gewesen war. Das sollte sich ändern, im Februar 1964 meldete sich Opel mit gleich drei Modellen in der Oberklasse zurück: Kapitän und Admiral hatten den 2,6-Liter-Sechszylinder mit 100 PS und der Diplomat den amerikanischen 4,6-Liter-V8 mit 190 PS. Für seine neuen Fünf-Meter-Limousinen verlangte Opel zwischen 11.000 und 17.500 Mark, wobei die Sechszylinder an den 1,5 Tonnen Blech, Lack und Gummi doch arg zu schleppen hatten: *»Ein gut gehender Kadett S kann in der Beschleunigung mithalten«*, kommentierten die Tester trocken die Tatsache, dass reichlich 14 Sekunden verstrichen waren, bis die Nadel im Bandtacho die 100er-Marke passierte. Andererseits erhielt der Kunde, zumindest im Falle des Diplomat, die Gewissheit, so ziemlich den schnellsten Viertürer gekauft zu haben, den der Markt Mitte der Sechziger so hergab. Er schaffte deutlich über 190 km/h, das hatte schon Porsche-Niveau. Und in Sachen Ausstattung waren die großen Opel sowieso Spitze, Vinyldach, Holzfurnier, elektrische Fensterheber und dergleichen mehr machten eine Menge her, aber nicht genug, um Mercedes ernsthaft angreifen zu können: Die Oberklasse-Opel Admiral und Diplomat blieben eine Randerscheinung. Die deutsch-amerikanischen Sechs- und Achtzylinder-Schlitten konnten sich gegen BMW und Mercedes nicht dauerhaft richtig durchsetzen, punkteten aber mit ähnlichen Qualitäten: Unterbodenschutz, Hohlraumkonservierung und anständige Lackstärken waren ebenso mit an Bord wie die Opel-typische Zuverlässigkeit und Standfestigkeit. 1969 versuchte Opel mit der KAD-Neuauflage ein letztes Mal, das Blatt zu wenden: Mit aufgeräumterem Styling, drei neuen 2,8-Liter-Sechszylindern und einem 5,4-Liter-V8, Letzterer aus amerikanischer Produktion. Doch trotz des spürbaren Bemühens um mehr Qualität und höheren technischen Aufwands glückte es nicht, an die Erfolge der Fünfziger anzuknüpfen. Sie hielten sich noch bis 1977 hartnäckig im Programm, Marktbedeutung indes hatten sie schon lange keine mehr. Ihre Nachfolge traten der Senator an und dessen sportiver Sidekick namens Monza.

Opels Bestseller in den Achtzigern war der E-Kadett. In den Neunzigern konnte man ihn, modifiziert, auch als Daewoo erhalten. (Foto: © GM Corp. Media)

Heute noch einen originalen, unverbastelten Corsa A zu finden, zumal in der GSE-Variante, dürfte schwerer sein als einen Ferrari. (Foto: © GM Corp. Media)

Der Astra löste 1991 den E-Kadett ab; Topmodell war natürlich wieder das GSi-Modell. In diesem Jahrzehnt begann der lange Abschwung der Marke (Foto: © GM Corp. Media)

Der Calibra feierte seine Premiere auf der IAA 1989 und wurde zu einer der Ikonen der Autoszene der Neunziger. Der schwarze Cliff-Calibra V6 nach Klasse 1 holte 1996 die letztmals ausgetragene Internationale Tourenwagen-WM. (Foto: © GM Corp.)

Das 365 C Coupé von 1964 sah aus wie der Vorgänger, hatte aber Felgen und Radkappen des neuen 911. (Foto: © Dr. Ing. h.c. F. Porsche AG)

Ob 356 A, B oder C: In der Regel kosten Cabriolets doppelt so viel wie entsprechende Coupés. (Foto: © Dr. Ing. h.c. F. Porsche AG)

Man hätte das gesamte Buch nur mit Porsche-Klassikern füllen können, denn praktisch jeder Porsche, der vom Band lief, war ein Liebhaberobjekt. Manchmal aber hat es etwas länger gedauert, bis sich das herumgesprochen hat: Porsche 356 B Super 90, 1962. (Foto: © Dr. Ing. h.c. F. Porsche AG)

PORSCHE

Zu Porsches Rollendem Museum gehört dieser Typ 1600 S. Die tief sitzenden Scheinwerfer verraten: Das ist ein A-Typ, 1955–1959. (Foto: © Dr. Ing. h.c. F. Porsche AG)

Die Marke Porsche ist die deutsche Sportwagenmarke schlechthin. Kein anderes Serienauto war von Anfang an so konsequent auf den Motorsport ausgelegt worden, und wenn der Hersteller davon spricht, im Laufe seiner seit 1948 währenden Geschichte mehrere tausend Sporterfolge weltweit eingefahren zu haben, akzeptiert man dies gerne ohne nachzuzählen. In den ersten beiden Jahrzehnten war es der Porsche 356, im dritten Jahrzehnt dann der Porsche 911, die das Markenimage trugen, und mit den Gemeinschaftsentwicklungen mit Volkswagen stellte sich das Unternehmen dann sehr viel breiter auf – auch wenn diese Fahrzeuge gar nicht die typische Porsche-Form aufwiesen.

NEUE WEGE MIT DEM MITTELMOTOR

Der erste Vertreter dieser Generation – und neben dem 911 die zweite Modellreihe im Portfolio der Zuffenhausener – war der VW-Porsche 914. Wie der Name schon sagt: Dabei handelte es sich um das Ergebnis einer Gemeinschaftsentwicklung der beiden Hersteller, das erstmals 1969 auf der IAA zu sehen war. Während die VW-Ausführung den 1,7-Liter-Motor des VW 412 erhielt, war die Porsche-Ausgabe 914/6 mit dem Sechszylinder-Aggregat des 911 T die stärker motorisierte und besser ausgestattete Variante dieses deutschlandweit ersten in Serie produzierten Mittelmotor-Sportwagens. Mit dem Mittelmotor-Konzept war hier ein handliches und kurvenschnelles Fahrzeug entwickelt worden: *»Entwickelt ein Höchstmaß an Fahrsicherheit«*, notierten die Tester, bot *»beeindruckende Geradeauslaufeigenschaften«* und verkraftete *»mühelos Dauergeschwindigkeiten zwischen 180 und 200 km/h.«* Kurzum: *»Ein Fahrinstrument reinsten Wassers.«* Ein ziemlich teures allerdings, mit einem Anschaffungspreis von 20.000 Mark war der VW-Porsche-Sechszylinder kaum noch günstiger als der – ästhetisch weit weniger umstrittene – Porsche 911. Immerhin: Dank der Mittelmotoranordnung verfügte der Wagen über zwei Kofferräume mit insgesamt 370 Litern Volumen, im hinteren konnte das herausnehmbare und nur 7,9 Kilogramm schwere Dach untergebracht werden. Äußerlich war der 914 nur an den Vierlochfelgen vom 914/6 mit seinen Fünflochfelgen zu unterscheiden.

DIE TRANSAXLE-BAUREIHEN

Unverwechselbar geriet auch der 914-Nachfolger vom Typ 924. Den hatte VW bei Porsche entwickeln lassen, sich dann aber entschlossen, ihn doch nicht zu übernehmen. So kaufte Porsche denn die eigene Konstruktion von VW wieder zurück und ließ den 924 bei Audi in Neckarsulm fertigen. Als zweite Baureihe unterhalb des Neunelfers angesiedelt, sollte er die Funktion des Einstiegsmodells im Hause Porsche übernehmen. Erstmals bei einem Porsche saß der Motor im 924 vorn. Den aus dem Audi 100 stammenden Reihenvierzylinder aus dem Audi-Baukasten – hier handelte es sich um den sogenannten C-Motor, der wiederum auf den Reißbrettern bei Mercedes-Benz für die Auto Union entstand, dann aber an VW verkauft wurde – hatte Porsche gründlich überarbeitet und in der Leistung auf 125 PS gebracht. Die Kraftübertragung vom mitsamt der Kupplung vorn liegenden Motor auf das an der Hinterachse montierte Viergang-Getriebe erfolgte mittels Transaxle-System; in einem starren Tragrohr lief eine vierfach gelagerte Antriebswelle: *»Sparsam, mitreißen kann er aber nicht«*, moserten die Berufsnörgler und vermissten den *»spezifischen Wohlklang, den Sportwagen-Freunde so schätzen.«* Im Modelljahr 1979 präsentierte Porsche mit dem 924 Turbo ein Modell, das dank Abgasturbolader über stolze 170 PS verfügte und damit leistungsmäßig genau in die Lücke zwischen 924 und 911 passte. Preislich rückte er dem 911 näher als je zuvor, er war mit knapp 40.000 Mark nur 7000 Mark günstiger als ein normaler Elfer, aber in der Spitze mit fast 230 km/h gleich schnell. Außerdem lief er besser geradeaus, war aber etwas zickig in schnell gefahrenen Kurven. Verschiedentlich überarbeitet, lief die Transaxle-Baureihe, die bis zuletzt wegen ihrer Vierzylinder-Motoren nie so recht als echte Porsche galten, unter der Bezeichnung 968 letztlich 1995 aus. Die Youngtimer-Szene hat sie erst in den letzten Jahren entdeckt.

PORSCHE

Das Stigma, kein echter Porsche zu sein, haftete dagegen dem Typ 928 nie an, dazu war er viel zu eindrucksvoll. Klar, er sah ein wenig aus wie ein aufgeblasener 924er, bei dem man die Kanten rund geschliffen hatte, und die offenliegenden Klappscheinwerfer erinnerten an *»Spiegeleier auf der Fronthaube«* (auto motor und sport), doch was für ein Auto, was für ein Auftritt: Ein Luxuscoupé mit – zunächst – 4,5-Liter-V8 und 240 PS, das fahrdynamisch die Luxusliner von Mercedes, BMW, Jaguar und Co. alt aussehen ließ, was an der unglaublich aufwendigen Hinterachskonstruktion lag. Diese »Weissach-Achse« konnte die im Fahrbetrieb auftretenden Vorspuränderungen ausgleichen, sie setzte Maßstäbe. Die Karosserie war beidseitig feuerverzinkt, Türen, Kotflügel vorn und Motorhaube bestanden aus Aluminium. Mit 55.000 Mark war der Gran Turismo teurer als ein 911 Carrera, aber günstiger als der 911 Turbo, in jedem Fall aber eine *»reizvolle Alternative«* mit *»überdurchschnittlich guten Fahreigenschaften ... hohen Fahrleistungen und gutem Komfort.«*

Auf Sicht gesehen sollte der 928 den Elfer ablösen, da der aber ein Eigenleben entwickelte, blieb letztlich der behäbigere Transaxle-GT auf der Strecke. Zuletzt mit 5,4 Liter Hubraum und 350 PS, fiel der letzte Vertreter der Baureihe 928 GTS 1995 aus dem Programm.

Der VW-Porsche 914 ersetzte in der VW-Modellpalette den »Großen Karmann-Ghia« Typ 34. Für Porsche bedeutete er das zweite Modell neben dem 911

DREI ZIFFERN, MAGISCHE MOMENTE

Zu dem Zeitpunkt war der neue »Elfer« (Typ 993) gerademal zwei Jahre auf dem Markt. Seine Ursprünge reichen zurück bis ins Jahr 1963, wo er als 901 auf der IAA präsentiert wurde. Auf dem Papier waren die Unterschiede zum Vorgänger-Typ 356 gar nicht so groß, in der Realität dagegen gewaltig. Beim luftgekühlten Boxermotor im Heck handelte es sich um eine komplette Neukonstruktion mit nunmehr sechs Zylindern. Der 130 PS starke Motor besaß zwei obenliegende Nockenwellen und eine achtfach gelagerte Kurbelwelle. Ausgeliefert wurde der 911 zunächst ausschließlich mit einem Fünfgang-Getriebe, ab Modelljahr 1968 gab es den nunmehrigen 911 L optional auch mit Halbautomatik. Von Anfang an mit eingeplant war auch eine offene Variante, die dann zur IAA 1965 gezeigt wurde. Die Variante hieß 911 Targa, war ab dem Modelljahr 1967 zu haben und sollte mit ihrem Namen zum einen an die Targa Florio erinnern, zum anderen als italienische Bezeichnung für das deutsche Wort »Schild« die Schutzfunktion des Überrollbügels verdeutlichen. Das Dachmittelteil des Targa ließ sich herausnehmen und im Kofferraum verstauen, die Heckscheibe aus Kunststoff konnte weggeklappt werden. Im gleichen Modelljahr – 1967 – erschien der Porsche 911 S mit 160 PS und einer Höchstgeschwindigkeit von 225 km/h; er hatte innenbelüftete Scheibenbremsen rundum. Ein Jahr später folgte ein neues Basis-Modell namens 911 T mit 110 PS und Viergang-Handschaltung. Noch ein Jahr später erfolgte die Umstellung auf eine Bosch-Einspritzpumpe, außerdem wurde der Radstand um 57 mm verlängert, was das Fahrverhalten spürbar verbesserte. Für 1970 gab es größere Motoren mit 2,2 Litern Hubraum, das Leistungsspektrum reichte von 125 über 155 bis 180 PS im 911 S. 1972 erfolgte eine weitere Hubraumvergrößerung auf 2,4 Liter, für Furore indes sorgte der auf dem Pariser Automobilsalon als Basis-Fahrzeug für den Motorsport vorgestellte Porsche 911 Carrera RS 2.7. Der leistungsgesteigerte Sechszylinder-Boxer mit 210 PS beschleunigte den gewichtsreduzierten Hochleistungssportwagen in nur 6,3 Sekunden auf 100 km/h. Eine Höchstgeschwindigkeit von über 240 km/h machte ihn zum seinerzeit schnellsten deutschen Serienautomobil. Front- und Heckspoiler – letzterer »Entenbürzel« genannt – sorgten in Verbindung mit den hinteren Kotflügelverbreiterungen für die entsprechende Fahrstabilität. Der Carrera RS war der erste Porsche, der hinten breitere Felgen hatte als vorn.

Zum Modelljahr 1974 erfolgte dann eine umfangreiche (und auch optisch erkennbare) Modellpflege. Am auffälligsten waren wohl die Stoßfänger mit ihren Faltenbälgen, die einmal mehr neuen Bestimmungen in den USA zu verdanken waren. Zwischen den Rückleuchten fand sich jetzt eine rote Blende mit schwarzem Porsche-Schriftzug; das sogenannte G-Modell sollte sich zu der am längsten gebauten 911-Baureihe überhaupt entwickeln: Sie wurde 15 Jahre lang produziert und legte den Grundstock

Für 1974 erhielt der 911 mehr Hubraum und eine geänderte Karosserie. Der VW-Porsche 914 2.0 dagegen hatte seine besten Zeiten hinter sich. (Foto: © Dr. Ing. h.c. F. Porsche AG)

Gesamtsieger der letzten Targa Florio 1973 wurden Herbert Müller und Gijs van Lennep im 911 Carrera RSR. (Foto: © Dr. Ing. h.c. F. Porsche AG)

Die Preise für frühe Porsche 911 (bis 1973, auch als F-Modell bezeichnet) sind in den letzten Jahren förmlich explodiert. Allerdings ist bei frühen Modellen Rost ein großes Problem, und die Ersatzteilkosten liegen jenseits von gut und böse. Das hier ist ein 901-Zweiliter von 1964. (Foto: © Dr. Ing. h.c. F. Porsche AG)

Jeder zweite der zwischen 1977 und 1995 verkauften Porsche hatte einen wassergekühlten Front- statt eines luftgekühlten Heckmotors.

Der Porsche 911 als G-Modell, gebaut 1974 bis 1989. Die späten mit 3,2-Liter-Motor gelten als die besten. Die Preise sind hoch, die Nachfrage auch.

(Foto: © Dr. Ing. h.c. F. Porsche AG)

Der von 1981 bis 1991 angebotene 944 wurde nur widerwillig als »echter« Porsche anerkannt, denn im Grunde genommen war er ein modifizierter 924er mit dem halbiertem V8 des 928. Die Gebrauchtwagenpreise für die Transaxle-Porsche waren lange am Boden, die Ersatzteile dafür immer sündteuer.

(Foto: © Dr. Ing. h.c. F. Porsche AG)

Ein weiteres bedeutendes Kapitel in der Erfolgsgeschichte des 911 schrieb Porsche mit dem 911 Turbo (930) von 1975. (Foto: © Dr. Ing. h.c. F. Porsche AG)

für die heutige Modellvielfalt. Nach und nach erweiterten die Zuffenhausener ihre Neunelfer-Modellpalette. Das neu geordnete Modellprogramm umfasste zunächst die Typen 911, 911 S (jeweils als Coupé und Targa) sowie das 911 Carrera Coupé, allesamt mit 2,7-Liter-Motor und einem Leistungsspektrum von 150 bis 210 PS. Die eigentliche Sensation aus dem Hause Porsche aber war der 911 Turbo 3.0, der auf dem Pariser Salon 1974 debütierte und dann im Modelljahr 1975 in den Handel gelangte. Intern als 930 bezeichnet, imponierte der Wagen schon rein äußerlich durch seine breiten Kotflügel, seine überbreiten Reifen und den wuchtigen Heckspoiler. 260 PS und ein maximales Drehmoment von 343 Nm reichten dem turbogeladenen Dreiliter-Motor, um den Wagen auf eine Höchstgeschwindigkeit von 250 km/h zu katapultieren, gegen Ende der Laufzeit war der Turbo auf 3,3 Liter und 360 PS erstarkt. Der 911 Turbo war seinerzeit das schnellste Serienauto Deutschlands. Der 911 ist längst zu einer Legende unter den Sportwagen geworden. Seit über 50 Jahren gebaut, wurde er ständig überarbeitet, erhielt ein Facelift nach dem anderen und kam in etwas größeren zeitlichen Abständen immer wieder als mehr oder weniger komplette Neukonstruktion auf den Markt.

Mit dem Porsche 959 wurde im Herbst 1985 auf der IAA ein Supersportwagen vorgestellt und ab 1987 in limitierter Serie auch gebaut. Der Technologieträger, der alles in sich vereinte, was damals im Automobilbau technisch machbar war, kostete seinerzeit 420.000 Mark.

TURBULENTE ACHTZIGER

Eine auch noch so kurze Betrachtung der Porsche-Geschichte und -Geschicke in den letzten Jahrzehnten wäre unvollständig ohne eine Erwähnung der existenzbedrohenden Krise in den Achtzigern, die sich im Laufe des Jahrzehnts noch verstärkte. Mit Beginn des Jahres 1981 übernahm der Amerikaner Peter W. Schutz den Vorstandsvorsitz. Anfang der Achtziger – 1981, um genau zu sein – feierte Porsche sein 50-jähriges Jubiläum, den 100.000sten Porsche 924, den 200.000 Porsche 911 und den 300.000sten Porsche, ansonsten gab es in jenem Jahrzehnt eher weniger Grund zur Freude: Die Zuffenhausener fuhren komplett außerhalb der Spur. Der Boxster, der 1993 in Detroit noch als Studie der Weltöffentlichkeit präsentiert wurde und zum Modelljahr 1997 in Serie ging, galt – unterhalb des Elfer angesiedelt – fast schon als letzte Rettung für das Traditionshaus, für das Toyota eine Kaufofferte vorgelegt haben soll. Porsche-Patriarch Ferry hat diese angeblich mit den Worten: *»Nur über meine Leiche!«* abgewiesen. Das Geld war dennoch knapp. Aus Kostengründen erhielten der Mittelmotor-Roadster und die neue Generation des Heckmotor-Sportwagens 911 (Baureihe 996) einen weitgehend identischen Vorderwagen.

Die Nachfrage nach dem Boxster jedenfalls, der ab Herbst 1996 produziert wurde, überstieg alle Erwartungen, Porsche musste sogar Produktionskapazitäten in Finnland hinzukaufen. Im Herbst 2005 schloss der Cayman eine Lücke im Modellprogramm, die Porsche zwischen den Baureihen Boxster und 911 ausgemacht hatte. Der Cayman basierte auf dem so erfolgreichen Boxster, und in den Leistungswerten wie in den Fahrleistungen der Basismodelle der beiden Baureihen gab es denn auch keine Unterschiede: Porsche hatte die Wende geschafft und agierte so erfolgreich, dass es sogar versuchte, Volkswagen zu übernehmen.

Das ging schief, Porsche wurde, auch wenn die Zuffenhausener ihre Selbständigkeit weitgehend behalten sollten, als zehnte Marke in den VW-Konzern integriert.

Im 959 vereinte Porsche 1987 alles, was seinerzeit im Sportwagenbau machbar war. (Foto: © Dr. Ing. h.c. F. Porsche AG)

1991 löste der 968 den 944 als Vierzylinder-Transaxle bei Porsche ab. Für Vortrieb sorgte der 3,0-Liter-Reihenvierzylinder aus dem 944 S2. (Foto: © Dr. Ing. h.c. F. Porsche AG)

Mit der ersten Boxster-Generation (1996–2004) fuhr Porsche aus der Krise. Der Vorderbau war identisch mit dem des 911. (Foto: © Dr. Ing. h.c. F. Porsche AG)

1977 produzierte Porsche den 250.000sten Sportwagen, im gleichen Jahr lief der erste 928 vom Band. Er war 1978 der erste und ist bis heute der einzige Sportwagen, der zum »Auto des Jahres« gewählt wurde. Bis 1995 gebaut, aber mit noch heute faszinierendem V8. (Foto: © Dr. Ing. h.c. F. Porsche AG)

Es gab in den frühen 70ern weltweit angeblich 300 Buggy-Hersteller. Auch in Deutschland war das Angebot vielfältig, wie diese Aufnahme beweist: Imp, GF und Maplex waren nur einige der Modelle. (Foto: © Archiv Storz)

Nein, kein Buggy, sondern ein Kitcar, ein Auto-Bausatz mit GFK-Karosserie und Käfer-Technik (also quasi ein Buggy mit Dach): Bekanntester deutscher Anbieter war die zwischen 1966 und 1979 in diesem Segment tätige Firma Fiberfab. (Foto: © Fiberfab)

Der Imp war ein US-Entwurf, der dann zuerst bei AHS, Hannover, in Lizenz gebaut wurde und zur IAA 1969 seine Deutschlandpremiere feierte. Volkswagen überlegte ernsthaft den Bau eines eigenen Typs, entschied sich aber dagegen. (Foto: © Volkswagen AG)

Atlantic Beach, Jacksonville, Florida (Foto: © Jeff Turner, CC-BY-2.0)

AMERICAN WAY OF DRIVE: BUGGYS

Der Volkswagen war wie kein anderes Auto prädestiniert für Umbauer und ambitionierte Bastler, die dem Traum vom selbstgebauten Auto nachhingen. In Deutschland waren diese Träume allerdings strikt reglementiert, die Umbauszene war weit weniger bunt als in den USA. Bundesweit brachte es nur eine Handvoll solcher Konstruktionen – in erster Linie Buggys– zu einer gewissen Bekanntheit, geänderte Zulassungsbestimmungen machten ihnen Anfang der Achtziger den Garaus. Die Buggy-Bewegung nahm ihren Ursprung in Kalifornien, wo der surfbegeisterte Bruce Meyers mit seiner Eigenkonstruktion auf Käfer-Basis namens »Manx« eine Lawine lostrat. In der zweiten Hälfte der Sechziger entstanden nach dieser Vorlage unzählige weitere dieser offenen Fun-Vehikel mit Fiberglas-Karosserie, es etablierten sich über 30 Hersteller, es entwickelte sich ein reger Austausch; als Folge des heute kaum mehr zu durchschauenden Wirrwarrs soll es rund 300 Buggy-Marken gegeben haben. Die Welle schwappte auch nach Europa über, und in Deutschland war es in erster Linie das Leib- und Magenblatt aller VW-Fahrer, die Zeitschrift »Gute Fahrt« (GF), die zunächst mehr oder weniger aus einer Bierlaune heraus beschloss, einen eigenen Buggy zu entwickeln. Auf Basis eines für 600 Mark erstandenen Käfers, gezeichnet von einem Studenten der KFZ-Technik im vierten Semester und gebaut von einer Firma für Silotechnik, entstand im Mai 1969 auf Initiative der Zeitschrift der erste deutsche Buggy, der »GF Buggy« (der zunächst als »Floh« bezeichnet wurde). Nachdem Volkswagen der um 360 mm verkürzten Typ-1-Bodengruppe die Freigabe erteilt hatte, bot Karmann den GF auf Bestellung auch als Komplettfahrzeug an. Volkswagen selbst hat nie Buggys angeboten, so dass es den einzelnen Händlern selbst überlassen blieb, solche Spaßmobile aufzubauen.

Zu den bekanntesten Fahrzeugen gehörte der Imp. Diesen hatte die Firma Empi entwickelt, ein großer amerikanischen VW-Ersatzteilehändler. Er basierte auf der verkürzten Bodengruppe den VW 1200/1300. Die Entwicklung von Empi-Chef Joe Vittone galt als der vielleicht beste und hochwertigste aller Buggys. Die deutsche Ausführung stand auf der IAA 1969, die Lizenz erwarb das Autohaus Südhannover AHS, das den Buggy mit TÜV-konformen Kotflügeln versah. Der Imp wurde nicht als Bausatz verkauft. AHS trat dann die Fertigung an Karmann ab. Zu den bekannteren Buggy-Herstellern gehörte die Firma Albar Fahrzeugbau AG im Schweizerischen Buochs mit ihren Buggys meist nach britischer Lizenz. Relativ häufig anzutreffen waren auch die Buggys der belgischen Firma Apal. Gegründet wurde sie 1961 in Lüttich. Heute noch bekannt ist das Modell »Jet«, das wie fast alle Buggys auf einer amerikanischen Lizenz beruhte. Ein Exemplar wird, toprestauriert, von Volkswagen mitunter bei Oldtimer-Veranstaltungen vorgeführt. Zu den Pionieren auf dem Buggy-Markt gehört auch das Autohaus Rudolf Kühn, Hamburg, das Anfang 1969 den ersten Buggy mit deutscher Straßenzulassung auf die Räder stellte. Die Basis dafür bildete wiederum ein US-Entwurf von 1967. Den HAZ gab es als Bausatz wie auch als Komplettfahrzeug, wobei die Aufbauten bei einer Schiffswerft entstanden.

Bei Oldtimerveranstaltungen immer wieder gern gesehen: Der Apal Jet aus dem Volkswagen-Fundus. Der Buggy war eine in Belgien gebaute Lizenz des amerikanischen Renegade-Buggys und basierte auf einer verkürzten Käfer-Plattform. (Foto: © Volkswagen AG)

TRABANT

Während der Automobilbau Westdeutschlands in den Fünfzigern Fahrt aufnahm, taten sich die Genossen in Ostdeutschland ungleich schwerer. Um aber im »Wettbewerb der Systeme« nicht vollends ins Hintertreffen zu geraten, gab die politische Führung der DDR den Auftrag zum Bau eines robusten und sparsamen Familien-Kleinwagens mit Zweittakt-Motor nach DKW-Konstruktion, der nicht mehr als 4000 Ostmark kosten sollte. Tiefziehblech allerdings war selten und teuer (es stand auf der Embargoliste des Westens), deshalb sah man für die Außenteile der Karosserie eine Fertigung aus Duroplast vor, einem Baumwoll-Phenolharz-Gemisch.

So bleibt er in Erinnerung: Der P 601 in pastellblauer Lackierung. Gute Exemplare werden langsam knapp, Rost am Rahmen ist das größte Problem. (Foto: © Alf van Beem, CC0)

PLASTE STATT BLECH FÜR DIE AUSSENHAUT

Die erste Version des DDR-Volkswagens hieß P50 und erschien Mitte 1954. Sie war eng und teuer in der Produktion, weil der Blechanteil noch zu hoch war: So konnte sie keinesfalls in Großserie gehen. Sie musste umkonstruiert werden, um die Zeit zu überbrücken, entstand in Zwickau ein Zwischentyp namens P70, der das Chassis des IFA F8 (seinerseits ein nahezu unveränderter DKW Meisterklasse von 1938) mit einer kunststoffbeplankten Holzkarosserie kombinierte. Der P70 blieb bis Ende der Fünfziger in Produktion, der modifizierte P50 mit dem 18 PS starken 0,5-Liter-Zweitaktmotor ging schließlich 1958 in Serie. Er kostete zwar fast doppelt so viel wie geplant und war auch noch nicht wirklich serienreif, hatte aber den einprägsamen Namen »Trabant«, zu Ehren des triumphalen sowjetischen Weltraumstarts 1957.

1963 fand schließlich eine grundlegende Überarbeitung des Motors statt. Unter dem Namen Trabant 600 (werksintern P60) bekam der Kleinwagen einen 0,6-Liter-Motor mit 23 PS und ein vollsynchronisiertes Getriebe, 1964 fand die nächste (und letzte) größere Modellpflege statt.

DER TRABANT KREIST FÜR 26 JAHRE

Der Trabant 601 erhielt eine zeitgemäßere Karosserie und eine etwas nettere Inneneinrichtung. Es gab ihn als Limousine wie auch als Kombi. Die Wartezeit für den 601 betrug bereits drei Jahre. Leistungsmäßig geriet er nun allerdings gegenüber den Viertaktern aus dem Westen ins Hintertreffen, auch im Export. Und bei Rallye-Veranstaltungen waren die Trabis nun zunehmend unter sich, da in dieser Hubraumklasse kaum noch Westkonkurrenz an den Start ging. Eigentlich hätte bereits 1967 ein Nachfolger erscheinen sollen, doch daraus wurde nichts, ebenso wie auch die Pläne für einen Nachfolger mit Skoda-Motor 1979 wieder in der Schublade verschwanden: Der DDR-Bürger hatte sich mit dem Trabant 601 zu begnügen. Mangels Alternativen aber erhöhten sich die Wartezeiten Jahr für Jahr, ein Dutzend oder mehr Jahre, so die offizielle Ankündigung bei der Bestellung ...

Für die NVA erschien der 601 bereits 1966 in geringer Stückzahl als Kübelwagen (601 A). Ausschließlich für den Export gab es sogar ab 1978 eine ebenfalls rare Cabrio-Version unter dem Namen »Tramp«.

MIT POLO-MOTOR ZUM LETZTEN AKT

Zu Beginn der Achtziger war der kleine »Volkswagen« aus dem Osten hoffnungslos veraltet. 26 PS leistete er mittlerweile, doch sein Benzin-Öl-Gemisch verpestete nicht nur die Umwelt, das Auto verbrauchte auch eine Menge davon. Weil der DDR die Mittel zur völligen Neuentwicklung eines modernen Viertakters fehlten, ging sie 1984 ein Lizenzgeschäft mit VW ein. Der Autohersteller aus Wolfsburg sollte für den neuen Trabant 1.1 die Motorlizenz stellen. Doch die notwendigen Investitionssummen fielen so hoch aus, dass sich weitere Investitionen in Optik oder in Technik verbaten. Außerdem waren viele Trabant-Zuliefererfirmen schlichtweg nicht mehr in der Lage, die benötigten Teile zu liefern, und als 1990 endlich die Serienfertigung des Trabant mit Polo-Motor (125 km/h Spitze) anlief, war die DDR Geschichte. Nach der Wende interessierte sich kein Mensch mehr für die »Mumie mit Herzschrittmacher«, wer konnte, kaufte sich einen Westwagen und verschrottete seinen Trabi, und einen neuen Trabant 1.1 hätten die meisten noch nicht einmal geschenkt genommen.

Der P 60 von 1962 hieß offiziell »Trabant 600«. Er kombinierte die Karosserie des P 50 von 1957 mit jenem Motor, der dann den Trabant 601 antreiben sollte. (Foto: © Ralf Weinreich)

1989 kam der Trabant 1.1 mit VW-Motor. Doch auch der brachte keine Rettung. Typisch ist der teilabgedeckte Kühlergrill, so wie bei diesem Tramp zu sehen. (Foto: © Ralf Weinreich)

Der Trabant 601 wurde über ein Vierteljahrhundert lang mit vielen Teilen vom Vorgänger gebaut. Größere Modellpflegemaßnahmen fanden kaum statt. (Foto: © Ralf Weinreich)

VW-Tuning – »frisieren« hieß das damals – war seinerzeit ein ganz großes Thema, und auch in den frühen Siebzigern widmeten sich noch jede Menge Firmen dem Schnellermachen von Volkswagen. Decker, Heggelin (Schweiz), Sauer, Riechert, Oettinger, Zöllner, Willibaldt – das Angebot war schier unüberschaubar. Porsche Salzburg holte aus dem Käfer-Motor bis zu 120 PS.

VOLKSWAGEN

Der VW 1600 hatte als Typ 3 / VW 1500 im September 1961 seine Premiere gefeiert. Im Laufe der Jahre hatte er eine längere Schnauze erhalten, war aber ansonsten weitgehend unverändert geblieben.

Die meist verkaufte Variante war der Variant, hier als 1500 S mit Zweivergasermotor und 54 PS, optisch erkennbar am Chromzierrat.

VW 1600 Stufenheck nach 1970: Das Facelift brachte einen größeren vorderen Kofferraum, größere Leuchten und Stoßstangen sowie eine Schräglenkerhinterachse.

Der NSU K70 (links) wurde von VW zur Serienreife gebracht und dann als K70 verkauft. Zusammen mit dem Typ 4 stand er an der Spitze des Modellprogramms.

In den Sechzigern war die VW-Welt noch in Ordnung: Das deutsche Vorzeigeunternehmen stürmte von einem Zulassungsrekord zum nächsten, während alle Versuche seitens der Konkurrenz, der Käfer-Plage Herr zu werden, scheiterten.

AM KÄFER FÜHRT KEIN WEG VORBEI

Der Käfer verkaufte sich auch in diesem Jahrzehnt noch blendend, die Wolfsburger schienen kaum etwas falsch machen zu können. Dem Vorwurf mangelnder Entwicklungsarbeit begegneten sie mit behutsamer Modellpflege und beharrlicher Verfeinerung im Detail. Schönes Beispiel dafür ist der VW 1300 von 1965. Der sah so aus wie alle anderen, hatte aber mehr Hubraum und sechs PS mehr als der Export-Käfer und schaffte eine Spitze von 122 km/h. Als weitere Variante erschien im August 1966 der 44 PS starke VW 1500, die Spitze stieg auf 128 km/h. Außerdem war das der erste Käfer serienmäßig mit vorderen Scheibenbremsen. Im August 1967 kam der große Karosserieumbau, der zu den neuen Stoßstangen mit »Eisenbahnschienen«-Profil führte. Die Scheinwerfergläser standen außerdem senkrecht, der Tankeinfüllstutzen saß hinter einer (für 1969 sogar verriegelbaren) Klappe oberhalb des rechten vorderen Kotflügels. Der vordere Koffer- sowie der Motorraumdeckel waren kürzer geworden. Ab 1968 bot VW optional eine Getriebe-Halbautomatik mit drei Schaltstufen an; diese 1500er erhielten auch eine neue Doppelgelenk-Hinterachse. Die Unterscheidung in Standard- und Exportmodell hatte man aufgegeben, der Standard hieß zunächst A (und hatte dann keine Zusatzbezeichnung mehr), das Export-Modell L. Für 125 Mark Aufpreis gab es ab August 1968 – wie auch für den VW 1300 – Scheibenbremsen und die längst überfällige 12-Volt-Elektrik.

Erst der VW 1302 von 1970 stach deutlich aus dem bisherigen VW-Einheitsbrei hervor. Der 44-PS-Käfer mit dem 1,3-Liter-Motor des VW 1300 erschien zum Modelljahr 1971 und hatte einen komplett neuen Vorderbau erhalten, was insbesondere für den US-Markt von außerordentlicher Wichtigkeit war. Neu war die vordere Radaufhängung an McPherson-Federbeinen, auch gab es die Doppelgelenk-Hinterachse jetzt an allen Serien-Käfern, nicht nur an den Modellen mit Getriebeautomatik. Gebaut wurde der 1302 nur zwischen 1970 und 1972, und sein Nachfolger, der 1303, sollte es nur auf eine um ein Jahr längere Bauzeit bringen. Neu war hier die gewölbte Windschutzscheibe und das schwarz bezogene und dick gepolsterte Instrumentenbrett. 1974 wanderten die Blinker von den vorderen Kotflügeln in die Stoßstangen. Es gab ihn mit dem 44-PS-1,3-Liter-Boxer oder dem 50 PS starken 1,6-Liter-Motor.

Daneben bot der VW 1200 weiterhin die Basis-Motorisierung. Zuletzt in Mexiko gebaut, endete sein Import 1985, während er in Südamerika noch bis 2003 gebaut werden sollte.

Doch auch wenn der Volkswagen das meistgebaute Auto der Welt war und 1972 die 15-Millionen-Marke überschritten hatte: Der Wolfsburger Riese litt zunehmend unter dem eigenen Erfolg. Neben dem Käfer, so schien es, hatte kein anderes Fahrzeug Platz. Gewiss, das Unternehmen gehörte in den frühen Siebzigern noch immer zu den Aushängeschildern der deutschen Automobilindustrie, steckte aber in der Krise. Das Modellprogramm war hoffnungslos veraltet und basierte im Wesentlichen noch auf dem technischen Konzept des Volkswagen Typ 1, und der war ja schon Mitte der Dreißiger erdacht worden. Der Käfer mochte innerhalb der Automobilgeschichte eine Sonderstellung einnehmen, das galt aber für die davon abgeleiteten Fahrzeuge (abgesehen vom Typ 2 Transporter) nur bedingt. Der Ponton-Typ 3, der Anfang der Siebziger als VW 1600 in drei Karosserievarianten angeboten wurde, hatte weder mit Stufen- noch Fließ- oder Kombiheck die Popularität des Käfers erlangt. Dieser Wagen – damals mit 1,5-Liter-Motor – war auf der Frankfurter Autoschau im September 1961 erschienen und nutzte die Käfer-Technik, was Vorzug und Nachteil zugleich war: Der Typ 3 war kaum größer, nur wenig schneller, kein bisschen moderner und auch nicht solider als der Stammvater. Man hatte irgendwie mehr erwartet. Diese leise Enttäuschung zieht sich wie ein roter Faden durch die Geschichte des Mittelklasse-Volkswagens.

VOLKSWAGEN

KEIN GLÜCK MIT KÄFER-ABLEGERN

Natürlich, am Ende aller Tage waren knapp 2,5 Millionen Typ 3 gebaut worden, andere Hersteller hätten sich bei einem solchen Ergebnis »von« geschrieben. Und doch blieb die Frage, ob es nicht besser gewesen wäre, das Heckmotorkonzept zugunsten des Standardantriebs – Frontmotor und Heckantrieb – und die Luft- der Wasserkühlung zu opfern. Dann wäre man zumindest auf Augenhöhe mit den Ford und Opel dieser Welt gewesen. Aber nein, das ging nicht, es herrschte Denkverbot. Unanfechtbar war das Evangelium der Wolfsburger: Ein Volkswagen hat einen luftgekühlten Boxermotor im Heck zu haben. Zu festgefügt waren die Herren der Käfer in ihrem Weltbild, zu groß auch war das Unternehmen geworden, als dass man glaubte, eine andere Richtung einschlagen zu können. Das »Keine Experimente!«, mit dem Adenauers CDU die Bundestagswahlen 1956 haushoch gewann – es hätte über dem Eingang des Werks am Mittellandkanal stehen können.

Auch der Typ 4, der »Große Volkswagen« als die letzte Neuentwicklung unter Leitung des VW-Chefs Nordhoff, folgte dem bekannten Dogma. Immerhin: Es war der erste viertürige Volkswagen, der erste mit selbsttragender Karosserie, mit neuem Fahrwerk und einem neuen 1,7-Liter-Motor, der auf dem Papier 68 PS leistete. Die Limousine wie auch der spätere Variant verfügten über einen üppigen Kofferraum im langen Bug, der dem Typ 4 auch den Spitznamen »Nasenbär« bescherte. Theoretisch hatte er alle Zutaten, um eine erfolgreiche Familien-Limousine zu werden. In der Praxis war seine Optik zu unkonventionell und seine Konzeption zu wenig zeitgemäß, als dass er ein großer Erfolg hätte werden können. Dazu kam, dass dieser Volkswagen in einer Zeit erschien, in der die Wirtschaft eine Verschnaufpause einlegte. Von der Auto- bis zur Baubranche, alle stöhnten 1967/68 unter der Krise – eine Folge der Mehrwertsteuer-Einführung und der D-Mark-Aufwertung, was zu einem Export-Rückgang führte. Außerdem wuchs der Anteil der ausländischen Autoanbieter, nachdem 1966 eine ganze Reihe von Zollgrenzen gefallen waren. Der Anteil von Importwagen stieg auf 25 Prozent, die heimische Industrie stand unter Druck, es kam zu Massenentlassungen und Kurzarbeit. In diesem wirtschaftlichen Umfeld floppte der lang erwartete »Große Volkswagen« und verstärkte die Krise des Wolfsburger Riesen: *»Vier Türen, elf Jahre zu spät«*, dafür stehe die Bezeichnung *»411«*, monierten Kritiker bei der Premiere im Juni 1968, und dass die ersten Typ 4 nicht den allerbesten Eindruck hinterließen, machte die Sache nicht besser: Nach Maßstäben des Volkswagenwerkes war der so völlig am Kundengeschmack vorbei entwickelte Typ 4 ein glatter Misserfolg, von ihm wurden nur etwas über 355.000 Stück gebaut. Als Heinrich Nordhoff 1968 starb, rauschte das Unternehmen mit Karacho in die Krise. Der Konzern, der 1970 gut über 40 % Gewinn gegenüber dem Vorjahr eingebüßt hatte, brauchte dringend ein neues, zeitgemäßes Fahrzeugangebot.

Vor diesem Hintergrund vollzog sich Anfang 1969 die Übernahme von NSU. Die Neckarsulmer nämlich hatten einen innovativen Fronttriebler entwickelt, den K 70, und der so euphorisch gefeierte Wankel-Motor war auch ein NSU-Schatz. Bald aber machte sich Katerstimmung breit, denn der neue Hoffungsträger war eine ziemlich Gurke. Und obwohl Volkswagen dringend Ersatz für das Käfer-Konzept suchte: So verzweifelt war VW-Chef Kurt Lotz nun doch nicht, als dass der alles andere als ausgereifte NSU-Entwurf rasch in die Serienfertigung überführt worden wäre. Gut anderthalb Jahre geisterte der große Volkswagen durch die Gazetten, bis er, mit reichlich Vorschusslorbeeren bedacht, als VW K 70 (interne Bezeichnung: Typ 48) eingeführt wurde. Im November 1970 verließ der erste K 70 die neuen Werksanlagen in Salzgitter, die Euphorie wich aber bald der Ernüchterung: Der bis dahin teuerste Volkswagen – die Normalausführung kam auf 9450 Mark – litt unter zahlreichen Kinderkrankheiten und war ziemlich durstig. So sehr man auch daran herumdokterte und versuchte, mit stärkeren Motoren und netterer Optik –Doppelscheinwerfer und schwarze Rallyestreifen – den NSU-Entwurf noch zu retten: Murks bleibt Murks. Der in der Produktion viel zu teuere Wagen, der außerdem noch dem neuen Passat Konkurrenz machte, wurde bei der ersten sich bietenden Gelegenheit aus dem Programm genommen.

Käfer-Nachfolger: Mit dem Golf hat in Wolfsburg die Neuzeit begonnen.

Der Karmann-Ghia entstand auf den Bändern von Karmann. Als er auslief, wurden die Kapazitäten für die Scirocco-Produktion genutzt. (Foto: © Volkswagen AG)

Die Nachfrage war schwach, und eine bessere Ausstattung sollte den Absatz ankurbeln. Im Bild das Sondermodell K 70 LS mit Seitenstreifen, Sportfelgen und 100-PS-Motor. (Foto: © Volkswagen AG)

Der VW Typ 181 (»Kübel«) auf Käfer-Basis wurde für die Bundeswehr entwickelt und gebaut. Es gab ihn aber auch für zivile Käufer.

Einen neuen Volkswagen zu entwerfen war die schwierigste Aufgabe, der sich ein Designer stellen konnte. Giorgio Giugiaro war ihr gewachsen und schuf nicht nur den Golf, sondern auch den Scirocco.

Und dann kam der GTI: In Kleinserie geplant, entwickelte sich der 110-PS-Golf zum Bestseller mit monatelangen Lieferzeiten. (Foto: © Volkswagen AG)

Unter der Bezeichnung EA 400 erschien der Passat, der Audi-Klon löste den VW 1600 ab. Zierleisten und Breitbandscheinwerfer waren typisch für die »L«-Ausstattung. (Foto: © Volkswagen AG)

Der VW Polo war baugleich mit dem Audi 50. Unter der Haube sorgte ein neuer 0,9-Liter-Motor für Vortrieb. Sein Erfolg führte dazu, dass Audi für Jahrzehnte keine Kleinwagen mehr baute.

VOLKSWAGEN

Mit Plastikteilen rundum garniert wurde der Oldie 1987. So hielt er durch bis 1993. Top-Exemplare notieren bereits fünfstellig. (Foto: © Volkswagen AG)

RETTUNG AUS INGOLSTADT

Entscheidend für die Rettung von Volkswagen war die Übernahme des technischen Konzepts, für das Audi stand. Eine der ersten Entscheidungen des neuen VW-Chefs Rudolf Leiding, der Kurt Lotz 1971 folgte, hatte darin bestanden, ein VW-Modell auf Basis des Audi 80 entwickeln zu lassen. Das ging am schnellsten, und Leiding – er kam von Audi – kannte das Potenzial der dortigen Entwickler, allen voran Ludwig Kraus. Zehn Monate später präsentierte Volkswagen dann den neuen Hoffnungsträger, der sich vom Audi 80 nur in Kleinigkeiten unterschied. Klare, schlichte Formen, Funktionalität und Sachlichkeit gehörten zu den Merkmalen des neuen Volkswagens, der zunächst eigentlich Typ 511 heißen sollte, doch die Nähe zum drögen bisherigen Modellprogramm war denn doch zu groß.

»Passat«, der Tropenwind, brachte frischen Wind in die Heide, und mit ihm kam auch ein Schrägheck, das Giugiaro entwickelt hatte.

Die umetikettierten Audi fanden viel Zustimmung. Angeboten wurden zunächst eine zwei- und eine viertürige Schrägheck-Limousine, wobei der Zweitürer mit seinem überlangen hinteren Seitenfenster etwas unproportioniert wirkte. Richtig ärgerlich dagegen war der Verzicht auf eine vollwertige Heckklappe. Die ersten Passat als Nachfolger des VW Typ 3 verließen Ende Juli 1973 das Band. Im Gegensatz zum Audi 80 erschien der Passat auch als Kombi, der den VW 412 Variant ablöste. So schön der Erfolg auch war: Der Käfer war damit noch immer nicht ersetzt.

MIT GOLF UND CO. AUS DER KRISE

Die Arbeiten am Käfer-Killer begannen im Herbst 1970. Die bei solchen Aufträgen üblichen Vorgaben an die Entwicklungsabteilungen waren auf diesen Fall aber kaum anzuwenden: Es gab wenig Komponenten, die von anderen Baureihen übernommen werden konnten, keinen direkten Vorgänger, mit dem man bereits Erfahrung gesammelt hatte. Der einzige Maßstab für die Volkswagen-Entwickler war die Konkurrenz, und der Käfer – und der wiederum auch nur insoweit, als dass der neue Wagen in vielem das genaue Gegenteil des Dauerkrabblers darstellen musste. Der Käfer hatte Luftkühlung – der neue musste also Wasserkühlung aufweisen. Hier ein durstiger Boxer im Heck – dort ein moderner Reihenvierer im Bug. Hier angetriebene Hinterräder – dort sollten die Pferde vorne ziehen. Selbsttragende Karosserie statt antiquiertem Rahmenbau, sachliche Kanten statt knubbeligem Buckel, kostengünstige Produktion statt aufwändiger Fertigung – die Liste dessen, was der neue besser können sollte und musste als der Bestseller aus Wolfsburg, war schier endlos.

Dazu kam: Ein solcher Autotyp existierte weltweit noch nicht, auch bei der Konkurrenz gab es keine Fahrzeuge, die als Referenz hätten herangezogen werden können. Und die Erfahrungen mit der in der Entwicklung befindlichen neuen Mittelklasse-Generation, die dann als Passat beziehungsweise Audi 80 auf den Markt kommen sollte, waren auch nur in begrenztem Umfang auf den Käfer-Nachfolger zu übertragen. So übernahm der EA (= Entwicklungsauftrag) 337 letztlich vom Käfer nur ein Maß, nämlich das des Radstandes: Das durfte die bekannten 2400 mm nicht überschreiten, da andernfalls nicht die auf die Luftgekühlten ausgelegten Kundendiensteinrichtungen hätten übernommen werden können. Alles andere war nicht nur neu, sondern auch ganz anders – vielleicht ganz gut, dass die Wolfsburger Ingenieure um den von NSU gekommenen Chefkonstrukteur Hans-Georg Wenderoth auf die Schützenhilfe vom Porsche-Entwicklungszentrum in Weissach verzichteten. Wer weiß, ob der Wandel sonst so radikal ausgefallen wäre.

Von Anfang an war der Golf ein überragender Erfolg, die Nachfrage übertraf auch die kühnsten Erwartungen. Im März 1976 verließ der 500.000ste Golf Wolfsburg, Golf war zum Nationalsport Deutschlands geworden. Im Oktober 1976 vermeldete Wolfsburg die Produktion des millionsten Golf, im Juni 1978 war die zweite Million voll. Und die Nachfrage riss nicht ab. Im September 1979 kam die dritte Million, im November 1980 fiel die Vier-Millionen-Marke. Februar 1982 rollte der Fünf-Millionen-Golf vom Band, und im September 1983, zur Serieneinführung der zweiten Golf-

Ein Passat, auch einer aus der zweiten Generation (1980–1988), wird es nie zur Klassiker-Ikone schaffen. (Foto: © Volkswagen AG)

Der Corrado (1988–1995) wurde anfangs parallel zum Scirocco angeboten. Für Vortrieb sorgte zunächst der 1,8-Liter mit G-Lader, später der VR6. (Foto: © Volkswagen AG)

Generation, war die sechste Million voll. Im Grunde genommen war das Golf-Rezept mit Kompaktbauweise und raumsparendem Frontantriebskonzept ja so neu nicht, die Engländer hatten es vorgemacht und dem Mini von 1959 eine Menge ähnlich gestrickter Typen – bis hin zu ausgewachsenen Mittelklasse-Fahrzeugen wie dem Austin 2200 – folgen lassen. Die Franzosen wie auch die Italiener griffen diesen Grundgedanken auf und waren ab Mitte der 1960er Jahre mit einer ganzen Reihe pfiffig gemachter Klein- und Mittelklassewagen auf dem deutschen Markt präsent: Renault, Simca und Peugeot boten jeweils Fronttriebler mit Heckklappe an, ebenso Fiat. Bei den Franzosen war die Gewichtsverteilung allerdings längst nicht so ausgewogen wie beim Golf, dazu kam eine schaukelweiche Komfortabstimmung und eine spürbare Neigung zum Untersteuern. In punkto Fahrwerk dem Golf nahezu ebenbürtig waren Fiat 128 und Alfasud. Die deutschen Hersteller favorisierten wie eh und je den Standardantrieb (Motor vorn eingebaut, Antrieb hinten). Dennoch waren die sehr ausgewogenen Stufenheck-Limousinen die größte Herausforderung für den neuen Wolfsburger, denn trotz ihrer Starrachse boten Kadett wie auch Escort narrensichere Fahrwerke. Die japanische Konkurrenz (die bis auf Honda nur Standardware bot) spielte zur Zeit der Golf-Entwicklung auf dem europäischen Markt keine Rolle. Und ein Fahrzeug wie den VW Golf GTI, der 1976 für elend lange Lieferzeiten sorgte, hatte sowieso kein anderer Hersteller im Programm.

GOLF IM SPORTANZUG: DER SCIROCCO

Zuerst führte Volkswagen die neue Technik mit Quermotor und Frontantrieb beim Scirocco ein: Sollten sich in der Großserienproduktion in letzter Minute irgendwelche Schwierigkeiten oder Schwachstellen herauskristallisieren, konnte man eventuell daraus für die Serienproduktion des viel wichtigeren Golf noch lernen. Die Vorsicht war verständlich, aber überflüssig: Technik und Konzeption bewährten sich glänzend, die Generalprobe gelang bestens.

Benannt nach einem afrikanischen Wüstenwind, trat dieser Golf im Sportanzug mit seiner modischen Heckklappe innerhalb der VW-Modellpalette die Nachfolge des Karmann-Ghia an, tatsächlich wurde das von Giugiaro gestylte Coupé auch bei Karmann hergestellt. Zunächst gab es den Volkssportler mit 85 PS, ab Oktober 1974 auch mit wenig standesgemäßen 50 (1,1 Liter) und 70 PS. Insgesamt standen für den Scirocco im Laufe seiner Bauzeit mehr als ein Dutzend Motoren zur Verfügung, die sämtlich dem Golf- beziehungsweise Passat-Programm entstammten.

Auch der 1975 präsentierte Polo – ein Audi-50-Klon – entsprach dem inzwischen wohl bekannten Baukonzept von Passat, Golf und Scirocco. Der kleine Zweitürer war, ebenso VW-typisch, nur karg ausgestattet, das Polo-Einstiegsmodell sollte ursprünglich sogar nur Trommelbremsen erhalten. Zum Glück aber legten die VW-Verantwortlichen den Rotstift gerade noch rechtzeitig aus der Hand. Der Polo war mit seinen 3,50 Metern Außenlänge der kleinste, aber keineswegs der günstigste Volkswagen im Programm, das war immer noch der unverwüstliche Käfer, der als Grundmodell VW 1200 keine 7000 Mark kostete. Der direkte Vergleich mit dem Newcomer im Programm fiel für den Altmeister aber wenig schmeichelhaft aus: Die Vorzüge des kompakten Minis – der gut einen halben Meter kürzer war als der Stückzahlen-Weltmeister, aber mehr Platz im Innenraum bot, entschieden übersichtlicher war und sich dank der Heckklappe auch problemloser beladen ließ (und einen auf 500 Liter erweiterbaren Kofferraum besaß) – waren zu überzeugend, als dass der 30 Jahre alte Käfer ernsthaft hätte bestehen können: Die Käfer-Zeiten gehörten endgültig der Vergangenheit an, auch wenn er noch bis Mitte der Achtziger aus Mexiko importiert wurde – ein milde belächelter Anachronismus wie Renaults R4 oder die »Ente«.

Für die nächsten beiden Jahrzehnte war damit das Produktportfolio von Volkswagen festgefügt. In unregelmäßigen Abständen erneuert, begann zu Ende des Jahrtausends jene Produktoffensive, die Volkswagen zu dem machte, was es heute ist: Mal vor, mal hinter Toyota der weltgrößte Automobilhersteller.

Das VW-Programm der späten 80er: Obere Reihe, v.l.n.r.: Passat Limousine, Passat Variant (1988–1993), Golf Cabriolet (in der Form 1987–1993). Darunter: Corrado (1988–1995), Polo Coupé (1982–1991) und Golf II (1983–1991). Unterhalb des Polo der Stufenheck-Golf Jetta in der Ausführung nach 1984, ganz vorne Scirocco II GTX 16V (1983–1989) sowie der Polo II als Limousine. (Foto: © Volkswagen AG)

Diskreter Auftritt: Der 16V von 1985 war äußerlich nur an den Schriftzügen zu erkennen, polierte aber das Golf-GTI-Image wieder mächtig auf. (Foto: © Volkswagen AG)

Vom Golf II gab es kein Cabriolet, erst wieder vom Golf III. Den Wechsel zum Golf IV 1997 hat es verschlafen, stattdessen musste eine neue Front genügen. (Foto: © Volkswagen AG)

DIE BULLI-LEGENDE

Das zweite Modell, das Volkswagen nach dem Krieg entwickelte, war ein Transporter in der Nutzlastklasse bis 750 Kilogramm. Er war 1949 auf Basis des Volkswagen Typ 1 (Käfer) entwickelt worden und hieß darob »Typ 2«. Da man von Zeit zu Zeit nicht umhin kam, ihn zu erneuern, begann man, die jeweilige Generation durchzunummerieren, gegenwärtig sind wir in der sechsten Generation. Genau genommen müsste man also von einem Typ 2 T6 sprechen. Weil das aber fürchterlich umständlich ist, sprechen wir der Einfachheit halber dann vom T1, T2 usw., und jeder weiß, was gemeint ist. Der T2T1 jedenfalls wurde zwischen 1950 und 1967 gebaut und brachte es auf eine Stückzahl von insgesamt 1,82 Millionen. Überlebt haben nicht viele, denn sie waren in erster Linie Arbeitstiere, zu finden bei Handwerkern und Behörden. Der Sambabus mit seiner famosen Dachrandverglasung, der heute so typisch für das Jahrzehnt zu sein scheint, war die Luxusausführung eines Kleinbusses für kleine Reisegruppen. Ein VW Sambabus der ersten Generation gehört derzeit zu den am meisten gefragten Klassikern, für gut erhaltene Exemplare werden locker sechsstellige Summen aufgerufen (und auch bezahlt). Ein originaler T2 in »Clipper«-Ausstattung wäre nahezu sein Gewicht in Gold wert. Dieser war die Fortsetzung des Sambas unter anderem Namen, auch damals als Massenverkehrsmittel verschlissen und darob ausgestorben. Die zweite Generation (T2, Motoren 50 und 70 PS) war die langlebigste und meistgebaute: Im Frühjahr 1979, am Ende seiner Bauzeit in Deutschland, hatte das Werk Hannover 2,93 Millionen Einheiten gebaut, als im Dezember 2013 in Brasilien der unwiderruflich letzte vom Band rollte, waren es 3,9 Millionen gewesen.

Der T3 vom Mai 1979 erschien wie sein Vorgänger als Transporter, Kombi, Bus, Pritsche und Doppelkabine mit den bekannten Motoren. Später kamen Diesel-Motoren und wassergekühlte Ottomotoren (»Wasserboxer«), in jedem Fall aber trugen die T3 jetzt einen zusätzlichen Kühlergrill in der Front. Der T3 mit dem letztlich unpraktischen, aber unverwechselbaren Heckmotor-Konzept, wenn auch mit besserem Chassis, wurde elf Jahre lang gebaut. Komplett neu und kantig geriet die Karosserie. Sie war markant, wenig aerodynamisch und ziemlich komplex, Rost war vorprogrammiert. Das war gewerblichen Nutzern eher egal als Privatkäufern, welche in den Achtzigern den Bus für sich entdeckten, denn die versorgte Volkswagen nun mit der familienfreundliche Variante »Multivan« und der Edelausgabe »Caravelle«. Daneben gab es natürlich noch die Campingwagen, die bei Westfalia »Joker« und bei Volkswagen, je nach Dach, »California« oder »Atlantic« hießen.

Erstmals gab es den Typ 2 auch mit Allrad-Antrieb zu kaufen. Er wurde in Steyr gebaut und war sündteuer. Heute ist jeder Syncro begehrt, besonders als »Doka« (Doppelkabine). Und selbst für den Gegenwert eines richtig guten T3 gibt's andernorts einen Neuwagen. Er erreichte weltweit eine Gesamtstückzahl von rund 1,5 Millionen Einheiten, und das war weniger als erwartet.

Der Abschied vom vier Jahrzehnte alten Heckmotor-Konzept im Sommer 1990 brachte die Umstellung auf ein modernes Frontmotor-Layout mit Frontantrieb. Damit verlor der Transporter sein Alleinstellungsmerkmal – was zu argen Protesten seitens der eingefleischten Bulli-Fans führte, aber im Alltag klare Vorteile bot. Die vierte Baureihe (T4) nutzte die Technik aus dem Konzernbaukasten und wurde, insbesondere in den feineren Multivan- und Caravelle-Ausführungen, einem Pkw immer ähnlicher und fuhr sich auch so: Wenn die Produktpresse in dem Zusammenhang von »*ausgewogener Fahrdynamik*« sprach, war das nicht gelogen. Erstmals gab es den Transporter mit zwei Radständen. Diesem Konzept ist Volkswagen bis heute treu geblieben, auch der T5 vom März 2003 nutzt es. Die Vielfalt war noch einmal größer geworden, neben den Radständen konnte der Kunde nun auch unter drei Dachhöhen auswählen. Mit 9,3 Kubikmeter Laderaumvolumen war der neue fortan auch der größte aller bisherigen VW Busse. Neben den neuen Triebwerken kam, wie bei den anderen Konzernmodellen auch, der Umstieg auf eine komplett andere Allrad-Technologie mit Haldex-Kupplung (4Motion) und eine stetig wachsende Vielfalt an eigenständigen Modellen wie California Beach, PanAmericana und Rockton: Es entwickelte sich eine ganz klare Trennung von Kombi-, Kasten- und Pritschenwagen für Gewerbetreibende auf der einen Seite und Familientransportern und Campingmobilen auf der anderen. Erfolgreich waren sie beide, karg ausgestattet auch, und die Preisstellung – nun, nennen wir sie »selbstbewusst«. Der T5 verkaufte sich innerhalb von 13 Jahren knapp zwei Millionen Mal. Aktuell ist der T6 im Verkauf, ein kräftig aufgefrischter und geliftteter T5, der in insgesamt über 500 verschiedenen Ausführungen bestellt werden kann. Teuer wie eh und je, aber in Deutschland ein Macht: Deutschland ist Bulli-Land.

»Wie ein Personenwagen. Der neue Volkswagen-Transporter«, freute sich die VW-Presseabteilung bei der Vorstellung der zweiten Transporter-Generation (1967–1979). (Foto: © Volkswagen AG)

Der T3 wurde zwischen 1979 und 1990 in Hannover gebaut, danach übernahm Steyr-Daimler-Puch die Fertigung. Im Bild ein Syncro mit 16-Zoll-Rädern. (Foto: © Volkswagen AG)

Der T4 (1990–2003) hatte weder in Optik noch in Technik Ähnlichkeiten mit seinem Vorgänger. Den California gab es nun auch mit Hochdach. (Foto: © Volkswagen AG)

San Francisco (Golden Gate Bridge). (Foto: © D L-cc by-sa 2.0)

T1 und T6 einträchtig nebeneinander. Der T1 mit Dachrandverglasung ist ein Exemplar von 1965 oder später. Der T6 ist im Grunde genommen ein modifizierter T5 (2003–2016). (Foto: © Volkswagen AG)

Der einzige Mittelklassewagen aus DDR-Produktion war der Wartburg. Die Zweitakt-Limousinen waren in den 50ern der westlichen Konkurrenz durchaus ebenbürtig, verloren aber in den 60ern zusehends an Boden. Die Ponton-Karosserie wurde bis zur Ablösung 1966 nur unwesentlich modernisiert. (Foto: © Ralf Weinreich)

Mit neuer Karosserie, aber der Technik des Vorgängers, erschien 1966 der Wartburg 353. Verschiedentlich überarbeitet (353 W = Weiterentwicklung, ab 1975) liefen die Zweitakter bis 1989 vom Band. Danach kam der 1,3-Liter-Viertakter von VW zum Einsatz, was eine neue Front nach sich zog, den Produktionsstopp im April 1991 aber nicht verhindern konnte. (Foto: © Ralf Weinreich)

Tagesausflug: Kurz nach dem Mauerfall wälzen sich Autokolonnen am Checkpoint Charlie vorbei in den Westteil Berlins. Noch wird – lax – kontrolliert. (Foto: © US Army, PD)

Wie in der BRD der VW Transporter war in der DDR der Barkas 1000 allgegenwärtig. Er hatte Wartburg-Technik. (Foto: © Ralf Weinreich)

WARTBURG

Unter dem Dach des neuen, staatlichen Industrieverbands für Fahrzeugbau »IFA« begann das ehemalige BMW-Werk in Eisenach als »Automobilwerk Eisenach« (AWE) 1953 mit der Produktion der alten Vorkriegs-DKW, um dann 1955 auf den neuen Wartburg 311 umzustellen. Der hatte zwar die alte DKW-Technik inklusive des Dreizylinder-Zweitaktmotors, aber eine außerordentlich gelungene Ponton-Karosserie in zahlreichen attraktiven Ausführungen, so als Kombi oder als nobel-luxuriös ausgestatteter Roadster 313, ein Sport-Coupé mit 140 km/h Höchstgeschwindigkeit. Nicht ganz mithalten mit der äußeren Erscheinung konnte jedoch die Motorisierung, die mit 37 PS nicht mehr dem internationalen Standard entsprach. Dies und einige Qualitätsmängel führten zu einem Rückgang der Ausfuhren, zeitweise waren rund ein Drittel der Wartburg-Wagen in den Export gegangen und hatten wichtige Devisen in die notorisch klammen DDR-Kassen gespült. 1962 sollte der neue Wartburg 1000 die Auslandsnachfrage wiederbeleben. Er hatte etwas mehr Hubraum, ein wenig mehr Leistung und eine modifizierte Karosserie, doch kurbelte das die Nachfrage im Ausland kaum an, denn mit einem Zweitakter war international kein Staat mehr zu machen. Zwar wurde an einem Viertakt-Motor bereits gebastelt, doch die politische Führung verbot dessen Einführung.

MODELLWECHSEL AUF SÄCHSISCH

Mitte der Sechziger erschien der Mittelklasse-Wagen in einer gründlich modernisierten Ausgabe. Dessen Einführung erfolgte allerdings auf Raten, denn die laufende Produktion durfte nicht unterbrochen werden, schließlich mussten die staatlich vorgegebenen Planziffern eingehalten werden. Die erste Etappe stellte 1965 der Wartburg 312 dar, der ein neues Chassis mit der Karosserie des Wartburg 1000 von 1962 kombinierte. Vier Jahre und 25.000 Autos später erfolgte dann schließlich die Premiere des Wartburg 353, der das nicht mehr ganz so neue Fahrgestell mit einer neuen, hochmodernen Karosserie verband. Diese klare, schnörkellose Linienführung überdauerte die nächsten 20 Jahre. Und auch seinen Dreizylinder-Zweitaktmotor wurde der 353 bis zum Schluss nicht mehr los.

Anfangs allerdings sah es ganz danach aus, also ob der 353 nahtlos an die Exporterfolge des 311 wieder anknüpfen könne, denn der Viertürer war geräumig und sehr günstig. In den Siebzigern indes stiegen die Ansprüche an Komfort und Technik. Während die Eisenacher in Sachen Fahrverhalten, Ausstattung und Detailpflege nachlegen konnten – das verbesserte Modell hieß 353 W – scheiterten sie in Sachen Motor stets an den Betonköpfen in der Staatsführung: Diese ließ 1972 die Entwicklung von Viertakt-Motoren einstellen.

Es kam, wie's kommen musste: Ende der Siebziger war der betagte Wartburg in den wichtigsten Exportländern unverkäuflich. Jetzt brach in der Parteispitze Panik aus, denn die DDR verlor massiv an Deviseneinnahmen. Die fieberhafte Suche nach einem Motor begann. Angedacht war die Übernahme des 1,3-Liter-Renault-Motors mit 54 PS, doch einmal mehr verliefen alle Planungen im Sande.

DER LETZTE WARTBURG ROLLT VOM BAND

Weil das Problem mit dem fehlenden bzw. von der DDR-Führung nicht genehmigten Viertakt-Motor immer noch nicht gelöst war, bahnte sich eine ähnliche Entwicklung wie beim Trabant an: Die Verhandlungen mit Volkswagen führten zu einer Übereinkunft, nach der die Eisenacher den VW-Polo-Motor bauen und dafür im Gegenzug Motoren nach Wolfsburg liefern sollten. Der Viertakt-Wartburg erschien als Wartburg 1.3 im September 1988 mit quer eingebautem VW-Motor. Äußerlich unterschied er sich nicht grundlegend vom Vorgänger, wies aber zahlreiche Detailveränderungen auf, war umweltfreundlicher und verfügte über eine bessere Straßenlage. Doch sein weiteres Schicksal glich dem des Trabi: Er kam zu spät, die Öffnung der Grenzen zwischen Ost- und Westdeutschland ließ die Nachfrage nach dem Wartburg spürbar und ständig sinken. Im April 1991 kam dann, was nicht mehr zu verhindern war: In Eisenach verließ der letzte Wartburg 1.3 die Montagehalle.

Wurde erst Ende der Sechziger zum Synonym für Unangepasstheit: Citroën 2 CV, 1949–1990.

FRANKREICH

Autos aus Frankreich waren in den Fünfzigern im Grunde genommen nur im Saarland und in den Grenzregionen Badens ein Thema; der beginnende europäische Einigungsprozess und die allmähliche Lockerung der Zollbestimmungen führten in den Sechzigern dann zu einem beachtlichen Anstieg der Zulassungszahlen. In Sachen Optik und Technik waren Citroën, Renault und Co den deutschen Massenherstellern weit voraus, und in der Verarbeitung zumindest auf Augenhöhe. Außerdem war der Besitz eines französischen Autos Statement und Weltanschauung zugleich, was ihren heutigen Kultstatus erklärt. Das änderte sich in den Siebzigern, wobei Arbeitskämpfe, Schwächen in der Verarbeitung, technische Stagnation und die immer stärker werdende Konkurrenz wesentlich zum Niedergang beitrugen. Chrysler-Simca war prominentestes Opfer dieser Entwicklung. In den Achtzigern und Neunzigern schwenkten die französischen Hersteller auf international Übliches um, verloren aber an Identität: Typisch französisch-kultig ist das, was heutzutage jenseits des Rheins entsteht, nicht mehr.

Blick auf den Arc de Triomphe de l'Étoile bei Nacht.

Auch Frankreich hat seine Designklassiker: Peugeot 504 Coupé, 1969–1983. (Foto: © Peugeot)

In den Sechzigern waren Frankreichs Mittelklassewagen auf Augenhöhe mit der westdeutschen Konkurrenz: Simca 1501, 1966–1975.

Ein Klassiker, in Lizenz bis in neue Jahrtausend gebaut: Renault 12, 1969–1980.

Einer der besten Kleinwagen der Achtziger: Peugeot 205, 1983–1998. (Foto: © Peugeot)

VIVE LA DIFFERENCE

Das Automobil war eine deutsche Erfindung, doch in Frankreich wurde es großgezogen: In den Jahren vor dem Zweiten Weltkrieg war die Szene bunt und lebhaft, es gab über vierzig Marken. Der Krieg indes ließ davon nur wenig übrig: Renault, Citroën und Peugeot, der Ford-Ableger Simca, mehr war nicht mehr: Frankreichs Regierung überlegte sich sehr genau, welcher Hersteller eine Konzession – und vor allem Material – erhielt, um wieder Fahrzeuge zu bauen.

Dabei hatte an klangvollen Namen kein Mangel geherrscht: Amilcar (1921–1940) war führend im Bau von Cyclecars und Voiturettes gewesen und hatte in seinen Rennklassen brillante Erfolge erzielt: Amilcar und Hotchkiss (1903–1955) hatten am Vorabend des Zweiten Weltkrieges eine fortschrittliche Achtzylinder-Frontantriebskonstruktion mit zahlreichen Aluminium-Bauteilen vorgestellt. Berliet (1895–1939) stellte den Pkw-Bau mit Kriegsbeginn ein und konzentrierte sich danach ausschließlich auf seinen schweren Lastkraftwagen, Chenard & Walker, (1898–1940) als ehemals viertgrößte französische Automarke verschwand völlig von der Bildfläche.

Trotz der staatlichen Eingriffe aber kam es zu durchaus interessanten Neugründungen. Charles Deutsch und René Bonnet hatten 1938 den Citroën 11 CV mit einer schnittigen Sportwagen-Karosserie versehen und 1948 Rennsportwagen auf Panhard-Basis gebaut.

Panhard, ein 1889 gegründetes Unternehmen, hatte nach dem Krieg mit dem revolutionären Panhard Dyna für Furore gesorgt, einem 25 PS starken, rund 3,60 Meter langen Viertürer mit Frontantrieb und beeindruckender Straßenlage. Der Kleinwagen erhielt Anfang der Fünfziger eine moderne Pontonkarosserie. Der wesentlich aerodynamischer gezeichnete Fronttriebler hieß anfangs Panhard Dyna 54, dann PL 17 und zuletzt Panhard 24, ohne dass sich am grundsätzlichen technischen Konzept etwas änderte. Mit luftgekühltem 848-Kubik-Boxermotor, Frontantrieb und Aluminium-Komponenten war der Panhard ein *»eigentümliches, liebenswertes kleines Auto«*, das sich *»wenig zweizylindrig«* anhörte und beinahe 160 km/h lief. Citroën, seit 1955 Chef im Haus Panhard, beerdigte die Marke 1967.

Vor dem Krieg hatte Panhard übrigens auch Luxuswagen gebaut, doch die Jahre nach 1945 waren schlechte für Luxusliner: Ob Bugatti, Hispano-Suiza, Delage, Delahaye oder Talbot: Keine der großen französischen Traditionsmarken konnte wieder Tritt fassen, und auch in Sachen Sportwagen hatte die Grande Nation Pech: Die Marke Monica als anglofranzösische Neugründung zum Bau eines viertürigen V8-Luxuscoupés existierte nur zwischen 1972 und 1975 und konnte keine Impulse setzen.

Letzte Neugründung von Belang war die vom ehemaligen Alpine-Mitarbeiter Claude Poiraud und von Peugeot-Designer Gérard Godfroy 1984 gegründete Firma MVS, die 1987 den Venturi-Sportwagen MVS 260 auf den Markt brachte . Dabei handelte es sich um einen Mittelmotor-Sportwagen, zu haben auch als Cabriolet, der in Handarbeit zusammengesetzt wurde. Die Fahrzeuge aus der Kleinserien-Manufaktur nutzten den Europa-V6, den Peugeot und Renault gemeinsam entwickelt hatten. Es gab auch einen Markencup, doch das Venturi-Projekt scheiterte, nach diversen Besitzerwechseln kam im Jahre 2000 das endgültige Aus.

Der 24 CT war die letzte Panhard-Entwicklung; Citroën liquidierte das Unternehmen 1967. (Foto: © Llann We², cc-by-sa 3.0)

Französische Autos wurden erst in den Sechzigern bundesweit zum Begriff. Die fischmäuligen Panhard Dyna Z blieben dennoch Außenseiter. (Foto: © Alexandre Prévot, cc-by-sa 2.0)

Facel-Vega war Frankreichs einziger Luxuswagenhersteller der Nachkriegszeit, aber nur 1955–1964 aktiv. Im Bild ein Facellia von 1961. (Foto: © Rex gray, cc-by-sa 2.0)

Die Rennwagenschmiede Ligier baute 1970–1975 den Mittelmotor-Straßenwagen JS2 mit Ford-V6, später mit Maserati SM-Motor. (Foto: © own image, cc-by-sa 3.0)

Der Venturi sollte der französische Supersportwagen der End-Achtziger werden. Der Versuch scheiterte, 2000 war MVS am Ende. (Foto: © A1AA1A, cc-by-sa 4.0)

Der Traction Avant war zwar schon durch den ID/DS abgelöst worden, als die Sechziger begannen, doch kultig war die »Gangsterlimousine« schon damals.
(Foto: © Auto-Medienportal.Net/TÜV Rheinland/Lothar Wels))

Die D-Baureihe wurde von 1955 bis 1975 gebaut und war die erste mit hydropneumatischer Federung. Extrem rar und teuer sind die zwischen 1961 und 1971 angebotenen Chapron-Cabriolets. (Foto: © Klaus Nahr, cc-by- sa 2.0))

Der 2CV mit seinen 28 PS absolvierte den 40.000-km-Test der Zeitschrift mot. Zu den Pluspunkten gehörten Kosten, Federung und Raumangebot. Zu den Nachteilen Verarbeitung, Werkstattkosten und Insassensicherheit.

CITROËN

Der DS 23 Pallas war Citroëns Topmodell. Zum Lieferumfang gehörten Kurvenlicht, Servolenkung und der kräftige 2,3-Liter-Einspritzmotor.

Am Donnerstag, dem 5. Oktober 1955, revolutionierte Citroën die Automobilwelt. Damals stand auf dem Pariser Automobilsalon ein völlig anderer Citroën, die erste echte Neukonstruktion seit dem Zweiten Weltkrieg: Der DS 19 veränderte das Bild vom Auto und wurde mit seiner avantgardistischen, bewusst polarisierenden Form zur ersten Wahl von allen, die gerne anders sein wollten. Wer anders sein wollte, war auch in den Siebzigern mit dem inzwischen in zahlreichen Varianten lieferbaren DS/ID noch gut angezogen, und der sprichwörtliche Fahrkomfort dank der Hydropneumatik war ebenfalls legendär. Natürlich, es war nicht alles Gold, was glänzte, und ältere Göttinnen wurden gerne mal inkontinent. Andererseits markierten auch andere schon mal gerne ihr Revier mit dem einen oder anderen Tröpfchen, also Nachsicht bitte: Bei Citroën war das ein Zeichen von Charakterstärke, kein Mangel. 1967 wurde die »Göttin« – den Begriff hatte seinerzeit wohl der bekannte Auto-Sachbuchautor Alexander Spoerl aufgebracht – gründlich überarbeitet, in ihr letztes Jahrzehnt ging sie mit einem Vieraugen-Gesicht.

Der Umgang mit der Göttin war nicht ganz unkompliziert, als die Zeitschrift mot 1973 wieder einmal einen DS (diesmal in der Ausführung DS 23) zu Testzwecken unter die Lupe nahm, war das Ergebnis für die deutsche Niederlassung kein Ruhmesblatt. Doch egal: Der aufgebohrte DS-23-Treibsatz sollte noch bis weit in die Achtziger hinein dem CX 2400 zu anständigen Fahrleistungen verhelfen.

Die D-Serie hatte Anfang der Siebziger den Zenit überschritten. Das Unternehmen produzierte auf Halde, den Franzosen ging das Geld aus. Sie sahen sich gezwungen, nach einem Partner Ausschau zu halten. Zunächst hatte man es mit Fiat versucht, doch da das nichts einbrachte, suchte man die Nähe zu Peugeot.

VON GÖTTINNEN UND ENTEN

Zu dem Zeitpunkt erlebte der 2CV gerade seinen zweiten Frühling. Die »Ente« geht auf eine Idee aus dem Jahre 1936 zurück. Der damalige Generaldirektor von Citroën, Pierre Boulanger, forderte einen Volkswagen, ein kleines, billiges Autochen mit wenig Hubraum und Kosten, aber ganz viel Platz. Daraus formte sich dann ein erstes »Lastenheft«: Das Auto sollte vier Fahrgäste aufnehmen, drei Liter Benzin auf 100 km verbrauchen, 50 kg Kartoffeln oder einen Glasballon Wein transportieren, mit einer maximalen Geschwindigkeit von 60 km/h fahren, auch von Frauen gefahren werden können, und auf dem Rücksitz sollte ein Korb mit Eiern die Fahrt heil überstehen. Was aus Pierre Boulangers *»Fahrrad mit vier Sitzen und vier Rädern unter einem Schirm«*, werden sollte, ist bekannt: Der Premiere 1948 des 2CV folgte ein beispielloser Siegeszug durch Europa. Das neue Auto kostete in Anschaffung und Unterhalt deutlich weniger als ein VW Käfer, überdies war es wesentlich vielseitiger als der Wolfsburger Rivale. Allerdings erwuchs ihm im Renault 4 ein starker Konkurrent, auf den die Werksleitung 1967 mit der Dyane reagierte: Der Anti-R4 mit 18-PS-Motor und Frontantrieb sortierte sich ein zwischen Ami 6 und 2CV, nach 1970 gab es auch eine Ausführung mit 32-PS-Boxer aus dem Ami 6. Trotz aller Qualitäten (*»noch nie gab es ein Auto, das mit 600 Kubikzentimetern so gut fährt und federt«*) schaffte es die Dyane aber nie, die reichlich flügellahme Ente zu ersetzen. Denn der 2CV war *»kein Auto, sondern ein Lebensgefühl«*, so ein Slogan damals, und der traf eigentlich so ziemlich alles, wofür die viertürige Studentenbude stand.

In Deutschland über eine Nebenrolle nicht hinaus kam der im April 1961 gezeigte Ami 6. Der war eine Panhard-Entwicklung und sollte nach der Übernahme die Ente ersetzen, erbte aber deren Technik samt des schwächlichen 0,6-Liter-Boxermotors, der im schwereren Ami durchaus zu kämpfen hatte. Letztlich war der Ami eine Ente im Frack, bequem und sparsam, aber so vollständig gegen den Strich gebürstet, dass hierzulande nur eine Handvoll Unerschrockener zugriff. Das lag nicht zuletzt an der zweifelhaften Optik, (*»eher verwegen denn schön«*, so ein zeitgenössisches Urteil), so dass er seinerseits 1969 vom Ami 8 ersetzt wurde.

Doch auch der war, beschönigend gesagt, ein Auto für Individualisten. Technisch hatte sich nicht viel getan, aber die Karosserie war massenkompatibler geworden,

was sich insbesondere am Heck zeigte, das nun an einen Kombi erinnerte. Machte ihn aber auch nicht viel erfolgreicher, wenn ein Ami, dann bitte einen mit anständiger Motorisierung. Et voilà, ein solcher erschien 1973 als Ami Super mit dem luftgekühlten Vierzylinder-Boxermotor des GS 1015. Doch in Sachen Verkaufszahlen kam auch der Ami 8 nicht am 2CV vorbei.

In den Siebzigern war die »Ente« trotz ihres Alters, der windigen Verarbeitung und des asthmatischen Motörchens längst schon eine feste Größe in der Bundesrepublik, und weil dies das Jahrzehnt des Aufbruchs war, entschloss sich auch Citroën zu einer tiefgreifenden Modellpflege, ohne dabei allerdings im Grundsatz etwas zu ändern. In jenem Jahrzehnt teilte sich die Modellpalette in zwei Kategorien, den 2CV 4 mit seinem 435-Kubik-Motor mit 24 PS und den 2CV 6 mit 602-Kubik-Motor und 26 PS. Und da man dann beiden auch endlich Rückfahrscheinwerfer und – 1974 – einen modernen Kunststoff-Kühlergrill sowie eckige anstatt der runden Hauptscheinwerfer spendierte, wirkte Citroëns Volkswagen wieder fit und verkörperte Freiheit, Unabhängigkeit und Ungebundenheit: Ente und Atomkraft-Nein-Danke-Aufkleber gehören zu den Siebzigern wie Makramee-Bänder, Selbstgebatiktes und der Traum einer funktionierenden antiautoritären Erziehung.

Der Ami 6 war eines der schnellsten Autos seiner Klasse, der Ami 8 eines der wirtschaftlichsten. Beide wurden im März 1973 durch den 54 PS starken Ami Super abgelöst. Der Marktanteil blieb bescheiden.

MITTELMASS IN DER MITTELKLASSE

Utopisch waren vielleicht auch die Vorstellungen, die Citroën 1970 bei der Premiere des GS gehegt hatte: Der Mittelklasse-Citroën sollte den DS-Mythos in die kleine Klasse tragen und zur veritablen Alternative zu den Mainstream-Epigonen werden. Die Idee war nicht schlecht, doch leider unterstrich der GS die vom deutschen Michel sorgsam gehegten Vorbehalte gegen Fahrzeuge aus dem Ausland in Sachen Qualität. Gerade die ersten GS 1015 litten unter ihren unzuverlässigen Vierzylinder-Boxermotoren, hatten Startschwierigkeiten, schnell verschleißende Bremsen und eine launenhafte Elektrik. Und sie rosteten schneller, als man die Rostflecken entfernen konnte, wiewohl der knapp 4,20 Meter lange Wagen von der Anlage her ein toller Entwurf war. Das Design stammte von Pininfarina, und die Hydropneumatik mit Niveauausgleich verhalf dem Viertürer zu exzellentem Federungskomfort und einer außerordentlich guten Straßenlage: *»Echte Wertarbeit«*, so die Presse in Sachen *»Fahrkomfort und Fahrsicherheit«*, und ein typischer Citroën auch in der außergewöhnlichen Gestaltung des Armaturenbretts mit dem Einspeichen-Lenkrad und den flauschigweichen Sitzen, *»in denen man tief versinkt und die man auch nicht so schnell wieder verlassen will.«*

Im Laufe der knapp 16 Jahre währenden Bauzeit wurden der französischen Mittelklasse viele ihrer Unarten ausgetrieben, und zum Modelljahr 1980 gab es dann auch ein Happyend: Der GSA erhielt endlich eine Heckklappe und blieb in der Form noch bis 1986 im Programm, nach knapp 1,9 Millionen Exemplaren war dann Schluss. Viele haben nicht überlebt, diese Citroën sind seltener zu finden als Ferraris – oder Maseratis, und gerade die Kooperation mit dem italienischen Kleinserienhersteller führte zum bemerkenswertesten Citroën des neuen Jahrzehnts, dem SM.

EXOTEN IN DER OBERKLASSE

Frankreich neues *»Wunder-Automobil«* (Der Spiegel) sollte laut Hersteller *»ein Maximum an technischer Perfektion«* bieten, war aber weit davon entfernt, die Leserbriefgazetten in Fachmagazinen waren voll von Klagen: Beengt, unpraktisch, kapriziös, sie berichteten von *»unendlich vielen Mängeln«* und mehrwöchigen Werkstattaufenthalten, von Motorschäden – der 2,7-Liter-Sechszylinder mit 170 PS kam von Maserati – und amateurhaft nachlackierten Lackstellen schon bei der Auslieferung: Das 4,89 Meter lange Luxus-Coupé mit seiner beeindruckenden Batterie von sechs Jod-Scheinwerfern und Kurvenlicht sah zwar futuristisch aus und hatte auch jede Menge technischer Avantgarde zu bieten, versagte aber im Alltag kläglich. *»Hinten kann allenfalls ein Hund mitfahren«*, wunderte sich die renommierte Zeit, in der großen Windschutzscheibe spiegelten sich die Armaturen, und die revolutionäre Servolen-

Der Citroën H-Typ mit seiner Wellblechkarosserie war jedem Frankreichurlauber ein vertrauter Anblick. (Foto: © Citroën)

Schon damals kaum zu sehen: Den Visa (1978–1988) gab's nach 1983 auch als Cabriolimousine »Plein Air«, die bei Heuliez vom Band lief. Heute ist er praktisch ausgestorben. (Foto: © Nils de Wit, cc-by-sa 2.0)

Der SM steht für den gescheiterten Versuch einer Höherpositionierung der Marke. Der Sport-Citroën mit Maserati-V6 war ein anspruchvolles Luxuscoupé, und auf ein solches waren weder Hersteller noch Händler eingestellt. (Foto: © Thierry Collard, cc-by-sa 4.0)

Auf den Citroën GS entfielen zeitweise über 50 % der deutschen Citroën-Zulassungen. Lieferbar mit 1015 cm³ oder 1222 cm³ (oder kurzzeitig mit Wankel-Triebwerk), gab es ihn auch als Kombi. Die Chance, mit einem Citroën GS (GSA) auszufallen, war verblüffend hoch.

Wer Platz brauchte, kaufte einen Kombi. Und wer ganz viel davon benötigte, griff zum CX Break, gerne auch in der Familiale-Version mit Zusatzsitzen im Kofferraum. (Foto: © Citroën)

»Wenn schon Diesel, dann so einen«, resümierten die Tester 1984 zur Einführung des BX mit Selbstzünder: Frankreichs Diesel galten als vorbildlich. (Foto: © Citroën)

Der CX erschien zunächst als 2,0- und 2,2-Liter mit 102 bzw. 112 PS, ab Juli 1976 dann als CX 2400 mit dem 2,4 Liter aus dem DS 23. Weitere Ausführungen folgten. Das hydropneumatische Federungssystem und die automatische Niveauregulierung waren beim ID/DS-Nachfolger serienmäßig.

Der XM von 1989 führte die Tradition der großen, extravaganten Citroën fort. Natürlich war wieder die Hydropneumatik mit an Bord, dank derer er sich gravitätisch aus den Federn hob. (Foto: © Citroën)

kung, deren Wirkungsgrad mit steigender Geschwindigkeit abnahm, war so direkt übersetzt, dass *»das Fahrzeug auch bei hohem Tempo noch sehr leicht durch eine unbedachte Bewegung verrissen werden kann«* (auto motor und sport). Während sich Querköpfe wie der SM und der Ami Mitte der Siebziger von der Bühne verabschiedeten, rückte der DS-Nachfolger CX ins Rampenlicht, die für Citroën wichtigste Neuerscheinung des Jahrzehnts. Diese stand seit Anfang 1975 bei den 650 deutschen Citroën-Händlern (wo man auch den Vorgänger noch einige Monate ladenneu kaufen konnte). Auch hier war die Hydropneumatik mit an Bord, eine Schau, wenn sich der futuristisch gezeichnete Keil beim Anlassen aus den Federn hob und davonschwebte. Gut, die spacige Inneneinrichtung war nicht nach jedermanns Geschmack, aber hey, es waren die Siebziger, die Zeit von bunten Schleiflack-Jugendzimmern und Super-8-Kameras. Kann man da anderes erwarten? Zumal die Form auch bei Produktionsende 1989 (Limousine) beziehungsweise 1991 (Kombi) nicht antiquiert wirkte. Und in all den Jahren hatte es nur eine optisch wesentliche Modellpflege gegeben, die dann 1985 zur Serie 2 führte. Unter der flachen Haube arbeiten die zunächst aus den Vorgängern übernommenen Vierzylinder-Reihenmotoren mit 2,0 und 2,2 Litern Hubraum, 1977 erschien dann der 2,4 Liter (130 PS) aus dem DS 23 – mit katastrophalem Ergebnis beim Dauertest von auto motor und sport – sowie ein 2,2 Liter Saugdiesel. Später ergänzten noch weitere Diesel mit und ohne Turbolader die CX-Modellpalette.

Die 1974 mit Peugeot begonnenen Gespräche führten 1976 zur Gründung eines gemeinsamen Konzerns mit dem Namen PSA, erstes Ergebnis war der Kleinwagen LN auf Basis des Peugeot 104 C, der im Spätjahr auf dem Pariser Salon debütierte und den 0,6-Liter-Zweizylinder-Boxer der Ente unter der Haube trug: Vielleicht kein typischer Citroën mehr, aber ein pfiffiger Kleinwagen, und insoweit dann doch wieder typisch für die Marke. Überhaupt entwickelte sich Citroën mit den Jahren zum Spezialisten für Kleinwagen und Autos der unteren Mittelklasse wie dem Visa (den es auch als eigenwilliges Cabriolet gab). Die großen Modelle mit Hydropneumatik entwickelten sich, so schien es, zur traditionsträchtigen Marotte: Geld verdient – wenn denn überhaupt – wurde durch Gemeinschaftsentwicklungen mit Peugeot. Der LN-Nachfolger AX von 1986 hatte den gemeinsam mit Peugeot entwickelten TU-Motor unter der Haube und war mit dem 1,4-Liter-Diesel-Motor (53 PS) 1989 das sparsamste Serienauto der Welt. Der Rost hat die meisten der Kleinwagen dahingerafft, ein makelloser Wagen aus jener Zeit dürfte seltener sein als jeder Ferrari.

DIE KANTEN DER ACHTZIGER

Von einem gerüttelt Maß an Eigenwilligkeit zeugte auch die GS/GSA-Nachfolgegeneration BX von 1982 im kantigen Bertone-Design. Dieser Citroën war der erste, den ein italienischer Designer entworfen hatte, und so ziemlich der einzige, der bei Gebrauchtwagenberatungen Bestnoten erhielt: Rost war hier nun wirklich kein Thema mehr, dafür aber seine Optik: Er polarisierte, war aber dank seiner großen Heckklappe ungemein praktisch. Seine extrovertierte Optik mit geschlossener Kühlerfront war so neu wie der 1,6-Liter-Alumininium-Motor und der 1,9-Liter-Stahlguss-Diesel. Der Basis-Benziner war ein 1,4-Liter mit 62 PS, der stärkste der nach dem Facelift 1987 präsentierte BX 19 GTI 16V mit 160 PS und einer Spitze von 218 km/h.

Und es war auch Bertone, der den CX-Nachfolger XM einkleidete: ein kühner Keil mit großen Fensterflächen und keckem Aufwärtsschwung am Ende der hinteren Türen. Für den typisch französischen Fahrkomfort sorgte hier das sogenannte Hydractiv-Fahrwerk, die Kombination aus Elektronik und Hydraulik: Eine tolle Sache, so lange sie denn funktionierte. Mit fünf Motoren am Start bildete der 3,0-Liter-V6 24V mit 167 PS zunächst das Ende der Fahnenstange, schier unendlich dagegen schienen die Weiten des Kombi-Laderaums zu sein, der auch beim XM nicht fehlen durfte. Der knapp fünf Meter lange Break debütierte auf der IAA 1991, hatte aber, anders als noch der CX, den gleichen Radstand wie die Limousine, aber ein um 20 Zentimeter längeres Heck. Platzangst war also kein Thema, nur die kapriziöse Technik mochte abschrecken.

MATRA

Die Firma Matra war ein Mischkonzern für Rüstungsgüter, dessen Gründer das notwendige Kleingeld (und die Begeisterung) für den Motorsport mitbrachte und sich Anfang der 60er Jahre aus Imagegründen einen Automobilhersteller zulegte. Der hieß Automobile René Bonnet und hatte in Kleinserie den »Djet«-Sportwagen hergestellt, war aber auch im Motorsport tätig. Später wurde der Fahrzeugbereich, der als »Matra Automobile« firmierte, an Chrysler abgegeben. Die Nummer drei auf dem US-Markt kam somit in den Besitz des Matra M 530, der 1967 in Genf seine Premiere feierte. Der Motor – der Ford-V4 aus dem Ford 17 M – war mittschiffs eingebaut; die Kraftübertragung erfolgte über das Viergang-Schaltgetriebe des Ford 15 M. Der Antriebsstrang saß in einem kastenförmigen Stahlblech-Chassis. Die Radführung übernahmen vordere Dreieckslenker und hintere Längslenker und Schraubenfedern. Der kurz bauende Ford-V4 (nur deswegen wurde er genommen) war vor der Hinterachse installiert, die Konzeption erforderte mit 256 Zentimetern einen für die Gesamtlänge von lediglich 4,16 Metern üppigen Radstand. Ungewöhnlich war auch die Karosserie mit Klappscheinwerfern und zweiteiligem Targa-Dach, sie bestand aus Kunststoff. Dem Stil der Zeit folgend kamen Klappscheinwerfer zum Einsatz. Außerdem war die erste eigene Sportwagenkonstruktion der Rüstungsschmiede keine Rakete, eine Höchstgeschwindigkeit von 170 km/h und eine Beschleunigung von null auf hundert in 10,2 Sekunden waren, im Gegensatz zum Preis, der um rund ein Drittel über dem eines Fiat 124 Coupé stand, nun nicht gerade sportwagengemäß: Die Optik war schneller als der Wagen, aber auf jeden Fall ungewöhnlich: *»Es gibt Menschen, die mit Hässlichkeit kokettieren. Und es gibt auch solche Autos, den Matra 530 zum Beispiel«*, schrieb auto motor und sport, sprach von einem Auto voller Merkwürdigkeiten und fühlte sich teilweise an ein *»Bastelauto«* erinnert, das zunächst 12.800 Mark kosten sollte.

PLASTIKFLUNDERN MIT ROSTIGEM RAHMEN

Ab 1970 übernahm Chrysler-Simca den Vertrieb des Matra-Sportwägelchens; im Oktober 1971 wurde dann eine abgespeckte Matra-Version namens M 530 SX auf den Markt gebracht. Die hatte zwar kein Targadach und keine Klappscheinwerfer, war aber etwas günstiger, was nun nicht viel am Exotenstatus änderte. In Deutschland kostete der Matra 1971 ansehnliche 11.690 Mark. Im Juni 1973 wurde die Baureihe durch den Matra-Simca Bagheera abgelöst.
Dieser war ebenfalls eine Konstruktion des Matra-Chefentwicklers Philippe Gudeon, der das Konzept des 530 mit separatem Stahlblech-Chassis und Kunststoff-Karosserie ins neue Jahrzehnt transformierte. Der Antriebsstrang stammte diesmal allerdings von Simca. Der quirlige, auf 84 PS gebrachte Vierzylinder aus dem Simca Rallye 2 bzw. Simca 1100 TI war wiederum quer vor der Hinterachse installiert worden. Bei dieser handelte es sich um eine Eigenkonstruktion, die Vorderachse stammte wiederum aus dem Simca-Regal. Der aerodynamisch geformte Keil mit den ungewöhnlich großen Fensterflächen im Stil des Ferrari BB verzichtete auf ein herausnehmbares Dachmittelteil, was bei sportwagengemäßem Einsatz durchaus positiv zu würdigen war. Und als ob die Form nicht schon für Aufsehen genug sorgen würde: Der Bagheera hatte drei nebeneinander platzierte Sitze, wenn auch die mittlere Sitzgelegenheit am ehesten einem Kind zuzumuten war. Das Cockpit wirkte futuristisch, das Velours-Ambiente typisch französisch, und mit einer Höchstgeschwindigkeit von 185 km/h musste sich auch niemand schämen. Die Verarbeitung aber übertraf selbst schlimmste Erwartungen, die »Silberne Zitrone« des ADAC für das schlechteste Auto hat er sich redlich verdient, und das war mit ein Grund, warum sich die Vermutung von auto motor und sport bei der Vorstellung 1974 (*»... die Chance, in Zukunft mehr Matra-Autos auf der Straße zu sehen [war] nie größer als heute ...«*) nicht bewahrheitete. Der Bagheera wurde in verschiedenen Ausführungen gebaut, rund

Den Matra 530 LX gab es nur als Targa, obwohl in der Lieferliste auch ein Coupé stand. Für Vortrieb sorgte der 1,7-Liter-V4 von Ford. Die Höchstgeschwindigkeit lag bei 173 km/h.

Der Nachfolger des 530 hieß »Bagheera« und trug unter dem Kunststoff-Kleid bewährte Simca-1100-Technik. Zu den Besonderheiten gehörte die Sitzkonfiguration, der Matra-Simca war der einzige Dreisitzer auf dem deutschen Markt.

Der Bagheera-Nachfolger Murena erschien 1980 und war hierzulande nur selten zu sehen, er war aber zweifelsohne typisch für das Jahrzehnt automobilen Experimentierens, wie es die Siebziger waren. (Foto: © Charles01, cc-by-sa 4.0)

Das waren die bekanntesten Fahrzeuge von Matra (Talbot): Im Vordergrund ein Murena 2.2 vor einem Bagheera Serie 2. Die Murena-Kaufberatung aus der Motorklassik nennt ihn *»unterbewerteter Dreisitzer mit robustem Mittelmotor«*, denn bei ihm war der Rahmen verzinkt. Anders der Bagheera, der war ein Schnellroster. (Foto: © Dinsen, cc-by-sa 3.0)

47.000 Stück entstanden. Der Preis in Deutschland betrug bei der Einführung 1973 14.198 D-Mark, ein VW-Porsche 914 1,8 kostete 13.990 D-Mark und ein Fiat X1/9 11.285 D-Mark.

Im Herbst 1980 folgte dem Bagheera der Murena. Der, jetzt mit dem neuen Vornamen Talbot versehen, verpackte das sattsam bekannte Mittelmotor-Konzept in eine neue, noch keilförmigere Kunststoff-Karosserie und ließ, wie gehabt, die drei Insassen nebeneinander sitzen. Für Vortrieb sorgten die Vierzylinder-Motoren aus dem Konzernregal; der 1,6-Liter aus dem Vorgänger bildete die Basis-Motorisierung, er galt als gerade noch ausreichend, deutlich mehr Spaß bereitete der 118 PS starke 2,2 Liter, der den 965 Kilogramm großen Franzosenkeil auf eine Höchstgeschwindigkeit von 201 km/h beschleunigte.

DER MÖCHTEGERN-OFFROADER

Zu dem Zeitpunkt hatte Matra nicht mehr nur Sportliches im Angebot, Mitte der Siebziger kam der Matra-Simca Rancho, ein höher gelegter Simca 1100 mit dem 1,44-Liter-Motor aus dem 1308 GT mit 80 PS und einem neuen Heck. Solche Crossover-Konzepte sind heute gang und gäbe, vor dreißig Jahren indes wusste mit einem solchen Zwitter – der als Freizeitfahrzeug bezeichnet wurde und Geländetauglichkeit verhieß, aber dieses Versprechen nicht einhalten konnte – niemand so recht umzugehen, zumal der Hersteller selbst ihn anscheinend missverstand: Werbeaufnahmen zeigten ihn an Orten, wo ein normaler Fronttriebler verdammt viele Schwierigkeiten hatte hinzugelangen. Matra-typisch bestand der Unterbau aus rostanfälligem Blech und nur der Aufbau aus Kunststoff, die Herren im TÜV-Kittel mit ihrem fiesen Herumgestochere an Unterboden und Schwellern machten den meisten schon nach wenigen Jahren den Garaus. Hier lag die Presse mit ihrer Prognose (*»Weil der Rancho zudem mit guten Allroundeigenschaften überzeugt, dürfte seine Zukunft erfreulich sein.«*) total daneben: Der Pkw fürs Grobe, diese *»neuartige Kombination mit dem Mumm und Komfort eines Achtzylinder-Wagens, dem Nutzraum eines Kleinbusses und der Unabhängigkeit eines Militärvehikels«* war alles andere als ein Bestseller und wurde nur 56.500 Mal gebaut.

Bei der Übernahme von Chrysler-Simca durch Peugeot blieb Matra letztlich auf der Strecke, der Rüstungskonzern gliederte seine Automobilsparte wieder ein und bot dann den Rancho-Nachfolger Renault an, das den Entwurf mit eigener Technik versah und ihn dann als Espace zur Marktreife brachte: Europas erste Großraumlimousine wurde zum gigantischen Erfolg für Matra, und das Ende der Zusammenarbeit mit Renault 2002 besiegelte auch den Untergang der Marke. Seit 2003 ist das Unternehmen Geschichte.

Der Rancho war das zweite Matra-Modell und debütierte im März 1977. Ein Offroader war er aber nicht, der Abenteurer-Optik zum Trotz. (Foto:©Peugeot)

FRANKREICHS ELFER: ALPINE

Jean Rédéle, Jahrgang 1922, war mit 24 Jahren der jüngste Renault-Vertragshändler Frankreichs, und weil der junge Heißsporn eine Vorliebe für den Motorsport hatte, sammelte er auf einem flott gemachten Renault 4CV erste Erfahrungen im Motorsport, ging 1951 bei der Monte an den Start und wurde Vierter in seiner Klasse. In den folgenden Jahren kamen bei Rallyes und Langstreckenwettbewerben wie den 24 Stunden von Le Mans, der Mille Miglia und der Liége–Rom–Liége noch eine ganze Menge weitere Siege hinzu, jeweils am Steuer von selbst aufgebauten und getunten Renaults »Créméschnittchen«. Besonders aerodynamisch waren die knubbeligen Dinger nicht, daher ließ er sich bei Michelotti in Italien ein windschlüpfriges Karosseriekleid schneidern, das dann von Allemano in Leichtmetall ausgeführt wurde. Daraus entwickelte sich 1955 die Sportwagenfirma Alpine, die neu eingekleideten 4CV wurden als A106 vorgestellt und hatten eine GfK-Karosserie. In Sachen Motortuning hielt sich Rédéle noch stark zurück, nachdem aber 1956 Renault den stärkeren Dauphine – 0,85 Liter Hubraum, 49 PS – lancierte, ging der junge Franzose – er war noch keine 35 Jahre alt – beim Nachfolgetyp A108 in die Vollen: 900 Kubik, 55 statt 26,5 PS, später 998 Kubik, 60 PS – bei einem Fahrzeuggewicht von 650 Kilos sorgte das für breites Grinsen bei den Fahrern. Für das Modelljahr 1960 wurde der legendäre Zentralrohrrahmen eingeführt, damit entfernten sich die Alpine-Coupés noch weiter von den Renault-Konstruktionen.

In Deutschland bekam man davon herzlich wenig mit, ein früher Testbericht in auto motor und sport von 1966 beschäftigte sich mit dem Alpine 1300 (der intern als A110 figurierte) und die Technik des Renault 8 unter dem Kunststoff mit sich trug: *»Die Fahrleistungen lassen unsere gängigen Sportwagen beinahe wie Attrappen erscheinen«*, staunten die Stuttgarter Tester, doch *»das imponierende Konzept, das diese Wagen so schnell macht, degradiert sie gleichzeitig zu Liebhaberstücken für Enthusiasten …«*. Und die mussten sich eine der über 200 km/h schnellen Flundern auch leisten können, rund 25.000 Mark rief der Renault-Händler dafür auf. Ende der Sechziger und Anfang der Siebziger waren die Alpine eine Macht im Rallyesport, holten zwei Rallye-Weltmeisterschaften, Europameistertitel und einen schier für unmöglich gehaltenen Dreifachsieg bei der Monte: Motorenlieferant Renault war begeistert und sah die Chance, mit Alpine – das 1971 den moderneren A310 als zweite Baureihe auf den Markt brachte – endlich dem Porsche 911 Paroli bieten zu können. Der französische Elfer-Konkurrent hatte zunächst den 1,6-Liter-Vierzylinder mit 115 PS aus dem Renault 16TS, später dann den Einspritzer mit 123 PS aus dem R17. 1977 – erst jetzt erfolgte der Produktionsstopp für den A110 – kam der lange erwarte 2,7-Liter-V6 aus der Gemeinschaftsentwicklung von Renault, Peugeot und Volvo. Damit schaffte der Sechszylinder-Sportwagen eine Spitze von 225 km/h, schneller war noch kein französisches Serienauto gewesen. Bis 1985 entstanden rund 10.000 V6, das waren wesentlich mehr als von den Vierzylindern. Die Ablösung hieß dann GTA und war der erste Alpine, der nicht mehr von Hand gebaut wurde. Er war etwas schwerer, etwas größer und etwas erwachsener, doch mit 160 PS kaum stärker – zu wenig für einen Porsche-Killer, der darob kurz danach auch in einer 200 PS starken Turbo-Variante zu den Händlern rollte. Doch mit oder ohne Turbo: Die alten Europa-V6 waren viel zu durstig, um Ende der Achtziger noch als zeitgemäße Motorisierung zu gelten. Letztlich befeuerten sie zwar auch den GTA-Nachfolger A610 – Erkennungszeichen: Klappscheinwerfer – von 1992, doch der Dreiliter kam hier auf 250 PS und schaffte eine Spitze von 265 km/h. Knapp 100.000 Mark rief Renault für den Luxus-Sportler auf, nahm ihn aber 1995 aus dem Programm.

Alpine konnte aber auch volkstümlicher. Im Stammwerk Dieppe wurde 1976 eine Sonderserie des Bestsellers Renault 5 produziert. Der holte aus dem 1,4-Liter-Motor 93 PS, das waren 23 mehr als beim bis dahin stärksten R5: *»Der R5 Alpine beschleunigt zwar nicht so zügig wie der Golf GTI, aber immerhin so gut, um die meisten zu verblüffen«*, so das Fazit eines Tests 1978, gepaart mit einer Bemerkung, die bei keinem Alpine-Test fehlen durfte: *»Der Renault 5 Alpine fordert eine kundige Hand.«*

Das GTI-Rezept funktionierte auch beim dreieinhalb Meter langen Renault, rund 70.000 Käufer entschieden sich für den heißen Franzosen, der nach 1981 dank Turboaufladung auf 108 PS kam. Doch da ging noch mehr: Der Renault 5 Turbo war im Grunde genommen nicht mehr als ein Homologationsmodell für den Motorsport, wies Mittel- statt Frontmotor auf, hatte mächtig ausgestellte Kotflügel und pfefferte mit 160 PS um die Kurven. Er hieß zwar nicht Alpine, war aber in Dieppe entwickelt worden: Die sportlichen Modelle des Staatsbetriebs stammen aus dem ehemaligen Alpine-Werk.

Ende 1984 wich der A310 dem GTA beziehungsweise GTV6. Kurz darauf folgte der aufgeladene Alpine V6 Turbo. (Foto: © Alexandre Prévot, cc-by-sa 2.0)

Den GTA löste 1991 der A610 ab. Dessen Produktion lief 1995 aus, ein Nachfolger ist jetzt erst in Sicht. (Foto: © Renault)

Der Renault Alpine A310 – hier mit seinem Vorgänger vom Typ A110 – war innerhalb der Modellpalette das sportliche Aushängeschild. (Foto: © Renault)

Den A310 gab es nach 1977 endlich mit dem Europa-V6 anstelle des schlappen R16-Vierzylinders. Mit dem neuen Motor kam eine neue Front mit vier statt sechs Scheinwerfern. (Foto: © Joachim Kohler Bremen, cc-by-sa 4.0)

1971 gelang Alpine ein sensationeller Dreifach-Sieg bei der Rallye Monte Carlo, zwei Jahre später konnte Mehrheitseigner Renault sich über den Gewinn der Rallye-WM freuen. (Foto: © Alexandre Prévot, cc-by-sa 2.0)

PEUGEOT

Peugeot als die älteste existierende Automarke überhaupt war bis zum Zweiten Weltkrieg im Wesentlichen auf Frankreich und seine Kolonien beschränkt. Für Deutschland fungierte seit 1925 lediglich eine Vertretung in Berlin als Stützpunkt, nach dem Krieg bildete das Saarland das Sprungbrett für die Löwen aus Sochaux: Nachdem im Mai 1946 die Wiederaufnahme der Pkw-Fertigung erfolgt war, trugen dort vor der Wiedereingliederung dieses Gebietes in die Bundesrepublik (»Die Saar kehrt heim«) 25 Prozent aller Pkw das Löwenwappen, kein Wunder also, dass sich die 1966 gegründete Importgesellschaft Peugeot Automobile Deutschland bei Saarbrücken ansiedelte. Das Händlernetz verdoppelte sich von den zunächst 588 Stationen bis 1980. Die frühen Siebziger sahen Peugeot im Aufwind, 1976 vollzog Peugeot die Übernahme des in Schwierigkeiten geratenen Unternehmens Citroën, nachdem es seit 1974 entsprechende Verhandlungen gegeben hatte. Kooperationsgespräche führte der Konzern auch mit Chrysler, der Versuch, mit diesem Partner dann in Nordamerika neue Absatzmärkte zu erschließen, scheiterte. Immerhin: Nach der Übernahme von Chrysler-Europe avancierte das Familienunternehmen Peugeot 1978 zum größten Autobauer Europas. Die ehemaligen Chrysler/Simca-Filialen erhielten den Namen Talbot. Im Gefolge der zweiten Ölkrise rauschten die Absatzzahlen zu Beginn der 80er Jahre in den Keller, was dazu führte, dass Peugeot seine 45-prozentige Beteiligung an Matra und Anteile anderer Gesellschaften abstieß, Talbot liquidierte und Tausende von Arbeitsplätzen, auch bei Citroën, strich. Diese harten Einschnitte, die sich erholende Konjunktur, pfiffige neue Konstruktionen wie der Peugeot 205 und die Einführung neuer Motoren auch in anderen Typenreihen führte dazu, dass Peugeot zeitweilig zum siebtgrößten Automobilhersteller der Welt aufstieg.

Der Peugeot 504 war seit 1968 in Produktion. (Foto: © Peugeot)

PFIFFIGE KOMPAKTE

Die modernste Konstruktion im Modellprogramm der frühen Siebziger war der Peugeot 104, den die Löwenmarke im Oktober 1972 vorstellte. Der Peugeot 104 war Europas kürzester Viertürer, es gab ihn zunächst mit üblicher Kofferraumklappe und dann, im Folgejahr, mit verkürzter Bodengruppe als Zweitürer mit Heckklappe. Für Vortrieb sorgte ein komplett neu entwickelter und kompakter Leichtmetall-Vierzylinder mit obenliegender Nockenwelle und V-förmig hängenden Ventilen. Der 0,95-Liter-Motor mit seinen 46 PS stand bis 1976 allein auf weiter Flur, ließ aber noch jede Menge Luft nach oben. Bis zum Produktionsende 1988 – der Import in Deutschland endete 1983 – entfaltete Peugeot, wie bei einer solchen langen Bauzeit nicht anders zu erwarten, ein buntes Treiben an Modellen und Motorvarianten, wobei letztlich das Spitzenmodell fast 1,4 l Hubraum und 70 PS aufwies. Der Kraftprotz kam im sorgfältig möblierten 104 S zum Einsatz und machte ihn mit 155 km/h zum schnellsten Viertürer der Reihe. Während der 104er im Modellprogramm der Siebziger die Moderne vertrat, wirkte der darüber angesiedelte 204 dagegen wie ganz alte Designschule.

Doch Obacht, Peugeots Angebot in der unteren Mittelklasse von 1965 – damals die Einsteiger-Modellreihe – hatte vielleicht nicht die fortschrittlichste Karosserie, war aber technisch auch im Jahrzehnt der Ölkrise ganz weit vorne: Der Fronttriebler hatte McPherson-Federbeine an allen Rädern, dazu vorn Dreieckslenker und Stabilisatoren sowie hinten gezogene Längslenker, was vorbildliche Fahreigenschaften versprach: *»Der Peugeot 204 ist kein sensationelles Auto, aber ein bemerkenswerter Peugeot«*, lobte die deutsche Presse, und die Schweizer Automobil Revue sah in ihm einen *»technischen Leckerbissen«*. Hier verzögerten Scheibenbremsen an den Vorderrädern, auch das ein Novum bei einem Peugeot. Außerdem kam hier eine neue Motorengeneration zum Einsatz, der 1,1-Liter-Vierzylinder mit 53 PS sorgte für Fahrleistungen auf dem Niveau eines 1,5-Liter-Wagens, also der nächst höheren Klasse. Ihn gab es seit 1968 auch mit Diesel-Motor, der besonders durch seinen kleinen Hubraum für Aufsehen sorgte. In Deutschland indes spielte er keine große Rolle, die Euphorie für den Selbstzünder nahm erst in den Achtzigern Fahrt auf. Der kleinste PKW-Diesel der Welt war mit 10.655 Mark einfach zu teuer, zumal der günstigere 1100er Benziner die gleiche Ausstattung, aber wesentlich mehr Laufru-

Den Peugeot 504 gab es auch als Cabriolet und Coupé. (Foto: © Peugeot)

Der 404 entstand bis 1975 in über 2,8 Millionen Exemplaren. (Foto: © Peugeot)

Der Peugeot 504 als Pick-up war in Afrika eine Macht, hierzulande blieb er unbekannt. (Foto: © Peugeot)

Der Peugeot 204 erschien 1965 und war das bis dahin kleinste Modell des Herstellers. Seine Technik war wegweisend. (Foto:© Peugeot)

Peugeot baute den 104 zwischen 1972 und 1988. Den 3,62 Meter langen Kleinwagen gab es zunächst als Viertürer, ein Jahr später dann als Zweitürer. Dann war er 3,30 Meter kurz.

Der große Peugeot 604 als neues Flaggschiff ging 1975 in den Verkauf. Unter der kantigen Haube saß der V6 aus der Gemeinschaftsentwicklung mit Renault und Volvo.

Der Peugeot 104 galt als großer Wurf, hatte aber einen großen Nachteil: Eine Heckklappe gab es erst 1976. Das konnte die Konkurrenz – R5, Fiat 127, Audi 50 – wesentlich besser. Wer heute einen sucht, bekommt ihn für kleines Geld.

Der Peugeot 505 erschien im Mai 1979 (tatsächlich waren schon über ein Jahr früher Bilder an die Öffentlichkeit gelangt) und war oberhalb des 504 angesiedelt. (Foto: © Peugeot)

Zu Fahrzeugen wie dem 304 S Cabriolet und dem Schrägheck-Coupé boten deutsche Hersteller keine Alternative. Die Produktion endete Mitte 1975.

he und Fahrkomfort bot. Den nüchternen 204 D gab's nur als Viertürer. Dem 204 Cabriolet dagegen flogen auf Anhieb die Herzen zu, mit seinem voll versenkbarem Verdeck hinterließ es einen besonders ordentlichen Eindruck. Das schon wegen Form und Handlichkeit ansprechende Auto war ein wunderbarer Zweitwagen, die Coupé-Variante mit großer Heckklappe bewies schon fast Kombi-Qualitäten: Die Löwenmarke machte in den Sechzigern und frühen Siebzigern vieles besser als die deutsche Konkurrenz. Der Peugeot 304 war die größere Ausgabe des 204, Pininfarina hatte die Karosserielinie gezeichnet. Gebaut wurde er zwischen 1969 und 1980; wie beim 204er gab es vier Karosserievarianten, und wie bei diesem waren auch die Vorteile und Schwachstellen: tolle Straßenlage und spritzige Motoren auf der einen, hakelige Getriebe, luschige Verarbeitung und Rost auf der anderen Seite.

MONDÄNE MITTELKLASSE

Das tat der Beliebtheit der Marke, die gerne als »Mercedes Frankreichs« bezeichnet wurde, keinen Abbruch. Schönes Beispiel war der Typ 404, ein bis 1975 gebauter Veteran, der trotz seiner erschütternden Rostanfälligkeit sich großer Beliebtheit erfreute, auto motor und sport bezeichnete ihn in einem Test einmal als eines der besten Autos. Und das darf auch bei dem 14 Jahre lang gebauten 504 gelten: Unter den französischen Mittelklasse-Limousinen war der Peugeot sicher derjenige, der seinen teutonischen Fahrern am wenigsten Kompromisse abverlangte und dabei doch die typischen französischen Fahr-Tugenden hochhielt. Peugeots neues Meisterstück war im September 1968 erstmals gezeigt worden und hatte zunächst den 1,8-Liter-Motor aus dem 404 unter der von Pininfarina gezeichneten Haube. Die Presse zeigte sich begeistert, ein erstes Kennenlernen endete mit dem Fazit: ***»Die Ausstattung lässt keine Wünsche offen ... Der 504 ist ein Auto, in dem man sich sofort wohl fühlt. Er liegt sicher auf der Straße und bleibt auch in zu schnell angegangenen Kurven unproblematisch.«*** Das »Auto des Jahres 1969« hatte anfänglich eine Lenkradschaltung, Ende 1971 kam dann eine konventionelle Mittelschaltung. Zu dem Zeitpunkt war der 504 auch mit einem 65 PS starken Dieselmotor zu bekommen – der 2,2 Liter kam auch im Ford Granada zum Einsatz–, während der 1970 eingeführte Zweiliter-Benziner dank Einspritzung von 93 auf 104 PS erstarkte. Verschiedene weitere Diesel-Motoren folgten, in einem ersten Test sah die Zeitschrift mot den Peugot-Diesel auf Augenhöhe mit dem 220er Diesel von Mercedes (in der Leistung sogar überlegen), bemängelte aber die schlechte Innengeräuschdämmung, wie überhaupt insbesondere französische und italienische Autos in den Siebzigern leicht rappelig wirkten, was diese immer ein wenig unsolider erscheinen ließ als die deutsche Konkurrenz. »Anti-Dröhn«-Mittel und ähnliche Produkte standen hoch im Kurs, bei Neckermann gab es Entdröhnungsplatten, selbstklebend, mit Schnittmuster und Spezialmesser für viele (auch deutsche) Motorhauben. Stückpreis 24,50 D-Mark, teurer als Ersatzstoßstangen für den VW Käfer (21,50 D-Mark), aber nur halb so teuer wie der absolute Schlager im Zubehör-Angebot der frühen Siebziger: der »Ultra-Drehzahlmesser« mit einer Skala von 0–8000 U/min für 59 D-Mark.

Den brauchte das Topmodell der 504-Modellpalette, das von Pininfarina gezeichnete Coupé, definitiv nicht – genauso wenig wie die meisten anderen Peugeot. Die Skala im Drehzahlmesser des Coupés reichte übrigens bis 7000 Touren, die der 2,7-Liter-V6 nie erreichte, sein maximales Drehmoment lag bei 3000 U/min. Der Motor wurde auch noch von Renault und Volvo verwendet, er befeuerte auch das Pininfarina-Cabriolet. Für 1978 rangierte Peugeot dann den Sechszylinder aus, denn, so zitierte auto motor und sport die damalige Pressesprecherin: ***»Weil man offen eher langsamer fährt, ist ein Sechszylindermotor nicht unbedingt notwendig.«*** Wohl wahr, der stattdessen eingeführte Zweiliter-Einspritzmotor mit 106 PS war von der eher gemütlichen Sorte. Sowohl das Coupé wie auch das Cabriolet blieben aber Außenseiter im Peugeot-Angebot. Wer unbedingt seinem Peugeot etwas Gutes tun wollte, bestellte Hohlraumspray (5,75 D-Mark), Autounterbodenschutz Korrosionshibitor (nur 8,75 D-Mark) oder Bitumen-Kautschuk aus der Spraydose für 6,90 D-Mark:

PEUGEOT

Die braune Pest hatte eine außerordentliche Schwäche für die Fahrzeuge mit dem Löwenwappen. Rostschutz und französische Autos, das passte in den Siebzigern noch weniger zusammen als »Peugeot« und »Prestige«: Der Peugeot 604 war ein schönes Beispiel dafür. Der 1975 lancierte Oberklasse-Peugeot mit zunächst dem 2,7-Liter-V6 – später gab es noch weitere Motoren, der stärkste war der 2,9-Liter-Motor mit 150 PS aus dem 604 GTI – bot zwar viel Ausstattung und noch mehr Fahrkomfort, stand aber dennoch auf verlorenem Posten: Als französischer Mercedes wurde der 4,72 Meter lange Viertürer nie anerkannt.

Aus dem Nachlass von Chrysler-Simca stammte der heiße Horizon »Sunbeam TI«. Im Lotus-Trimm gewann Talbot damit 1981 die Rallye-WM. (Foto: © Nick Redhead, cc-by-sa 2.0)

DIE KRISEN DER ACHTZIGER

Die Achtziger waren dann eher traurige Jahre für die Löwen aus Socheaux. Sie hatten sich 1976 mit der Integration von Citroën und mehr noch 1978 mit der von Chrysler Europe übernommen. Dazu kamen die zweite Ölkrise 1979/80 mit erneut einbrechenden Absatzzahlen, Streiks, Massenentlassungen und eine veraltete Modellpalette. Die 45-prozentige Beteiligung an Matra sowie Anteile anderer Gesellschaften wurden abgestoßen und Talbot liquidiert. Einziger Lichtblick in dieser Tristesse war der neue, 1983 präsentierte Kleinwagen-Typ 205.

Von Pininfarina designed, verhinderte er Peugeots Abgleiten in die Bedeutungslosigkeit. Insgesamt wurde er über fünf Millionen Mal verkauft. In Deutschland ist er mit 410.510 verkauften Exemplaren bis heute das erfolgreichste Peugeot-Modell überhaupt und fiel erst 1996 aus dem Programm. Neben den motorisierten Einkaufstaschen, die zeitweilig an jeder Ecke anzutreffen waren, genießen vor allem das Cabriolet (1986) und der 1984 gezeigte GTI Kultstatus. Vom normalen 205er ließ sich der GTI auf den ersten Blick relativ leicht durch die Kunststoffverbreiterungen an den Radläufen und breite Rammschutzleisten unterscheiden. Dazu gab es serienmäßig Leichmetallräder mit 185er Pneus, die damals schon als amtliche Breitreifen galten. Innen gab's bis zum ersten Facelift 1988 ein eckiges Armaturenbrett mit Schiebeschaltern und Zweispeichen-Lenkrad, was heute als typisch für die Achtziger gilt. Unter der Haube saß zunächst ein 1,6-Liter mit 105 PS, später dann ein 1,9-Liter mit zuletzt 128 PS, das reichte, um die Nadel des Tachometers über die 200-km/h-Markierung zu treiben. Noch mehr ging mit dem 205 Turbo 16, dem schnellsten käuflichen 205 überhaupt: Die nur 200 Mal gebaute Straßen-Version des Mittelmotor-Rallyeautos war zwar mit 200 PS deutlich schwächer als der von Michele Mouton pilotierte Rallye-Bolide, aber in Sachen Leistung über jeden Zweifel erhaben. Im Alltag zu sehen bekam man diesen Kraftzwerg aber nie. Viel folgenreicher sollte ein anderer Peugeot-Kleinwagen werden: der 206 CC, Peugeots zwischen 2000 und 2007 gebautes Klappdach-Cabriolet und zeitweise der europaweit bestverkaufte offene Wagen. Sein Nachfolger, der 207 CC, konnte ebenso wenig wie die größeren 307 / 308 an diese Erfolge anknüpfen.

Der 205-Nachfolger 206 lässt als Klappdach-Cabriolet CC (2000–2007) Wertzuwachs erwarten und hat es daher in dieses Buch geschafft. (Foto: © Peugeot)

Der 309 (1985–1993) war Frankreichs Golf und erschien als dreitüriger GTI mit 1,9-Liter-Motor und 128 PS. Damals schon selten, ist er heute ausgestorben. (Foto: © Peugeot)

Viel Platz und gute Fahrleistungen, aber Schwächen im Fahrverhalten und im Detail: Peugeots Mittelklässler 405. Das Design stammte von Pininfarina. (Foto: © Peugeot)

Der Peugeot 205 verkaufte sich über fünf Millionen Mal, kein Wunder, dass auch zwei Jahrzehnte nach Produktionsstopp noch einige unterwegs sind. Insbesondere das Cabriolet mit GTI-Motor ist ein alltagstauglicher Youngtimer. Die Preise sind noch günstig, ziehen aber langsam an. (Foto: © Peugeot)

Der Basis-R8 (1962–1973) mit seinen 45 PS brauchte eigentlich keine vier Scheibenbremsen. Die fast doppelt so starken Gordini-Varianten dagegen schon. (Foto: © Renault)

Der R6 (links) erschien 1968, er war oberhalb des R4 angesiedelt. Die Rechteckscheinwerfer kamen zum Modelljahr 1974; die Baureihe lief 1980 aus.

Es war die Zeit von Martin Luther King, von Love and Peace and Happiness – und von Spaßwägelchen wie dem Plein Air, der 1968 als eine Art französischer Buggy entstand. Warum auch nicht? Hey, es waren die Sechziger! (Foto: © Renault)

RENAULT

Anständige R4 (1961–1992) sind gesucht, werden aber noch nicht ganz so hoch gehandelt wie gute 2CV. Der Fronttriebler ist auch heute noch voll alltagstauglich. (Foto: © Renault)

Renault befand sich seit 1944 im Staatsbesitz und hatte dann mit dem Renault 4CV – Spitzname »Cremeschnittchen« – in den Nachkriegsjahren, zusammen mit Citroëns 2CV, Frankreich mobil gemacht. Kleinwagen und Mittelklassemodelle bildeten das Portfolio der Marke in den Fünfzigern und Sechzigern, Modelle wie Colorale, Frégate, Estafette und Dauphine brachten es zu einiger Bekanntheit. Meistverkauftes und wichtigstes Fahrzeug in Deutschland war der Renault R4, der noch Mitte der Siebziger zeitweise 45 Prozent der Verkäufe bestritt. Dabei war er nicht gerade das, was man eine brandneue Konstruktion nennen konnte: Premiere 1961, doch so gut und zukunftsweisend gemacht, dass er für jeden Kleinwagenkäufer eine Überlegung wert war. Renaults erster Frontantriebswagen hatte zwar ohne Zweifel seine Macken – die schaukeligen Gartenstühle für die Passagiere und die dünnen, schnell rostenden Bleche gehörten zu den bekanntesten – doch die Vorteile überwogen: Die geradelinige, sauber durchgestylte Karosserie, die große Heckklappe und die unverwüstlichen Vierzylinder-Motoren waren kaum zu toppen. Mit zunächst 26 und 27 PS motorisiert, bevölkerte der R4, wie die Ente auch, die Straßen jeder Universitätsstadt: Die rollende Studentenbude avancierte auch für die umweltbewegte Kleinfamilie zum rollenden Protest gegen das Establishment. In Deutschland wurden von 1962 bis 1989 weit über 800.000 Exemplare zugelassen, im seinem besten Jahr, 1970, fast 85.000 Stück. Und in praktisch jedem Kleinwagen-Vergleichstest fuhr ein R4 mit. Der Fünftürer nämlich galt als Muster an Laufruhe, Raumökonomie und Fahrkomfort, für 4595 Mark gab es Mitte der Sechziger nichts Vergleichbares aus deutscher Produktion. Auto motor und sport sprach in diesem Zusammenhang von einem *»günstigen Anschaffungspreis, niedrigen Unterhaltskosten ... ungewöhnlich gutem Fahrkomfort und hohem Gebrauchswert«*.

HECKMOTOR-HOLZWEGE UND EIN GENIALER WURF

Das war bei den Heckmotor-Wagen nicht der Fall. Renaults R8/10 waren praktisch zeitgleich mit dem R4 erschienen, fielen aber 1972 wieder aus dem Programm: Die Heckmotor-Bauweise akzeptierte der Kunde nur noch beim Volkswagen. Als wesentlich langlebiger erwies sich der 1100er-Motor, der, immer wieder modifiziert, auch noch im Twingo zu finden war. Beim parallel zum R8 angebotenen Renault 10 handelte es sich um eine etwas größere – zwölf Zentimeter vorne, sieben Zentimeter hinten und vier Zentimeter in der Breite – Ausführung der kantigen Kiste, in Deutschland war sie fast so beliebt wie der kleinere R8. Sehr populär war hierzulande der Renault 16, der das Frontantriebskonzept des R4 in die Mittelklasse übertrug.

Renaults neue Mittelklasse-Limousine Renault 16 erschien 1965 und bedeutete nichts weniger als eine Sensation: Mit seiner außergewöhnlichen Formgebung war er das modernste Auto seiner Zeit. Wegweisend war seine Vielseitigkeit. Seine variable Karosserie erlaubte sieben verschiedene Innenraum-Konfigurationen, und selbst ohne große Verwandlung war der großzügige Kofferraum ausreichend und durch die Heckklappe gut zu beladen – ein Novum in dieser Fahrzeugklasse, ebenso die um insgesamt 15 Zentimeter verschiebbare Rücksitzbank. Er war der erste Vertreter der Mittelklasse, der das klassische Stufenheck abschüttelte und mehr den praktischen Nutzen im Auge hatte, sein Motor, ein 1,5-Liter mit 55 PS, bestand aus Aluminium. Wirtschaftlichkeit, Zuverlässigkeit und Sparsamkeit schätzten auch deutsche Automobil-Käufer. Und Autotester liebten ihn wegen seines Fahrkomforts, ein früher Bericht titelte: *»Das rollende Wohnzimmer«* und lobte überschwänglich den Federungskomfort. Erst 1978, nach 1,85 Millionen gebauten Exemplaren, verschwand er aus dem Renault-Programm und bald auch von den Straßen. Der Fronttriebler mit der großen Heckklappe war in den Siebzigern erste Wahl für Französischlehrer mit größerem Platzbedarf, ein rollendes Statement für bürgerliche Mainstream-Verweigerer.

GROSSE ERFOLGE MIT KLEINEN NUMMERN

Die Lücke unterhalb füllte Renault 1968 dann mit dem Typ 6, der die Technik des R4 auftrug, aber in der Optik mehr dem Renault 16 nacheiferte. Außerdem wollte man

Simca mit dem ähnlich konzipierten Typ 1100 nicht länger das Feld überlassen. Die französische Konkurrenz wiederum hatte dem R6 für Aufsteiger, dem R12, nichts entgegenzusetzen. Der Fronttriebler erschien zum Modelljahr 1970, für ihn galt das, was die VW-Bosse einmal über den Typ 4 gesagt hatten: *»Kein blechgewordener Adonis«*.

In der Tat betrachteten nicht wenige Zeitgenossen den von Robert Broyer entworfenen Wagen mit seinen dreifachen Keilformen als ästhetischen Missgriff, doch die alte Designerweisheit – Hässlichkeit verkauft sich schlecht – galt für diese Ausnahmeerscheinung anscheinend nicht: Der Staatskonzern baute von ihm allein in Frankreich mehr als vier Millionen Stück und fertigte ihn auch in Brasilien (als Ford), Rumänien und der Türkei noch Jahrzehnte später.

Im dicht gedrängten Renault-Programm fehlte allerdings noch etwas Sportliches, die Siebziger waren hipp, modern und jugendlich. Für die Trimm-Trab-Generation hievte Renault gleich zwei Modelle ins Programm, die Zwillinge Renault 15 und 17. Die Coupés 15 und 17 im Stile des Renault 16 basierten auf der Bodengruppe und dem Fahrwerk des Renault 12 und hatten auch deren bekannte Vierzylinder unter der Haube (wobei nur das Basismodell Renault 15 TL den 1,3-Liter-Motor mit 60 PS aufwies, alle anderen hatten den 1,6-Liter mit mindestens 90 PS). Unterschiede ergaben sich aber auch in der Optik: Der Renault 15 hatte – wenn auch schmale – B-Säulen und lange Seitenscheiben, beim Renault 17 prägte eine breite C-Säule mit Lüftungsschlitz-Attrappen die Optik. Außerdem gab es für ihn ein großes, elektrisch zu betätigendes Faltdach, ein Stoff-Verdeck. Topmodell war der Renault 17 TS, übrigens der erste Renault mit Benzin-Einspritzung. Solcherart ausgestattet, beschleunigte der R16-Vierzylinder (1565 cm^3, 108 PS) das Großseriencoupé auf anständige 175 km/h: *»Mit der neuen Coupé-Baureihe wird nun zu den Komponenten Wirtschaftlichkeit und Komfort auch Schnelligkeit und ein Schuss Originalität in das Programm einziehen«*, so das Stuttgarter Fachblatt auto motor und sport.

Während die Coupé-Zwillinge – keine 30.000 Exemplare in Deutschland wurden verkauft – nur eine Randnotiz im bunten Auto-Panorama der Siebziger darstellen, setzt der Renault 5 ein dickes, fettes Ausrufezeichen: In einer Zeit, in der noch niemand wusste, was Lifestyle ist, zelebrierte ihn Renault mit seinem neuen Kleinwagen. Der erschien 1972 und war ein unfassbarer Erfolg, um möglichst schnell einen aussagekräftigen Test veröffentlichen zu können, holte sich das Magazin mot ein Vorserien-Exemplar aus Frankreich und fuhr damit einen Langstreckentest über 40.000 km.

EIN KLEINER FREUND FÜR SCHWERE ZEITEN

Was so besonders an dem Wagen war? Aus der Distanz der Jahrzehnte betrachtet fällt es schwer, die Euphorie zu begreifen, vielleicht weil heutzutage die Straßen vollgestopft sind mit Fahrzeugen in diesem Stil. Der Renault 5 aber war der erste, der dieses Konzept konsequent umsetzte. Auf der Suche nach einem Wagen für die Stadt hatte man auf nur dreieinhalb Metern Gesamtlänge einen vollwertigen Viersitzer – bei drei Personen hinten wurde es schon arg eng, es ging aber – mit großer, praktischer Heckklappe gebaut. Für den Einsatz in der Stadt sprachen rempelfreundliche Kunststoff-Stoßfänger (die ersten an einem Großserienauto, nebenbei bemerkt, die Idee stammte von Claude Prost-Dame, einem der R16-Designer) und die komfortable Abstimmung. Renaults Fünfer galt als Musterbeispiel eines modernen Kleinwagens, auch wenn unter dem flott gezeichneten Blech zahlreiche Komponenten aus R4 und R6 zu finden waren, doch war das Ganze *»viel weniger nutzfahrzeugmäßig gehalten«* als etwa beim Renault 4. Gleichwohl: In einem Vergleichstest nur drei Jahre später landete der Renault 5 nur noch auf dem letzten Platz, geschlagen von Audi 50, Autobianchi A 112, Fiat 127 und Peugeot 104. Woran lag's? Am schluffigen 44-PS-Motor und am qualligen Handling, in Sachen Fahreigenschaften konnten die anderen mehr. Dennoch stand der Fünfer gut ein Dutzend Jahre unverändert im Programm, die Motorenpalette begann bei 750 Kubik und 34 PS und endete zuletzt bei 1400 Kubik und 108 PS, und in der zwangsbeatmeten Alpine-Ausführung kam

Der Renault R5 war das wichtigste französische Auto der Siebziger. Der Fronttriebler hatte, wie der R4, eine Krückstock- beziehungsweise Revolverschaltung. (Foto: © Renault)

Der Renault 16 brachte frischen Wind in die Mittelklasse, auch wenn die Bedienung mitunter umständlich geriet.

Der Renault 20 und der Sechszylinder-Typ R30 waren nahezu baugleich. Sonderlich erfolgreich waren sie hierzulande nie, 1984 kam die Ablösung in Gestalt des Renault 25.

Renault 15 und 17 entstanden auf Basis des Renault 12, auch die Motoren waren bekannt. Den 1,3-Liter mit 60 PS gab es nur im R15, den 1,6-Liter mit 108 PS nur beim R17. Der 1,6-Liter mit 90 PS fand sich in beiden Ausführungen. Das Cockpit mit vier Rundinstrumenten und dem schüsselförmigen Sportlenkrad hatten sie beide.

Auch wenn das Metallgerüst unter dem Kunststoff inzwischen marode ist: Der Espace – eine Matra-Entwicklung – gehört zu den großen Klassikern jener Jahrzehnte. (Foto: © Renault)

Der Renault Fuego als Ablösung von R15 und R17 erschien im Frühjahr 1980. (Foto: © Riley, cc-by-sa 2.0)

Renaults »Kleiner Freund« konnte auch böse: Beim Renault 5 Turbo trafen 250 PS aus einem 1,4-Liter-Mittelmotor und Heckantrieb auf 925 Kilogramm Leergewicht: Auf Asphalt-Rallyes ein feines Auto, bei Schotter dagegen überfordert – und bei heutigen Klassik-Veranstaltungen ein Hingucker. (Foto: © Realname, cc-by-sa 2.0)

Wir beginnen ihn schon zu vermissen: Der kulleräugige Twingo (1993–2007) war stets mehr als »nur« niedlich, gut erhaltene Exemplare werden rar. (Foto: © Renault)

»Besserer Kern in vertrauter Schale, oder origineller als andere ist er kaum«, so die Presse 1985 über den R 5. Sahen die Kunden nicht so und kauften ihn bis 1996. (Foto: © Renault)

er dann sogar auf 160 PS, während der normale R 5 Alpine bei der Premiere 1978 aus 1,4 Litern Hubraum 93 PS schöpfte: *»... beschleunigt zwar nicht zügig wie der Golf GTI, aber immerhin so gut, um die meisten zu verblüffen ...«*, kommentierten Stuttgarts Tester. Für die Produktion hatte Renault eigens ein neues Werk gebaut, und das brauchte man auch: Bis 1984 rollten dort rund 5,5 Millionen Fahrzeuge vom Band, dann erschien die zweite Auflage vom »Kleinen Freund«.

Der R 5 Turbo war übrigens auch das Mittel der Wahl, um in der Rallye-Weltmeisterschaft mitzufahren. Im Mai 1982 siegte ein dickbackiger Renault 5 Turbo überraschend in der Tour de Corse, und die Replik des Mittelmotor-Siegerwagens ging 1983 an handverlesene Privatiers. Die zahlten etwas über 100.000 Mark und bekamen dafür einen 240 PS starken Kleinwagen mit 1,4 Litern Hubraum, ziemlich seriennahem Interieur und einer ausgeprägten Neigung zum Untersteuern, aber gutmütigen Fahreigenschaften: *»Letztlich verzeiht er fast alles.«*

KEIN GLÜCK IN DER OBERKLASSE

Von solchen Stückzahlen waren die größten Renault 20 und Renault 30 weit entfernt, mit diesen Schrägheck-Limousinen (*»eher ein Handicap als ein echter Vorzug«* – ams) begann Renaults Leiden in der oberen Mittelklasse: Die Franzosen bringen seit damals dort kein Rad mehr auf die Erde, der Versuch, das Heckklappen-Konzept á la R16 in der Klasse darüber schmackhaft zu machen, ging völlig schief. Dabei waren, von der Papierform zumindest, die Voraussetzungen eigentlich gar nicht so schlecht gewesen. Der R30 hatte einen feinen V6 – als Gemeinschafts-Entwicklung mit Peugeot und Volvo – unter der Haube, der günstigere R20 neue Vollalu-Motoren mit nur vier Pötten; außerdem kamen später noch Diesel-Triebwerke dazu. Auch wenn die Renault einen hervorragenden Fahrkomfort boten, viel Ausstattung und noch mehr Raum: Käufer in dieser Preisklasse griffen eher zur konservativen Stufe. In Deutschland wurden bis 1984 rund 75.000 Wagen zugelassen, macht rund 7500 pro Jahr beziehungsweise sechs Autos pro Jahr und Händler: Davon wurde keiner reich. Mit dem R14 übrigens auch nicht. 1976 gezeigt, war dieser Renault die zweite Neukonstruktion des Jahrzehnts, mit dem der Staatsbetrieb kräftig auf den Bauch fiel. Das lag an der Optik – Spitzname »Hängebauchschwein« – und der luschigen Verarbeitung. Rostnester schon kurz nach der Auslieferung tolerierten die Kunden Ende der Siebziger nicht mehr. Dabei war der R14 der erste Renault mit quer eingebauter Antriebseinheit – der Motor stammte vom Peugeot 104 – vorn, was ihn zu einem außerordentlich geräumigen Wagen machte, außerdem punktete der Vier-Meter-Renault durch seinen Fahrkomfort. Das half aber nicht: Nach noch nicht einmal sechs Jahren nahmen die Franzosen den 14er wieder vom Band, überlebt hat so gut wie keiner.

Der Marke geschadet hat dieser Missgriff aber nicht, europaweit verkauft Renault anfangs des Jahrzehnts mehr Autos als jeder andere Hersteller. Zu dem Zeitpunkt ersetzten die Franzosen die Coupé-Zwillinge durch den Fuego, »Feuer«. Nichts aber wird so heiß gegessen, wie gekocht. Das neue Coupé mit der Panorama-Scheibe im Stile des Porsche 924 basierte auf der Renault-18-Plattform, der wiederum 1978 den R12 abgelöst hatte. Wie bei diesem kam eine starre Hinterachse zum Einsatz, die Vierzylinder-Motoren mit 1,6, 2,0 und 2,2 Liter Hubraum stammten aus dem Regal des Hauses. Gab's zwischen 1983 und 1986 auch mit 132 PS starkem Turbo-Triebwerk und fiel dann ersatzlos aus dem Programm, während der »Espace« von 1984 den ersten Van aus europäischer Produktion bildete.

Der Familientransporter war eigentlich eine Matra-Entwicklung und setzte über ein Stahlblech-Gerippe einen Kunststoff-Aufbau, er war die Messlatte für alles, was danach kam. Die letzten beiden Jahrzehnte des Jahrtausends wurden so für Renault zu den erfolgreichsten, nie wieder hatte das Unternehmen so viele Erfolgstypen im Angebot: Der kulleräugige Twingo zum Beispiel von 1993 war ebenso wie der 1990 präsentierte Clio auf die vorderen Plätze der Zulassungscharts abonniert, auch Renault 19 und Mégane verkauften sich gut.

SIMCA

Die halbstaatliche Simca »Société industrielle de Méchanique et Carosserie automobile« baute seit 1935 Lizenz-Fiat und hatte 1948 die erste Eigenkonstruktion vorgestellt. Die engen Verbindungen zu Fiat prägten die Firma auch in den Fünfzigern. Und Simca – seit Ende 1958 Besitzer von Talbot – lebte nicht schlecht damit. Anfang der Sechziger war das Werk die Nummer 4 auf dem französischen Markt, produzierte gut eine Viertelmillion Fahrzeuge und war damit Peugeot dicht auf den Fersen. 1958 stieg die amerikanische Chrysler-Corporation ein und war 1962 alleiniger Herr im Hause, sodass sich der langjährige Entwicklungspartner Fiat zurückzog – leider mitsamt den für den neuen »Großen Simca« Typ 1300/1500 vorgesehenen Motoren.

VON FIAT ZU CHRYSLER

In Deutschland gelang Simca nach 1962 mit dem Aufbau eines eigenen Händlernetzes der Durchbruch, die Zusammenarbeit zwischen NSU-Fiat und Simca hatte sich nicht bewährt. Es waren goldene Jahre für Autobauer, es dauerte keine zehn Jahre, bis bundesweit 1000 Händler zur Verfügung standen, die diese »typischen Franzosen« anboten: gut im Platzangebot, nachlässig in der Verarbeitung. Die Deutsche Simca hatte zum Ende des Jahrzehnts ein buntscheckiges Angebot, wer mochte, konnte auch die Sunbeam-Typen Alpine, Sceptre und Rapier haben oder auch Barracuda Fastback, Plymouth Satellite und Dodge Dart aus dem amerikanischen Chrysler-Programm. Die von Chrysler France und Chrysler UK entwickelten Modelle blieben allerdings hinter den Erwartungen zurück, sie hatten gegen Ford Taunus und Opel Rekord keine Chance. Im August 1978 schließlich, als der US-Konzern in höchsten Schwierigkeiten steckte, trennte sich Chrysler für rund 230 Millionen Dollar von seinen europäischen Tochterfirmen; Chrysler Europe übernahm im Gegenzug 15 Prozent der PSA-Aktien.

Lange Jahre Zugpferd im Stall war der Simca 1000, ein viertüriger Heckmotor-Kleinwagen mit 3,80 Meter Länge und wassergekühltem Vierzylinder-Reihenmotor. Zu seinen Vorzügen zählten die vier Türen (was ihm Anfang der Sechziger ein Alleinstellungsmerkmal bescherte) und die, nach zeitgenössischer Aussage, für ein Fahrzeug mit Heckmotor *»hervorragenden Fahreigenschaften«*. Anfänglich 32 PS stark, umfasste das Angebot zu Beginn der Siebziger drei Modellvarianten mit 40, 54 und 60 PS, wobei Letztere dem Topmodell 1000 Rallye vorbehalten blieben. 1972 erschien der Rallye 2; er leistete zunächst 82, ab 1975 dann 85 PS. Die letzte größere Modelländerung fand 1976 statt, sie brachte Rechteck-Scheinwerfer – was nichts für die Optik tat – und neue Modellbezeichnungen. Die 40-PS-Modelle hießen nun 1005 LS/GLS, die 54-PS-Simca 1006 SR. 1978 erfolgte die Ablösung durch den Peugeot-104-Klon Talbot Horizon.

Darüber angesiedelt waren die Simca-Modelle 1300 und 1500. Die Urkonstruktion war auf dem Genfer Salon 1963 erschienen, 1967 hatte Simca dann die Karosserie gestreckt, den Innenraum aufgehübscht und die Modellbezeichnungen 1301 und 1501 vergeben. Bei gleichzeitig leicht gestiegener Motorleistung – der 1501 GLS kam nun auf 69 statt 66 PS – galt er bei seinem Erscheinen als durchaus interessante Alternative für Individualisten. Bis zum Auslaufen der Modellreihe im Juli 1975 gab es, Simca-typisch, ein virtuoses Verwirrspiel mit Motor-, Karosserie- und Ausstattungsvarianten, ohne dass sich Wesentliches getan hätte.

FRONTANTRIEBS-FORTSCHRITTE

In den Siebzigern waren diese Viertürer nicht mehr taufrisch, schlugen sich aber in den Vergleichstests noch ganz wacker und trugen mit dazu bei, dass der Marktanteil der Franzosen sich bei rund vier Prozent einpendelte. Während die klassischen Viertürer als zwar solide, aber zugleich auch als ziemliche Langweiler galten, brachte der 1100er 1967 frischen Wind ins Modellprogramm: Der gut und oft von der Presse getestete Simca 1100 – der erste Wagen, der unter Chrysler-Regie in Poissy entstand – füllte die Lücke, die zwischen dem Simca 1000 und dem 1,3-Liter-Modell klaffte. Und er machte das tadellos, mit Frontantrieb, quer eingebautem Frontmotor und

Der Simca 1100 ging im Herbst 1967 in Produktion, der erste mit Quermotor, Frontantrieb und Heckklappe. VW hatte ihn bei der Golf-Konzeption eingehend studiert.

Die Chrysler-Limousinen 160/180 waren eine Gemeinschaftsentwicklung der britischen und französischen Chrysler-Töchter. Sie vereinigten das Schlechteste beider Welten. Gab's auch mit größerem Zweiliter-Motor, was die Sache nicht besser machte.

Die Simca-Typen 1301/1501 entstanden 1967 bis 1975. Die Zusatzscheinwerfer im Kühlergrill verraten: Hier handelt es sich um eine der leistungsstärkeren (81 statt 70 PS), aber trotzdem temperamentlosen Spécial-Ausführungen des 1,5-Liter-Wagens.

Trotz des Titels »Auto des Jahres 1976« ein Reinfall: Die Verarbeitungsqualität der Schrägheck-Limousinen 1307/08 versetzte der Marke Simca den Todesstoß.

Der Simca 1000 war Ende der Sechziger der letzte verbliebene Franzose mit Heckmotor. Wie alle Simca ist er weitgehend ausgestorben. An Kühlergrill und Zierleisten ist zu erkennen: Das ist ein 1000 GLS Ende des Jahrzehnts.
(Foto: © Alf van Beem, CC0)

Den Simca 1000 gab es als Rallye (49 PS), Rallye 1 (60 PS) und, ab 1972, als Rallye 2 mit zunächst 82 PS. Die meisten wurden bei Amateur-Rennen verheizt, die übrigen starben den Rost-Tod. (Foto: © Alf van Beem, CC0)

PSA-Talbot brachte 1981 den Tagora nach Deutschland, er löste den verquasten Chrysler-Simca 2 Liter ab. Er fiel im März 1983 schon wieder aus dem Programm, Überlebende muss man mit der Lupe suchen. (Foto: © Theo Tagora, cc-by-sa 3.0)

Heckklappe war er der modernste Simca im Programm und Mitte des Jahrzehnts der Bestseller unter den Simca: »*... in Komfort und Fahreigenschaften nicht zu schlagen ... und außerdem als solides Qualitätsprodukt gelten kann*«, schrieben Autojournalisten und setzten ihn bei einem Vergleichstest vor VW 1500, Opel Kadett und NSU 1200 C. Allerdings hielt Simca viel zu lange an ihm fest; auch zwölf Jahre nach seiner Premiere umfasste die Modellpalette noch drei Limousinen und zwei Kleinlaster-Varianten – und die waren weder technisch noch optisch wesentlich weiterentwickelt worden.

Die einzige echte Neukonstruktion des Herstellers in jenem Jahrzehnt war die Typenreihe 1307/1308, die prompt den begehrten Titel »Auto des Jahres 1976« ergatterte. Sie löste die Stufenheck-Limousinen 1301/1501 ab und wirkte mit ihrem Schrägheck und der großen Heckklappe außerordentlich modern, deutsche Tester meinten eine »*Ähnlichkeit mit dem Passat*« (ams) zu entdecken. Zu den weiteren Vorzügen gehörten die überaus geräumige Karosserie, der sehr gute Federungskomfort und die gute Straßenlage, zu den Nachteilen aber die miserable Verarbeitung – Rost am Neuwagen war keine Ausnahme. Zum Juli 1979 wurden die bisherigen Simca-Typen in Talbot umbenannt, der 1307/08 mutierte zum Talbot 1510. Zu erkennen an der neuen Frontpartie, war dieser Typ, zusammen mit dem größeren Tagora, der letzte Nagel am Sarg der Traditionsfirma Simca.

Schuld am Untergang hatten auch die in Coventry entwickelten, stark amerikanisierten Chrysler-France-Modelle, die es zwar beim Simca-Händler gab, die aber nie das entsprechende Simca-Typenschild trugen. Unter dem Chrysler-Label verkauft wurden die Typen 160, 160 GT und 180, 1973 kam als Topmodell der Chrysler 2-Litres mit Automatik dazu. Die Grundform war in jedem Fall gleich, es handelte sich um ziemlich verquollene Stufenheck-Viertürer, die viel Ausstattung, jede Menge unübersichtliches Blechbarock und viel Platz für kleines Geld boten. Das Design stammte von der britischen Chrysler-Tochter Rootes und traf so überhaupt nicht den deutschen Geschmack. Allerdings war die Verarbeitung – nach 1976 wurde der Chrysler in Spanien zusammengetackert – selbst nach damaligen Maßstäben so miserabel, dass der horrende Wertverlust jeden Gebrauchtwagenkäufer zögern ließ. Die Presse zog sie dennoch immer wieder zu Vergleichstests heran und verhalf ihnen zu einem Abonnement auf die hintersten Ränge. Dass sich ein Chrysler mal im Mittelfeld platzierte, wie beim Sechser-Vergleichstest 1973 von auto motor und sport, wo er auf Platz drei landete – hinter VW K70 und Opel Rekord, aber vor Ford Consul, VW 412 und Fiat 132 – war die absolute Ausnahme.

KEINE PERSPEKTIVE MIT DEM HORIZON

Keine Offenbarung stellte auch der Horizon dar. Das »Auto des Jahres 1979« war mit einem Aufwand von 290 Millionen Mark als Golf-Rivale entwickelt worden und nach vierjähriger Reifezeit im Frühjahr 1978 auf den Markt gekommen. Von seiner Konzeption her – Quermotor, Frontantrieb, Steilheck – war der Horizon das modernste Fahrzeug im Chrysler-Programm, aber sicher nicht das beste. Der Langstreckentest der Zeitschrift auto motor und sport, durchgeführt mit einem GLS, geriet zum Desaster: Die Verarbeitung am Testwagen war mau, die Technik meist störrisch und die Elektrik ein Garant für viele Werkstatt-Aufenthalte. Der Ärger über diesen »*Garantiefall*« überwog die positiven Seiten, die da hießen Preis, Ausstattung, Raumangebot und Federungskomfort. Auch der Benzinverbrauch – wir reden von der Zeit der zweiten Benzinkrise 1979/80 – galt mit rund zehn Litern auf hundert Kilometer als durchaus günstig. Vielleicht war das der Grund, warum sich der Horizon in den USA, wo er als Dodge Omni und Plymouth Horizon vermarktet wurde, zum Bestseller entwickelte. Dort stand der kompakte Fünftürer, zu dessen Vorzügen das gute Raumangebot, der variable Kofferraum, Handling und Fahrkomfort gehörten, bis 1991 im Programm, wobei die Motoren von 1,1 bis 1,5 Liter (55–82 PS) von Simca stammten. Nur für die USA gab's einen 1,7-Liter-Audi-Motor. Nach dem Einstieg von PSA wurde der Horizon als Talbot Simca verkauft und der Verkauf in Europa 1983 eingestellt.

Steht für das Lebensgefühl der Swinging Sixties: Austin Mini, 1959–2000. (Foto: © BMW Group)

GROSSBRITANNIEN

Großbritannien träumte lange noch den Traum vom Weltreich, zumindest, soweit es die Automobilindustrie betraf: Man baute primär Autos für das Commonwealth und ehemalige Kolonien und begnügte sich mit dem Export von Roadstern und Luxuswagen in die USA. Dieses Geschäftsmodell funktionierte aber in den Sechzigern nicht mehr. Doch die Hersteller (die viel zu spät begriffen, dass Modellpflege und Innovation keinen überflüssigen Luxus darstellten) und Gewerkschaften (die nicht kapierten, dass Streiks und luschige Verarbeitung am eigenen Ast sägten) ruinierten sich in schöner Gemeinschaftsarbeit selbst. Natürlich spielten auch der Zusammenbruch des Empire, die europäische Einigung und der damit erleichterte Zugang ausländischer Marken auf den britischen Markt eine große Rolle: Der massiv in den Markt drängenden Konkurrenz waren die meisten heimischen Hersteller nicht gewachsen. Die meisten sind verschwunden, und wer heute einem britischen Youngtimer die Treue hält, muss aus ganz besonderem Holze geschnitzt sein.

Tower Bridge bei Nacht. (Foto: © Groman123, CC-BY-SA-3.0)

Bis Ende der Siebziger der erschwinglichste Roadster auf dem Markt: Triumph Spitfire 1500 Mk. IV, 1974–1980. (Foto: © Alf van Beem, CC0)

Design und Verarbeitung ruinierten den Ruf der Industrie: Jaguar XJS Coupé, 1976–1995. (Foto: © Jaguar Land Rover)

Nur die Engländer bauten noch solche Roadster: MGB-Roadster, 1961–1975. (Foto: © Mark Harkin, cc-by-sa 2.0)

Unzerstörbar aus Tradition: Land Rover 88 Serie III, 1971–1985. (Foto: © Land Rover)

BRITISH ELEND

Der Konzentrationsprozess in der britischen Automobilindustrie begann Anfang der Fünfziger. Ende der Sechziger existierten, abgesehen von irgendwelchen Exoten wie den dreirädrigen Bond und Bausatz-Modellen, die ihr Dasein den Besonderheiten der britischen Gesetzgebung verdankten, im Grunde genommen lediglich noch zwei Mehrmarken-Konzerne. Der größte war 1968 aus der Fusion der (defizitären) Austin-Morris-Gruppe (British Motor Corporation) und den (rentablen) Nutzfahrzeug-Spezialisten der Leyland Motor Corporation zur British Leyland Motor Corporation hervorgegangen. Zu ihr gehörten Submarken wie Austin, Morris, Triumph, MG, Rover und Jaguar. Das Unternehmen betrieb fast 80 meist marode Fabriken mit uralten Maschinen und rund 170.000 Arbeitern, von denen einer im Schnitt fünf Pkw pro Jahr fertigte – selbst in Italien oder Frankreich lautete das Verhältnis mindestens acht zu eins. Da nach 1966 die britische Industrie staatliche Förderungen in Anspruch nehmen konnte und immer wieder mit Steuermitteln subventioniert wurde, gab's für sie keinen Zwang zu Innovationen, was geradewegs in die Pleite führte: 1975 wurde der Konzern verstaatlicht, ohne dass die Politik an den grundsätzlichen Problemen etwas änderte. Sämtliche Sanierungsversuche scheiterten, 1984 wurde der Konzern – in England war Ende 1979 Maggie Thatcher zur Premierministerin gewählt worden – zerschlagen und privatisiert. Im Zuge des Ausverkaufs wurden Jaguar und die Geländewagensparte abgekoppelt, die nunmehrige Pkw-Sparte hieß jetzt Austin Rover Group und begann eine enge Zusammenarbeit mit Honda, das, nachdem inzwischen Nissan und Toyota eigene Automobilwerke auf britischem Boden betrieben, ebenfalls ein europäisches Standbein suchte. Die letzten Austin-Modelle waren daher umetikettierte Honda-Modelle mit neuem Dekor.

Neben den amerikanischen Konzernmarken Vauxhall und Ford gab es darüber hinaus noch die Rootes-Gruppe, die den Rest der britischen Hersteller wie Hillman, Singer, Sunbeam oder Humber vereinigte, aber zu Chrysler gehörte. Die Rootes-Gruppe hatte das Badge-Engineering auf die Spitze getrieben und bot nach 1967 im Grunde genommen nur noch eine Einheits-Karosserie, den Arrows-Body, in verschiedenen Ausprägungen an. Da auch Simca zu Chrysler gehörte, waren die Rootes-Marken zumindest theoretisch in den Siebzigern auch auf dem Festland erhältlich, was nichts daran änderte, dass die meisten der Typen und Marken lediglich in Großbritannien ein Begriff waren. Für britische Hersteller blieben Großbritannien und das Commonwealth die Hauptabsatzmärkte. Die Fixierung auf den Inselmarkt führte dazu, dass die Neuerscheinungen der Siebziger – und davon gab es herzlich wenige – so komplett an den kontinentaleuropäischen Geschmäckern vorbeiliefen. Schlechter Service, Qualitätsmängel und veraltete Technik gehörten zu den weiteren Problemen, dazu kamen unzählige Streiks.

Daneben gab es noch eine Handvoll unabhängiger Hersteller von internationalem Ruf wie Lotus oder Morgan. Auch Jensen erfreute sich wegen seiner Allradtechnik einer gewissen Bekanntheit außerhalb der Insel, doch stellten diese letztlich keine wirtschaftlich relevante Größe dar: Mitte der Achtziger spielte die britische Automobilindustrie, international gesehen, keine Rolle mehr.

Die Rootes-Gruppe trieb das Badge-Engineering auf die Spitze: Die Einheits-Audax-Karosserie (1955–1966) gab es bei Hillman, Singer (Bild), Humber und Sunbeam. (Foto: © Charles 01, cc-by-sa 3.0)

Der Robin Reliant (hier ein spätes 1992 Modell mit Fiesta-Scheinwerfern) war ein Kleinstwagen mit drei Rädern und als solcher typisch britisch. (Foto: © Dietmar Rabich, cc-by-sa 4.0)

England brachte eine Vielfalt an Kleinserien hervor, so den zwischen 1968 und 1986 gebauten Reliant Scimitar GTE mit Ford-V6. (Foto: © Spanish Coches, cc-by-sa 2.0)

Der Hillman Imp (1963–1976) mit Heckmotor sollte dem Austin Mini Paroli bieten. Der Erfolg war mäßig. Auf dem Kontinent kaum zu sehen. (Foto: © Alf van Beem, CC0)

Der Jensen Interceptor (1966–1971) hatte einen 6,2-Liter-V8 von Chrysler unter der Haube. Die doppelten seitlichen Lufteinlässe waren Erkennungszeichen der Allrad-Ausführung FF. Im Bild ein Mk II. (Foto: © Brian Snelson, cc-by-sa 2.0)

Na klar, der Aston Martin DB 5 darf hier nicht fehlen. Der Auftritt in diversen Bond-Streifen machte Marke wie Wagen gleichermaßen berühmt. (Foto: © Aston Martin)

Die meisten britischen Entwürfe waren ziemlich langlebig: Als Austin 1100/1300 1962 auf den Markt gebracht, dann (1964) zum Austin 1800 hochgerüstet und 1969 zum Maxi umgefrickelt, wurde der eigenwillige Brite bis 1981 verkauft. Aber kaum in Deutschland.

»Allegro« heißt zwar »fröhlich, rasch, heiter«, Austin verging aber alsbald das Lachen. Der Nachfolger des Austin 1100/1300 von 1973 war eines der schlechtesten Autos der Welt. (Foto: © Oxyman, cc-by-sa 3.0)

Fahrzeuge aus Großbritannien gehörten im deutschen Straßenbild jener Jahre zu den absoluten Ausnahmeerscheinungen. An der mangelnden Vielfalt kann es kaum gelegen haben, immerhin standen neun verschiedene Baureihen von neun BL-Marken im Angebot.

AUSTIN

Steht zwar »MG« auf den Flanken, ist aber die (vorgebliche) Sport-Variante des Mini Metro und sollte ab 1982 die GTI-Klientel erfreuen. Hat nicht geklappt, trotz der ab 1989 serienmäßigen Sticker auf den Flanken. (Foto: © Spanish Coches, cc-by-sa 2.0)

Die bekanntesten Brit-Fahrzeuge in Deutschland liefen unter dem Austin-Label. Exportschlager, so man denn bei einem einprozentigen Marktanteil in Deutschland davon reden konnte, waren der Mini und der größere, aber nach gleichem Prinzip aufgebaute Viertürer Austin 1100. Beides waren Konstruktionen von Alex Issigonis, und beide erschienen Anfang der Sechziger. Sie waren modern, zeitgemäß und frei von britischer Schrulligkeit, tatsächlich waren die Austins die ersten Kompakten modernen Zuschnitts. Das Design stammte von Pininfarina, eine Heckklappe fehlte zunächst, das war so ziemlich der einzige kleine Schwachpunkt dieses wegweisenden Konzepts (und der wurde im Rahmen der Modellpflege behoben). Die deutschen Autobauer hatten zu jener Zeit nichts Vergleichbares zu bieten. Dass die Briten aber nicht verstanden, daraus Kapital zu schlagen, und das Wort Modellpflege im Wörterbuch der Austin-Konstrukteure fehlte, gehört zu den tragischen Geschichten der Automobilindustrie. Nicht minder unglücklich war die Entscheidung, diesen Typ als Morris, MG, Riley und Wolseley anzubieten, was lediglich die Verwirrung vergrößerte und das Programm aufblähte.

GUTE KONZEPTE, SCHWACH UMGESETZT

Auch die nach dem gleichen Muster aufgebauten Austin 1800 / 2200 (oder Wolseley, oder Morris) konnten sich nicht recht durchsetzen, Preis, Leistung und Verarbeitung – bei Austin/Morris passte einfach nichts zusammen: Die Entscheidung für einen Austin war eine Entscheidung fürs Leben, bestraft mit horrendem Wertverlust von weit über 50 % nach kaum drei Jahren.

Der große Hoffnungsträger hieß Austin Allegro. Er erschien 1973, sah merkwürdig aus und gilt als eines der schlechtesten Autos aller Zeiten. Auch der darüber angesiedelte Austin Princess war eine Totgeburt. Das Prinzesschen des Modelljahres 1976 machte dem Mehrmarken-Unsinn ein Ende. Die keilförmig gezeichnete Schrägheck-Limousine mit großer Heckklappe litt aber auch unter den üblichen Gebrechen. Mit ihr endete 1979 die Ära der Mittelklasse-Austins.

Dem Allegro folgten 1983 der Maestro und dessen Stufenheck- und Kombi-Ausführungen Montego, den es sogar mit Zweiliter-Turbo und 200 km/h Spitze gab. Er trug aber das Sportabzeichen des Konzerns, das MG-Logo. Doch egal unter welchem Markenzeichen: Britische Quellen bezeichneten ihn als geradezu *»verbrecherisch unausgereift«*, der britische Pannenhilfsdienst RAC bezeichnete die Haltebuchten mit Notrufsäulen auch gerne als *»Montego Bay«* – und der Austin-Chef entschuldigte sich öffentlich bei Redaktion, Händlern und Kunden für das katastrophale Abschneiden eines Dauertest-Montego, der mit einem schlecht reparierten Unfallschaden an die Autozeitschrift Car ausgeliefert worden war: Austin schien unbelehrbar zu sein.

EIN MINI NAMENS METRO

Die letzte große Kraftanstrengung unternahm BMC/Austin bei den Kleinwagen. Der Metro sollte den Mini ablösen, und für ihn griff die Regierung (und damit der britische Steuerzahler) noch einmal ganz tief in die Tasche. Der im Herbst 1980 gezeigte Austin war mit einer Außenlänge von 3,40 Metern deutlich länger als die Kleinwagen-Legende und mit seiner kantigen Karosserie ein moderner, zeitgemäßer Kleinwagen, bei dessen Entwicklung sogar Faktoren wie Insassensicherheit und Knautschzonen eine Rolle gespielt hatten. Die Verkäufe ließen sich auch echt vielversprechend an, die Automobilgewerkschaften hatten aber den Schuss nicht gehört: Man streikte im Herbst 1980, im Herbst 1981 (dann wegen einer Verkürzung der Teepausen), 1983 wegen einer sechsminütigen Händewaschpause, 1984 (Lohnerhöhungen) – Austin kam nicht zur Ruhe, und die Verarbeitungsqualität war so launenhaft wie die Gemütslage der Belegschaft.

Erst nach dem Einstieg von Honda besserte sich in der zweiten Hälfte der Achtziger die Lage, die Austin-Modelle verloren viel von ihrer Schrulligkeit. Doch für Austin lief die Zeit ab, nach mehreren Umstrukturierungen verschwand die Marke Austin im Herbst 1987. Alles was danach kam, hieß Rover.

Der MK II (1959–1967) prägte das Jaguar-Image eigentlich stärker als die Sportwagen. (Foto: © Jaguar Land Rover)

Den Mark-II-Nachfolger XJ / Serie 1, 1968–1973, gab es mit 4,2-L-V6 und 5,3-l-V12. (Foto: © Alf van Beem, cc-by-sa 2.0)

Über ihn ist schon alles gesagt worden: Jaguars E-Type, gebaut zwischen 1961 und 1975. Hier ein Roadster der ersten Bauserie, die bis 1964 lief. (Foto: © Jaguar Land Rover)

Dem Vollcabriolet XJ-SC von 1988 ging die gleichnamige Cabriolimousine (1983–1987) voraus.

Zu den bekanntesten britischen Marken gehörte der zeitweise ebenfalls im BL-Portfolio befindliche Hersteller Jaguar, denn der war weltweit ein Begriff. Die Firma selbst – in Deutschland durch die Firma Peter Lindner, Frankfurt, vertreten – verlor 1966 ihre Eigenständigkeit und gehörte seit 1968, zusammen mit Leyland und Rover, zu British Leyland. Das Unternehmen bot in der Nachkriegszeit die Sportwagen der XK-Reihe, die feinen MK-Mittelklasse-Limousinen und die großen Mark-Staatslimousinen an, diese allerdings konnten kaum außerhalb des Commonwealth verkauft werden.

FÜR MÄNNER, DIE PFEIFE RAUCHEN

Frischen Wind in das angestaubte Produktportfolio brachte der 1961 in Genf gezeigte E-Type, in Deutschland nicht zuletzt bekannt durch die Serie »Jerry Cotton«: Der G-Man fährt bis zum heutigen Tag Jaguar. Doch nicht nur der fiktive Geheimagent konnte sich dafür begeistern, auch Motorjournalisten: Fritz B. Busch – in jener Zeit Deutschlands bekanntester Auto-Schreiber – verewigte ihn im Rahmen der Serie *»Für Männer, die Pfeife rauchen«*.

In der Luxusklasse präsentierte Jaguar die Mark-10-Limousine, die sich mit dem E-Type die neue Einzelradaufhängung anstelle der bis dahin obligatorischen hinteren Starrachse teilte. Tester bescheinigten ihr *»jenes gewisse Etwas«*, das jeden Jaguar auszeichnete – *»nicht unbedingt schön, aber eindrucksvoll«*. Und das Testfazit für den Dreiliter-Jag galt im Grunde genommen für die gesamte Modellpalette des Herstellers in jenem Jahrzehnt: *»Er ist im Gebrauch kein anspruchsloses Fahrzeug, sondern bedarf neben einem gesunden finanziellen Hintergrund auch der Hand eines interessierten und kundigen Fahrers ... Um mit solch einem Wagen glücklich zu werden, muß man noch ein Automobilist im eigentlichen Sinne sein; nicht bloß ein Autokonsument.«*

Doch der Markt wandelte sich, Autofahren wurden zu einer Selbstverständlichkeit. Die Kunden stellten immer höhere Anforderungen an Verarbeitung und Zuverlässigkeit, und Jaguar tat sich mit dem Wandel schwer, erst recht als Teil von British Leyland. Ende der Sechziger erneuerte Jaguar die Mittelklasse-Baureihe, die Nachfolge der Mark-II-Reihe traten die XJ-Limousinen an. Zu dem Zeitpunkt ging auch der E-Type als Serie III mit dem 5,4-Liter-V12 in seine letzte Runde, sehr teuer, sehr kapriziös und schon im Neuzustand niemandem zu empfehlen, der nicht eine solide Werkstattausrüstung in der Garage oder eine versierte Jaguar-Vertretung um die Ecke hatte. Mitte der Siebziger folgte auf den E-Type der XJS. Auch da war das Design (teils von Malcolm Sayer, teils von Jaguar-Chef Lyons) so, dass man schon einen ganz besonderen Geschmack haben musste. Die Qualität war, wie selbst britische Quellen einräumten, bestenfalls *»doubtful«*, also zweifelhaft, aber der 5,4-Liter-V12 lief sogar an schlechten Tagen 240 km/h. Trotz seines fragwürdigen Rufes wurde der XJS bis Mitte der Neunziger gebaut, zuletzt als XJR-S 6.0 Litre mit 309 PS. Das Zwölfzylinder-Coupé war Endpunkt der Sportwagenentwicklung.

PREMIUM MADE IN GREAT BRITAN

Massenkompatibler und weil ab und an sogar im Straßenbild zu sehen – jedenfalls häufiger als ein E-Type oder der verunglückte XJS – waren die feinen XJ-Limousinen der Siebziger, je nach Ausführung mit sechs oder zwölf Zylindern sowie als Viertürer oder – rar! – zweitüriges Coupé. Die Achtziger gehörten aber der neuen Limousine, deren Entwicklung 1980 unter dem Codenamen XJ40 begonnen hatte und 1987 abgeschlossen war. Das war der letzte Jaguar, an dessen Entwicklung Sir William Lyons (der 1983 starb) selbst noch mitwirkte. Der neue XJ-Typ hatte mit dem Vorgänger nur noch den Radstand gemein, der Rest war neu, modern und immer noch so mit Edelholz und Leder tapeziert, wie das von einem Jaguar erwartet wurde. Den XJ gab es mit Sechszylindern (3,6 Liter 24V, 184/224 PS sowie 2,9-Liter-12V, 167 PS) und dem bekannten 5,4-Liter-V12; vor allem in den USA entwickelte sich die Limousine zu einem großen Erfolg. Die Absatzzahlen gingen nun steil nach oben, Jaguar war, neben Rover, die einzige Marke im BL-Verbund, die für Investoren wirklich interessant war.

NICHT NUR SKURRIL: KLEINSERIENHERSTELLER

Jenseits des Mainstreams war Großbritannien Tummelplatz verschiedenster, mehr oder minder bekannter Kleinseriehersteller, mitunter kaum mehr als bessere Bastelbuden.

LOTUS

Zu den bedeutenderen gehörte die Firma Lotus. Die kannte man allerdings vor allem aus dem Fernsehen (Diana Rigg in der Serie »Mit Schirm, Charme und Melone«) oder von der Kinoleinwand. Der Bekanntheitsgrad dieses Unternehmens war stets größer als die Zahl der Autos, die verkauft wurden; es waren die Erfolge im Motorsport, die Lotus zur Legende machten. Das Unternehmen selbst wurde 1952 von Colin Chapman gegründet. Mit den Entwicklungen für die Automobilindustrie wurde Geld verdient, verblasen hat es Chapman in der Formel 1 zwischen 1958 und 1994.

Für Aufsehen sorgte Chapman erstmals auf der Motorshow in London 1957, wo er mit dem Elite auf den Plan trat: Sein GT war der erste (und so ziemlich auch der einzige) Wagen mit selbsttragender Kunststoff-Karosserie. Das Coupé wog nur 660 kg, für Vortrieb sorgte ein 1,2-Liter-Alu-Vierzylinder mit zunächst 75 PS. Die Nachfolge dieses 988 Mal gebauten GfK-Flohs trat 1962 der Elan an. Der wog ebenfalls deutlich unter 700 Kilogramm, hatte aber einen Stahlblech-Unterbau und den legendären 1,6-Liter-Twin-Cam-Vierzylinder (ein von Lotus getunter Ford-Motor, der den Cortina zu einer festen Größe im Rallyesport der Sechziger machte) unter der GFK-Haube. Je nach Tuningstufe und Bauserie bewegte sich die Motorleistung im Elan zwischen 106 und 126 PS. Es entstanden Coupés und Cabrios sowie, 1967, mit dem Elan +2 eine Version mit verlängertem Radstand und hinteren Notsitzen. Die Dauerbrenner rannten bis 1974. Mit keilförmig-modischer GfK-Karosserie präsentierte Chapman 1966 den Lotus Europa, der nur 1,09 Meter hohe Mittelmotor-Zweisitzer hatte den 1,5-Liter-Motor aus dem Renault 16. Er wog nur 610 Kilogramm, war aber zu schwach und zu schlampig verarbeitet, besser wurde es, als 1971 der 1,6-Liter-Twincam-Motor aus dem Elan zum Einsatz kam. Das verwandelte den Europa Spezial zum Porsche-Schreck. Knapp 10.000 Europa wurden gebaut; die Zahl einer nicht minder skurrilen Lotus-Entwicklung ist kaum mehr überschaubar: Der Seven, ursprünglich als eine Art Formel-1-Renner mit Straßenzulassung gebaut, entwickelte sich zu einem der meistgebauten Kit-Cars der Geschichte. Der Seven basierte auf einem Stahlrohr-Gitterrahmen mit Alu-Beplankung, der Motor lag vorne, der Antrieb hinten. Der Wagen wog, je nach Ausstattung, unter 500 kg, um fulminante Fahrleistungen zu erzielen, brauchte es keinen besonders leistungsstarken Motor, Stangenware von Ford etwa genügte. Es gab ihn nicht als Komplettfahrzeug, sondern als Kit-Car, als Bausatz-Auto, was an den Besonderheiten des britischen Steuersystems lag. Die Rechte daran verkaufte Chapman Anfang der Siebziger an Caterham Cars, die später dann zahlreiche Lizenzen vergaben.

Die Neuzeit begann für Lotus mit dem Esprit von 1976, einem Kunststoff-Keil, der wiederum durch eine Filmrolle zu Berühmtheit gelangte: Im 1977 erschienenen James-Bond-Streifen *Der Spion, der mich liebte* fuhr Bond Roger Moore einen weißen S1; vier Jahre später war es *In tödlicher Mission*, als ein Esprit HC Turbo sich selbst zerstörte. Ein Jahr später, 1982, starb Chapman an einem Herzinfarkt, Lotus – ohnehin nie kapitalstark – geriet in Turbulenzen und wurde 1986 von GM ge- und weiterverkauft und ist Entwicklungsdienstleister für die Automobilindustrie. Autos nach Chapmans Rezept – leicht dank GFK, stark dank zugekaufter Motoren, eigenwillig in der Form – baut Lotus heute noch immer.

DELOREAN

Dem Kino verdankt auch der DeLorean seine Prominenz. Der Flügeltürer, der den Namen seines Gründers trug, spielte in *Zurück in die Zukunft* die wichtigste Nebenrolle. John DeLorean selbst war heißer Anwärter auf den Posten des obersten GM-Chefs gewesen, war aber dann 1973 ausgestiegen und hatte seinen Millionenjob hingeworfen. Er schrieb anschließend ein Buch über das GM-Management – für das sich jahrelang kein Verleger fand – und schmiedete Pläne für einen Sportwagen der ganz anderen Art. Bauen wollte er diesen in Nordirland, da gab's die meisten Subventionen. Das, was da gebaut werden sollte, erschien als Prototyp erstmals im Oktober 1976. DeLorean wollte seinen Sportwagen in einem neuen Fertigungsverfahren herstellen, aus Zeitgründen aber wurde dann eine von Colin Chapmans Firma Lotus überarbeitete Kunststoff-Bodengruppe mit Zentralrohr aus dem Lotus Esprit verwendet. Der DMC-12 verfügt über eine Reihe von einzigartigen Konstruktionsdetails, einschließlich Flügeltüren, eine unlackierte Karosserie aus gebürstetem Edelstahl-SS304 und einen Heckmotor. Das Karosseriedesign stammte von Giorgio Giugiaros Firma Ital Design, der 2,9-Liter-V6 stammte aus französischer Produktion, er saß im Heck und leistete bescheidene 130 PS. Der Serienanlauf verzögerte sich aber immer wieder, erst Anfang 1981 rollte der erste DMC-12 – die Ziffer verdankte er dem 1978 projektierten Verkaufspreis von 12.000 Dollar – zu den Kunden. DeLorean hatte angeblich bereits Händleraufträge über 4000 – andere Quellen sprechen von 40.000 – Fahrzeuge, doch Verzögerungen und Preissteigerungen ließen viele Kunden abspringen. Dazu kamen Verarbeitungsmängel, die bei einem 25.000-Dollar-Wagen nur schwer zu entschuldigen waren: Die DeLorean Motor Company meldete Ende 1982 Konkurs an; John DeLorean selbst wurde im Oktober desselben Jahres wegen Drogenhandels verhaftet (und später freigesprochen). Rund 9200 DMC-12 wurden bis Dezember 1982 hergestellt.

Den sieht man auch hierzulande öfter: den Super Seven. Ursprünglich von Lotus entwickelt und gebaut und dann 1973 an Caterham verkauft, gibt es ihn auch heute noch ladenneu. (Foto: © Caterham)

Doch, es gab auch Autos, die nicht bei British Leyland entstanden. Die sah man aber noch seltener auf den Straßen. Der Lotus Europa, aufgenommen beim Genfer Salon 1972, gehörte dazu.

Der Esprit von 1976 löste den Europa ab, durch James Bond wurde er bekannt. Der Kunststoffkeil (hier ein Turbo von 1980) ist ein Fall für Enthusiasten, kein Auto für Einsteiger ins Oldtimer-Hobby. (Foto: © Mick, cc-by-sa 2.0)

Ja, klar, der DeLorean wurde in Irland gebaut, nicht in England, der Motor stammte aus Frankreich, und bekannt wurde er durch Hollywood. Hier die Replika von Doc Emmetts und Marty McFlys Dienstwagen, nur echt mit Flux-Kompensator. (Foto: © Dear Edward, cc-by-sa 2.0)

Die TVR-Tasmin-Serie lief von 1980 bis 1991. (Foto: © Crwpitman, cc-by-sa 4.0)

Der 2500M steht für die nach 1973 gebauten TVR. (Foto: © Jebulon, CC0)

Der Grantura wie der nachfolgende Vixen, der Griffith wie auch seine Ablösung Tuscan oder auch die M-Serie – für den Uneingeweihten ähneln sich die TVRs der 60er und 70er stark. Die Firma agierte aber viel erfolgreicher als andere Kleinserienhersteller. (Foto: © ColinMB, cc-by-sa 3.0)

Der Morgan stirbt nie: Seit 1951 wird er angeboten, und wie damals entsteht er auf einem Gerüst aus lange gelagertem Eschenholz. Nix für den Alltag, und nur in gutem Zustand verständnisvollen Naturen zu empfehlen. Das gilt auch für den Threewheeler, der 1931–1951 entstand und, modernisiert und mit Harley-Twin, seit 2011 wieder zu haben ist. (Foto: © Morgan)

MORGAN

Henry Frederick Stanley Morgans Familienbetrieb hatte sich durch seine Dreiradkonstruktionen – bei denen der Motor vor dem Kühler lag – schon in den Dreißigern einen Namen gemacht. Die letzte Ausführung, der Typ F Super, wurde zwischen 1938 und 1952 gebaut, dann war vorerst Schluss damit – bis zum Genfer Salon 2011, als Morgan mit einer F-Type Neuauflage, aber modernster Technik, den Threewheeler wieder in den Mittelpunkt rückte. Morgans erstes konventionelles Auto war der 4-4, die Zahlen standen für Vierzylinder-Motor und vier Räder. Er erschien 1936 und hatte zunächst einen 34-PS-Motor mit 1,1 Liter Hubraum von Coventry Climax, der 1939 durch einen 1,23-Liter-Standard-Motor mit 39 PS ersetzt wurde. Es gab ihn in verschiedenen Ausführungen, auch mit vier Sitzen, bis 1950.

Seine Ablösung war größer, länger und leistungsstärker und hatte keine freistehenden Scheinwerfer mehr; diese in Handarbeit zusammengesetzten Roadster sind bis auf den heutigen Tag noch zu haben, den fabrikneuen Oldtimer – der auch heute noch auf traditionelle Weise in Handarbeit über einem Gerüst aus Eschenholz entsteht – gibt es seit 1968 auch mit Achtzylinder-Motor. Die letzte größere Modellpflege gab's 2009, seit 2012 verwendet Morgan den 4,7-Liter-V8 aus dem Hause BMW. Von der Bestellung bis zur Auslieferung dauert es gut ein Jahr.

TVR

Man kann die Geschichte kurz erzählen – TVR begann in der Nachkriegszeit mit der Produktion von Sportwagen für Selberbastler mit Großserientechnik und GFK-Karosserien, machte mehrmals pleite und war 2012 endgültig weg vom Fenster – oder etwas ausführlicher. Dann ist es die Geschichte von Trevor Wilkinson, einem Motorsport-Enthusiasten, der zunächst nichts anders wollte, als Rennsportzweisitzer zu bauen, und dann dazu überging, diese Fahrzeuge, wie Colin Chapman auch, mit eigenem Rohrrahmenchassis als Bausatz anzubieten, denn das hatte für die Käufer Steuervorteile. Und, wie bei Lotus, kam 1957 der Durchbruch mit einem Sportwagen für die Straße, dem 3,50 Meter langen Grantura. Dabei handelte es sich um ein GFK-Coupé, in das Motoren von Ford, Coventry Climax und MG passten. Wilkinson stieg 1962 aus, das Unternehmen existierte weiter und versuchte sein Glück auf dem US-Markt, wo der Griffith mit Ford-4,7-Liter-V8 verkauft wurde. Der Erfolg war mäßig, das weiterverkaufte Unternehmen bestückte in den Folgejahren seine Grantura-, Vixen-, Tuscan- und Taimar-Reihen mit Motoren aus britischer Produktion, jeder von ihnen eigenwillig und optisch viel ungewöhnlicher als die braven Serienmotoren, die sich unter der Plastik-Karosserie verbargen. Der keilförmige Tasmin erschien 1980, es gab ihn offen und geschlossen in verschiedenen Ausführungen mit V6- und V8-Motoren, eine Art kommerziellen Erfolg bescherte der Nischenmarke aber erst der 1986 gebaute TVR S. Im Spitzenjahr 1998 baute TVR als zweitgrößte unabhängige Sportwagenmarke hinter Porsche 1688 Wagen, seit 2012 ist die Marke praktisch verschwunden.

Günstig ist ein Morgan nicht, aber preisstabil. Der Motor machte den Unterschied, doch beim Kauf ist der Zustand wichtiger als die Leistung. (Foto: © Alexandre Prévot, cc-by-sa 3.0)

MG

Die Fusion der BMC mit Leyland in den Sechzigern schuf ein gewaltiges Mehrmarkenkonglomerat mit sechs wichtigen Einzelmarken und ebenso großen Befindlichkeiten und Eifersüchteleien. Dennoch waren die Briten noch immer der größte Roadster- und Sportwagenproduzent weltweit.

Zu den Traditionsmarken mit sportlichen Wurzeln gehörten zweifelsohne Morris und deren Sportableger MG. Tatsächlich war der MG TA von 1936 der erste einer langen Reihe von kleinen, spartanischen Zweisitzern mit Notverdeck gewesen, welche nach 1945 in den USA für Furore sorgten. MG ging zusammen mit der Konzernmutter, der Nuffield-Gruppe, 1952 in der British Motor Corporation BMC auf, was dazu führte, dass das MG-Oktagon auf diversen langweiligen BL-Konzernmodellen (und das waren nicht die besten) zu finden war.

Ein unverwechselbares Profil vermochte Morris nur als Sportwagenanbieter zu entwickeln, deren A- und B-Roadster bot die Konzernmutter nie unter anderem Label an. Der mit 152.158 Exemplaren meistgebaute MG war aber der kleine Midget, und der war ein enger Verwandter des Austin Healey Sprite. Letztlich erfreute sich MG in den Sechzigern eines relativ guten Rufes, man baute erschwingliche, schnelle und relativ zuverlässige Sportwagen wie den MGA (1955–1962, auch mit DOHC-Motor). Er war der letzte MG nach klassischem Leiterrahmen-Konzept mit aufgesetzter Karosserie. Qualitativ war er vielleicht keine Offenbarung, aber als echter Charakterkopf beliebt. Das galt, weil wesentlich zeitloser gestaltet, auch für seinen Nachfolger, den MG B. Diesem seit 1961 gebauten Roadster, den es auch mit Schrägheck (»Fastback«) und als Rover-V8 gab, setzte Automobilschriftsteller Fritz B. Busch in seiner Kolumne ebenfalls ein literarisches Denkmal: *»Die Ehe mit ihm ist anstrengend und entbehrungsreich, wenn auch nicht arm an lebensfrohen Höhepunkten«*. Zeit seines Lebens – und er lebte beinahe zwei Jahrzehnte – behielt er seinen 95 PS starken 1,8-Liter-Motor und sein bandscheibenmordendes Fahrwerk bei. Dass seine schöne Chromfront Mitte der Siebziger mit hässlichen Stoßfängern verunziert werden musste – »Gummiboot« – konnte man ihm aber nicht anlasten, das verlangte der US-Markt, und der war für die Briten der wichtigste überhaupt. In den Siebzigern galt ein solcher Roadster als Anachronismus, wer einen solchen kaufte, tat dies aus Überzeugung, von der Golf-fahrenden Umwelt mitleidig belächelt wie ein trotziges Kind.

FUSION UND KONFUSION

Zu dem Zeitpunkt befand sich Morris längst schon auf dem absteigenden Ast. Nachdem 1968 British Leyland gebildet worden war, gehörte MG zu den ersten Marken, die nun nicht mehr weiter gepflegt wurden, noch nicht einmal wohlwollende britische Medien schafften es, dem 1971 eingeführten Morris Marina (das Design stammte vom ehemaligen Ford-Designer Roy Haynes, der den Ford Cortina II entwickelt hatte) positive Seiten abzugewinnen. Der konservative Entwurf mit Standardantrieb und Starrachse wurde überhastet und unausgereift auf den Markt geworfen. Er nutzte aber Uralt-Technik von 1948. Der nur unter MG-Label verkaufte Marina gilt bis heute als eines der schlechtesten Fahrzeuge aller Zeiten (was allerdings zum großen Teil auch an den verwendeten Komponenten lag, denn die Streikbereitschaft bei der Zulieferindustrie war noch größer als bei den Autobauern). Und Morris wurde zum Symbol für all das, was in der britischen Autoindustrie schief lief, denn die Marina-Produktion wurde in das Werk Cowley verlegt, und dafür mussten relativ erfolgreiche Fronttriebler vom Band genommen werden. Dabei betrieben die Briten genug nur halb ausgelastete Werke. In den Siebzigern mussten diese reihenweise zugesperrt werden, doch keine andere Werksschließung sorgte für solchen Aufruhr wie die des MG-Stammsitzes. Übrigens: Auch Ford und GM/Vauxhall litten unter den Arbeitskämpfen, doch diese Hersteller konnten den britischen Markt mit Importen aus ihren europäischen Werken bedienen und blieben so lieferfähig. Morris und BL aber hatten solche Möglichkeiten nicht und stürzten. Ein letztes Lebenszeichen der Marke bildete der Mittelmotor-Roadster MG F, der 1995 erschien und bis 2005 gebaut wurde.

Der Midget (1961–1979) als klassischer Briten-Roadster ist durchaus schrauberfreundlich. Gute Ersatzteilsituation, noch erschwingliche Preise. (Foto: © M.Rejha, cc-by-sa 3.0)

Der Maestro entstand in den dunkelsten Stunden von BL. Der Allegro-Nachfolger wurde zwischen 1983 und 1994 gebaut, die Pressen wanderten nach China. Hierzulande hat ihn niemand vermisst. (Foto: © Rover Group)

Noch gibt's den MGF (1995–2005) für kleines Geld. Der letzte der MG-Roadster gilt als Klassiker in Lauerstellung, auch wenn er im Moment noch in den Kiesplatz-Niederungen herumkreucht. Bastelbuden sind billig, aber nicht preiswert. (Foto: © Rover Group)

Der Erfolg von Mazdas MX-5 führte zur gelinde überarbeiteten MGB-Neuauflage, die zwischen 1992 und 1996 zu haben war. Für Vortrieb sorgte der auf aufgebohrte Rover-V8; die Leistung des luxuriös ausgestatten RV8 lag bei 192 PS, bis zu 2300 Stück entstanden. (Foto: © Rover Group)

Der Mini war in den Siebzigern noch immer konkurrenzlos. Auch die neu auf den Markt drängenden japanischen Hersteller konnten ihm nicht das Wasser reichen. (Foto: © BMW Group)

Auch wenn sich die Mini-Grundform über die Jahrzehnte nicht änderte: Im Detail änderte er sich schon, so etwa im November 1969, als die außen liegenden Türscharniere verschwanden. (Foto: © BMW Group)

Ein Mini ist ein Mini ist ein Mini – und stets mehr als ein Auto, nämlich ein Lebensgefühl. Schon zu Lebzeiten – und er lebte zwischen 1959 und 2000 – ein grundsympathisches Auto, und in der zwischen 1984 und 1992 gebauten Ausführung wahrscheinlich am empfehlenswertesten. Danach kann die Einspritzanlage Ärger bereiten. (Foto: © BMW Group)

Das Mini-Cabriolet war eine Entwicklung des Frankfurter Händlers Lamm, der die Kleinserie auch fertigte. Später übernahm Rover den Vertrieb. (Foto: © BMW Group)

Wie ein Leuchtturm indes strahlte inmitten der britischen Misere der Mini. Der geniale, 3,05 Meter lange Entwurf von Sir Alex Issigonis mit Quermotor und Frontantrieb hielt die Briten im Markt. Der Mini, seit 1959 gebaut und in den Sechzigern durch einige Rallye-Erfolge bekannt geworden, hatte zwar den steinalten A-Serien-Motor des Morris A35, doch das war das einzige Alte an diesem Wagen. Da der Vierzylinder-Motor aus Kostengründen übernommen werden musste, verstaute ihn Issigonis nicht, wie es bisher der Brauch war, längs im Motorraum, sondern quer, und weil der Vierzylinder mit 0,85 Litern Hubraum damit immer noch zu voluminös war, platzierte er das Getriebe unter statt hinter das Aggregat. Solcherart verschlankt, war das Motorabteil auf ein absolutes Minimum geschrumpft, und so schaffte es Austin, auf einer fast badehandtuchkleinen Grundfläche vier Personen menschenwürdig unterzubringen. Das hatte noch keiner vorher geschafft – und traute sich auch jahrelang niemand nachzumachen.

VIELE NAMEN, EIN KONZEPT

Die erste Mini-Generation erschien dann als Austin Seven und Morris Mini, technisch identisch und nur in Farben und Logos voneinander zu unterscheiden. Und, ganz wichtig, am Kühlergrill: Chromquerspangen beim Austin, ein Gitter beim Morris. Die Heizung war serienmäßig, deutsche Hersteller verlangten dafür teilweise noch Aufpreis. Alle Minis (die ab Anfang 1962 auch ab Werk nur noch so hießen, also ohne Seven oder Super Minor-Zusatz) hatten den 0,85-Liter-Motor mit 34 bis 37,5 PS; für den ab Ende 1961 lieferbaren Cooper legte Austin noch einmal ein Schäufelchen nach und kitzelte 55 PS aus dem 997-Kubik-Motor: *»Seien Sie nicht überrascht, wenn Sie eines Tages so eine kleine Bombe überholt«*, warnte ein deutsches Automagazin seine Leser, das bei der Premiere 1959 noch geurteilt hatte: *»Nur eines ist der Mini nicht: er ist nicht hübsch.«*

Die Krönung aber stellte der Mini Cooper S dar, insbesondere in der Ausführung mit 1275 Kubik und 70 PS. Nach der Fusion von BMC und Leyland begann das Großreinemachen im Konzerndickicht, der Mini aber war fein raus: Er wurde nach 1969 als eigene Marke geführt, da hatte die Konstruktion auch schon gut zehn Jährchen auf dem Buckel, nur die missglückten Stufenheckausführungen Woleseley Hornet und Riley Elf verschwanden in der Versenkung. Am epochalen Grundkonzept änderte sich nichts. Frontantrieb mit Quermotor, optimale Raumausnutzung, zwei Meter Radstand, Zehn-Zoll-Rädchen und ein Gewicht, das nicht der Rede wert war – der Mini war der einzige Austin, der international erfolgreich war. Seine Weiterentwicklung hatte man 1980 eingestellt und die Produktion 1981 gestoppt, weil er ja durch den Mini Metro ersetzt werden sollte. Der wurde im Oktober 1980 auf einer Nordseefähre den Händlern präsentiert, und die sollen geweint haben vor Glück. Doch die Freude währte nicht lange, und so richtig froh wurden die Kunden auch nicht: Der Metro war teuer in der Anschaffung, hatte eine missglückte Sitzposition, eine hakelige Schaltung und hohe Preise – es gab so wenig, was für den Mini-Nachfolger sprach. Klar, der bärenstarke Metro, als Rallye-Wagen für die Gruppe 2 entwickelt und als Imageträger im Motorsport unterwegs, sorgte für einige positive Schlagzeilen, verschwand aber mit der Rallye-Rennserie in der Versenkung: Zum Unvermögen gesellte sich schieres Pech.

DER MINI MACHT WEITER

Daher kam die Mini-Auflage des Jahres 1990 gar nicht so überraschend: Er verkaufte sich, kaum mehr weiterentwickelt, bis ins Jahr 2000, es gab auch eine in Deutschland entwickelte und dann von Rover übernommene Cabriovariante. In all den Jahren behielt er seine Vorzüge bei, das geniale Grundkonzept, die hervorragende Straßenlage oder die leichtgängige Lenkung. Allerdings blieb es auch bei der harten Gummifederung, dem lautstark randalierenden Motor, den schief ziehenden Bremsen, dem gewaltigen Lärmpegel und den hohen Servicekosten, die schon im Neuzustand happig waren, mit dem Alter aber steil nach oben gingen: British Elend, leider auch beim sympathischen Kleinen. Doch wer ihn kaufte, wusste genau, worauf er sich einließ.

ROLLS-ROYCE

Rolls-Royce baute seit 1906 nicht mehr und nicht weniger als *»das beste Auto der Welt«*. Der Slogan, mit dem der neue Sechszylinder-Typ 40/50 beworben wurde, gab die Richtung vor für die nächsten Jahrzehnte. Und es war ein Wagen dieses Typs, der mit blanken Scharnieren und silberfarbener Karosserie als »Silver Ghost« für Publicity sorgte. Seit 1911 vom »Spirit of Ecstasy« auf dem Kühler geschmückt, machte RR durch Rekorde zu Lande, zu Wasser und in der Luft auf sich aufmerksam und wurde zu einem wichtigen Hersteller von Flugmotoren. Die Autos waren stets schwer, behäbig und sündteuer, trugen gravitätische Namen – Phantom, Ghost, Silver Cloud, Silver Wraith, Silver Dawn – und galten als standesgemäßes Fortbewegungsmittel für gekrönte Häupter und Staatenlenker.

Diese Klientel legte nicht unbedingt Wert auf progressive Technik, denn: *»Ein Rolls-Royce lässt sich nicht mit normalen Maßstäben messen«*, berichtete auto motor und sport im Rahmen eines Fahrberichts 1964: *»Perfekte Funktion bis ins letzte Detail ist die Stärke dieser Konstruktion.«* Kein Wunder also, dass der altertümlich wirkende Silver Cloud III auch in Sachen Fahrleistungen, Kurvenverhalten und Handling voll auf der Höhe der Zeit war.

Der Silver Shadow war der erste selbsttragende Rolls-Royce, auch als Cabriolet. Gebrauchte sind oft absurd billig, die Folgekosten aber horrend. (Foto: © Rex Gray, cc-by-sa 2.0)

SILBERNE SCHATTEN UND GROSSE TRADITIONEN

Ende der Sechziger begannen die Briten, sich auch optisch weiterzuentwickeln und entdeckten die Pontonkarosserie, wobei der Silver Shadow den bekannten 6,3-Liter-Alu-V8 hatte, der seit 1959 als Standard-Antrieb diente. In Sachen Leistungsangaben hielten sich die Briten stets zurück, wie auch schon beim Silver Cloud wussten die Tester nichts Genaues und sprachen von *»circa 220 PS«*. Für die nächsten Jahrzehnte basierte das Modellprogramm auf dieser Konstruktion, die es als Zwei- und Viertürer, als Cabriolet (Corniche) und mit langem Radstand (Silver Wraith) gab. Der Silver Shadow von 1965 war übrigens der erste mit selbsttragender Karosserie; er und sein Nachfolger, der Silver Shadow II (1977–1981), avancierten mit 34.611 Einheiten zu den meist verkauften Rolls-Royce aller Zeiten.

Doch Rekordverkäufe hin oder her: Die in Handarbeit gefertigten Luxusliner waren zwar sündteuer, doch nur in relativ geringen Stückzahlen abzusetzen, das galt auch für die Bentley-Modelle. Die Marke gehörte seit 1931 zu Rolls-Royce, spätestens seit 1965 waren alle Bentleys nichts anderes als umetikettierte Rolls-Royce-Modelle und vielleicht noch ein wenig feiner, weil seltener. 1971 ging der Luftfahrt- und Automobilkonzern in Konkurs. Nach einigen Jahren in Staatsbesitz ging es wieder aufwärts; 1975 erschien mit bekannter Silver-Shadow-Technik und in *»gewohnt erstklassiger Qualität«* (auto motor und sport) der zweitürige Camargue mit Pininfarina-Karosserie. Der fast 5,20 Meter lange Zweieinhalbtonner kostete unvorstellbare 220.000 Mark: Dafür gab's drei Porsche 911 Turbo und einen Fünfer-BMW.

DER SPIRIT DER ACHTZIGER

Anfang der Achtziger hatte der Konzern das Tal der Tränen durchschritten, Rolls-Royce schlüpfte beim Rüstungskonzern Vickers unter. Rolls-Royce stand längst nicht mehr für mit Chauffeur zu fahrende Staatslimousinen (der Phantom VI von 1968 bis 1991 war der letzte klassische Chauffeurswagen mit separatem Rahmen), sondern für vergleichsweise agile Luxuslimousinen wie den Shadow-Nachfolger Silver Spirit von 1981. Die vom neuen Design- und Entwicklungschef Fritz Fellner gestaltete Linie mit Breitband-Scheinwerfern sollte für die nächsten zwanzig Jahre Bestand haben. Die Technik stammte zum Großteil vom Vorgänger, wie gehabt entstanden zahlreiche Ausführungen, wobei stets der seit Anfang der Siebziger verwendete 6,8-Liter-V8 mit Getriebeautomatik von General Motors zum Einsatz kam.

Im Juli 1998 erfolgte die Aufspaltung des Rüstungkonzerns. Die Fahrzeugtöchter Rolls-Royce und Bentley wurden getrennt. Der Volkswagen-Konzern kaufte Bentley und das Werk in Crewe, während die Namensrechte von Rolls-Royce an die BMW Group gingen. Mit nichts als einem weißen Blatt Papier vor sich begannen dort dann die Arbeiten an einer völlig neuen Fahrzeuggeneration.

Das Design des Silver-Cloud-Nachfolgers stammt von 1954 und wurde 1965 umgesetzt. Gab's auch von Bentley, hieß dann T-Type. (Foto: © anchornetwork, cc-by-sa 3.0)

Der Shadow-Nachfolger hieß Sillver Spirit (Bentley-Bezeichnung Mulsanne); er lief fast unverändert bis 1998. (Foto: © BMW Group)

Für gekrönte Häupter: Rolls-Royce Phantom VI Silver Jubilee von 1977 (Aufbau Mulliner Park Ward) in Windsor Castle. Der Phantom wurde 1968 eingeführt als Weiterentwicklung der Serie V, wie diese mit separatem Chassis und 6,2-Liter-V8. Britischer geht es nicht, die Phantom-VI-Fertigung lief 1991 aus. (Foto: © Efarestv, cc-by-sa 3.0)

Der Range Rover begann seine Karriere 1970. Er verkörperte ein völlig neues Konzept.
(Foto: © JaguarLandRover)

Streiks und schludrige Verarbeitung ruinierten den Ruf des Rover 3500, das »Auto des Jahres 1977«. Es gab Monate, in denen kein Stück entstand.
(Foto: © Charles 01, cc-by-sa 4.0)

Der Land Rover (links der Ur-Landy 1948 bis 1970, in der Mitte die Serie 3, Scheinwerfer in den Kotflügeln, ab 1971) stand bis 2016 nahezu unverändert im Angebot, auch wenn er nach 1990 Defender hieß. *»Wer Perfektion sucht, ist hier falsch«*, urteilen die Spezialisten des Fachblatt Motor Klassik, doch auch: *»unverwüstlich«*.
(Foto: © Auto-Medienportal.Net/Jaguar Land Rover)

ROVER / LAND ROVER

Die Rover der Achtziger entstanden mit Hilfe von Honda, die 800er-Serie hatte den Legend-V6. Die erste Serie wurde 1986 präsentiert, hier ein Exemplar von 1996. (Foto: © Rover Group)

Rover als Kernmarke von BL ist nicht komplett verschwunden, wobei es zu unterscheiden gilt zwischen den Limousinen und den Geländewagen. Rover, als Fahrradhersteller im vorvergangenen Jahrhundert gegründet, hatte in den Fünfzigern und Sechzigern mit seinen in Solihull gebauten Limousinen der P-Reihe einen guten Ruf erworben. Auf dem Kontinent und in den USA waren sie allerdings nur selten anzutreffen. Gut, im Fuhrpark der Fürsten von Monaco fand sich eine solche konservative »Tantchen«-Limousine, wobei der tragische Unfalltod der Fürstin 1982 am Steuer eines Rover 3500 (Serie P6, gebaut von 1963 bis 1976) der Marke hierzulande zu kurzfristiger, wenn auch fragwürdiger Bekanntheit verhalf. Am Rover hat es übrigens nicht gelegen, denn der war ein Gedicht und zu seiner Zeit außerordentlich modern. Als der P6 im Jahre 1963 erschien, gehörte er zu den fortschrittlichsten Automobilen der Welt. Das Fahrwerk war seiner Zeit um Längen voraus, der Vierzylindermotor hochmodern, und wie beim Citroën DS waren die Chromteile aus nicht rostendem Stahl. Der einzige eklatante Nachteil war sein kleiner Kofferraum, weswegen einige Fahrer das Ersatzrad auf die Kofferraumhaube montieren ließen. Besonders exquisit wurde der Rover P6 ab 1968, als er einen in Lizenz gebauten Buick-V8 mit 3,5 Litern Hubraum implantiert bekam. Rover litt besonders unter der Zwangsfusion zur British Leyland: Das Rover-Werk Solihull wurde bekannt für Streiks, Missmanagement und miese Qualität. Und der geniale Rover SD1 von 1976 war mit so vielen Problemen in Verarbeitung und Zuverlässigkeit behaftet, dass er, trotz glänzender Anlagen, nicht zum großen Imageträger, sondern zum Desaster wurde. Der Schrägheck-Rover konnte sich nie als preiswerte Alternative zum 5er-BMW etablieren, erst nachdem die Produktion nach Cowley verlegt worden war, besserte sich die Qualität. Er lebte bis 1986. Die Zusammenarbeit mit Honda führte zu den Rover-Typen 400, 600, 800 und 200, wobei Letzterer die erste Eigenentwicklung seit 1963 darstellte. Auch der SD1-Nachfolger Rover 800 entstand auf Basis des Honda Legend. Tatsachlich waren dank der japanischen Schützenhilfe diese letzten Rover die besten, was dazu führte, dass das Unternehmen nur noch als »Rover Group« firmierte. Auch wenn die neuen Rover-Honda nach Ansicht britischer Medien das Image gewaltig verbesserten, so war das stolze Wikingerschiff zu dem Zeitpunkt schon im Sinken begriffen: 1994 stieg dann BMW ein und Honda aus; und das führte zu den letzten neuen Rover-Typen wie dem MG F-Roadster und dem Rover 75, der mit massiver Unterstützung von BMW und zahlreichen Komponenten der Fünfer-Reihe im Straßenbild der Jahrtausendwende durchaus häufiger anzutreffen war.

GENTLEMEN'S EXPRESS

Neben den eher umstrittenen Limousinen, die nach dem Ende in Solihull in den ehemaligen Anlagen von Austin und Morris in Longbridge und Cowley gefertigt wurden, stand Rover aber noch für andere, weit weniger umstrittene Fahrzeuge: Geländewagen. Rover hatte im Zweiten Weltkrieg Flugzeugteile gebaut und aus dieser Zeit noch reichlich Aluminiumbleche übrig. Als nach dem Krieg eine britische Alternative zum Jeep gefordert wurde, ließ Rover diese 1948 mit einer Aluminium-Karosserie entstehen. Ein Name für den britischen Allrad-Wagen war schnell gefunden: Er hieß Land Rover, und sein Konzept blieb beinahe sieben Jahrzehnte bis zum Ende des Defender 2015 im Prinzip unverändert. Zweites Standbein der Geländewagen-Sparte bildet der Range Rover. Er stand, als Zweitürer, im Herbst 1970 auf der London Motor Show, war Kombi, Reisewagen und Geländewagen zugleich. Die Nachfrage überstieg das Angebot, deutsche Käufer hatten bis März 1972 zu warten.

Der Range Rover als feinerer Bruder des Land Rover war zwar nicht minder langlebig als der Malocher, versteckte aber sein derbes Schuhwerk unter feinem Loden. Und mit dem 3,5-Liter-V8 ließ sich mit ihm stilvoller durchs Unterholz brechen als mit jedem anderen Geländefahrzeug, Die Karriere der ersten Range-Rover-Generation endete im Februar 1996 nach insgesamt 317.615 Exemplaren: British Leyland hatte quasi im Alleingang den Premium-Offroader erfunden und sich damit einen festen Platz in der Automobilgeschichte gesichert.

TRIUMPH

Die Traditionsmarke Triumph, ebenfalls im BL-Portfolio, kannte man, anders als Singer, Sunbeam, Hillman und wie sie alle hießen, auch auf dem Kontinent. Zu den Meilensteinen der Marke in den Sechzigern gehörten Typen wie der 2000, der TR4, der Spitfire, Vitesse und der Herald. Der relative Erfolg auf den Auslandsmärkten hing auch damit zusammen, dass Triumph mit der Verpflichtung des Designstudios von Giovanni Michelotti einen Glückstreffer landete. Das Design des 1959 lancierten Herald stammte, ebenso wie jenes der Sportwagen TR4 und 5, von ihm. Auf dem Herald mit hinterer Pendelachse basierten der Sechszylinder-Vitesse, der seit 1961 gebaute Spitfire-Vierzylinder-Roadster sowie dessen Coupé-Ableger GT 6. Dazu kamen die Sechszylinder-Limousinen 2000 (ab 1963), 2.5 PI (ab 1968, mit Einspritzung) und der auch in einem James-Bond-Streifen mitspielende 2+2-sitzige Stag (mit Dreiliter-V8 von 1970). Fertigungsmängel und technische Gebrechen (die auch auf das Konto des Zulieferers Lucas gingen) ließen aber vom einstigen guten Ruf der Marke nicht mehr viel übrig.

Wer die Gebrauchtwagengazetten studiert, mag es kaum glauben: Der TR3 (1955–1962) ist heute der gesuchteste Triumph-Roadster. (Foto: © Flodur63, cc-by-sa 4.0)

KLEINE ROADSTER, GROSSE MACKEN

In den Siebzigern war die Marke hierzulande in erster Linie mit dem Spitfire vertreten, der vierten Ausbaustufe eines Veteranen mit Kastenrahmen und Klappverdeck. Mit 1,5-Liter-Maschine und 70 PS gut für 160 km/h galt er als herzerwärmender Roadster für den schmalen Geldbeutel (und unerschrockene Fahrer), allerdings waren die Verarbeitung haarsträubend und Karosserien schnell marode. Andererseits waren die Ersatzteile billig, weil aus dem Konzernbaukasten. Gebrauchtwagenkäufer taten dennoch gut daran, sich einen anständigen Vorrat an Verschleißteilen zuzulegen und einen guten Satz an Zoll-Werkzeugen. Heutige Besitzer indes freuen sich angesichts der Tatsache, dass nahezu alle wichtigen Ersatzteile dank der rührigen Szene wieder lieferbar sind und fast alle noch verfügbaren Wagen mindestens ein Mal durchrestauriert worden sind.

Einzige Neukonstruktion unter dem Triumph-Label war der TR7 des Jahres 1975, der erste TR überhaupt mit selbsttragender Karosserie. Der kantige Keil mit Klappscheinwerfern war zwar optisch ganz vorne, aber in Sachen Verarbeitung und Zuverlässigkeit ein typisches BL-Produkt: *»Selbst wenn man den TR7 schön fände, muss man feststellen, dass die keilförmige Karosserie unpraktisch und zudem schlecht verarbeitet ist.«* Für Vortrieb sorgte ein Zweiliter-OHC-Reihenvierzylinder, auch der kein Genuss: *»Schon bei Nenndrehzahl von 5500/min lärmt der Motor des Triumph so vernehmlich, dass der Fahrer um den Bestand des Ventiltriebs zu fürchten beginnt.«* Für die USA kam dann ein Sechzehnventiler mit unverwüstlichem 3,5-Liter-V8. Als Cabriolet durchaus ansehnlich, endete mit dem knapp sechs Jahre lang gebauten TR7 Triumphs lange Sportwagen-Tradition.

DAS ENDE DER EIGENSTÄNDIGKEIT

Neben den Sportwagen hatte Triumph auch als sportlich etikettierte Limousinen im Programm. Diese hießen Dolomite, Stag, 1850 HL oder auch Sprint und waren in den Siebzigern weitgehend unverkäuflich. Selbst Enthusiasten hielten sie bestenfalls für unzuverlässig. Um in der Mittelklasse aber wieder Tritt zu fassen und der Konkurrenz nicht länger das Feld überlassen zu müssen – der Montego ließ noch auf sich warten – begann BL 1979die Zusammenarbeit mit Honda. Der Stufenheck-Civic erhielt eine neue Fahrwerksabstimmung, andere Sitze, neue Lacke, typisch britische Blenden und neue Schriftzüge. Natürlich wusste jeder, dass der Triumph Acclaim anno ´81 ein Honda war, doch das konnte nur von Vorteil sein: Schon damals setzte sich die Erkenntnis durch, dass die Japaner haltbare Autos zu bauen wussten. Den Garaus machte ihm der Civic-Modellwechsel: An der Nachauflage hingen nun Rover-Signets – das nüchterne, von rationalen Erwägungen bestimmte Ende einer Traditionsmarke.

Der »Spiti« – Triumph Spitfire 1500, hier ein MK IV – war ein Roadster für den kleinen Geldbeutel. Als er 1980 auslief, hinterließ er eine Lücke. (Foto: © WORhausen, cc-by-sa 3.0)

»So werden die Sportwagen der 80er Jahre aussehen«, verkündete die Triumph-Werbung und lag einmal mehr daneben. Als 2+2-Coupé hieß der Keil TR8.

Der TR6 von 1969 war ein von Karmann modifizierter TR5 und verkaufte sich besser als jeder andere TR zuvor, er ging 1976 in Pension. Seit dem TR5 verfügte der TR über einen Sechszylinder-Motor. Anständige Exemplare kosten ab 15.000 Euro aufwärts, wenn die Vorgeschichte stimmt, lassen sie sich auch im Alltag zu bewegen. (Foto: © Alf van Beem, CC0)

Steht für den italienischen Volkswagen schlechthin: Fiat 500, 1957–1973. (Foto: © Sinalunga, PD)

ITALIEN

Italien ist mehr als Fiat. Aber nicht viel, denn der Turiner Gigant hat im Laufe der vergangenen Jahrzehnte so ziemlich jeden Hersteller von Belang übernommen. Die dominierende Stellung des Mehrmarkenkonzerns war nicht zuletzt eine Folge der außerordentlich pfiffigen und gut gemachten Klein- und Mittelklassewagen, die in den ersten Nachkriegsjahrzehnten international bestens verkäuflich waren. In den Sechzigern war Fiat die wichtigste Importmarke auf dem deutschen Markt, der gut zehn Prozent der Fiat-Produktion aufsog. Autos aus Turin sahen gut aus, waren technisch anspruchsvoll – der Fiat 127 war der Maßstab bei der Entwicklung der ersten Golf-Generation – und in Sachen Verarbeitung wahrhaftig nicht schlechter als die der deutschen Großserienhersteller.
Erst in den Siebzigern, und mehr noch in den Achtzigern, verloren die Italiener ein wenig den Kontakt zur Spitze. In Sachen Emotion und Design aber sind italienische Autos, egal welcher Marke, ganz weit vorne mit dabei: Kult-Kultur vom Feinsten.

Das Kolosseum bei Nacht. (Foto: © Rosino, CC-BY-SA-2.0)

Das teuerste Straßenauto der frühen Siebziger: Ferrari 365 GT/4 BB, 1973–1976.

Läutete das Zeitalter der Supersportwagen ein: Lamborghini Miura, 1966–1973. (Foto: © Lamborghini)

Design und Sportlichkeit waren Italiens Kernkompetenz: Lancia Fulvia Coupé, 1965–1976. (Foto. © Spanish Coches, cc-by-sa 2.0)

Seit den 60ern bediente die Industrie jede Nische: Fiat 124 Coupé Serie 1, 1967–1972.

JENSEITS DER FIAT-DOMINANZ

Im Anfang war Fiat: Schon vor dem Zweiten Weltkrieg hatte Fiat den italienischen Automarkt dominiert, und das änderte sich auch nach dem Ende des Faschismus nicht: Fiat ließ der ohnehin bloß spärlichen Konkurrenz nur Brosamen übrig. Daher entwickelte sich, ähnlich wie in Frankreich, eine rege Szene, die Großserien-Technik nutzte und damit eigene Fahrzeugentwürfe bestückte: Designerstücke allesamt, in Kleinserie gebaut, nördlich der Alpen so gut wie unbekannt und diesseits auch schon fast vergessen.

ASA zum Beispiel, zwischen 1962 und 1968 aktiv, baute rund 120 Fastbacks im Ferrari-Stil. Das Bertone-Coupé hatte den modifizierten und aufgebohrten Motor des Fiat 850 erhalten. Der »Ferrarina« (= kleiner Ferrari) baute auf einem Rohrrahmenchassis mit Vierrad-Scheibenbremsen, das Ex-Ferrari-Konstrukteur Giotto Bizzarrini entworfen hatte. Auch Lombardi, aktiv zwischen 1967 und 1974, nutzte die Technik des Fiat 850. Ähnlich kurzlebig war die Marke Osca, die zwischen 1960 und 1966 neben einigen Eigenkonstruktionen vor allem Sportcoupés auf Basis des Fiat 1500 realisierte. Die Karosserien kamen von Michelotti, Frua, Boneschi und Zagato.

ASA produzierte einen 1000er-»Baby-Ferrari«, den Ex-Ferrari-Konstrukteur Bizzarrini entwickelt hatte. Die Marke existierte 1962 bis 1968. (Foto: © Rahil Rupawala, cc-by-sa 2.0)

Neben diesen Fiat-Veredlern (zu denen auch Abarth gezählt werden muss, wiewohl Carlo Abarth eigentlich Österreicher war) setzten jenseits der Großserie zahlreiche Sportwagen-Manufakturen Glanzpunkte, mal bekanntere wie Ferraris-Submarke Dino oder die vom Argentinier 1955 Alejandro de Tomaso in Modena eröffnete Tuningwerkstatt, die 1966 mit dem von einem 4,7-Liter-V8 motorisierten Mangusta mit Ghia-Karosserie für Furore sorgte. Motorenlieferant Ford übernahm 1970 das Werk und den Vertrieb in den USA, der Pantera mit 5,8-Liter-V8 und 310 PS wurde über das Lincoln-Mercury-Händlernetz verkauft und kostete halb so viel wie ein Ferarri, verkaufte sich aber doppelt so schlecht.

Keinen V8, sondern lediglich einen braven Taunus-Sechszylinder verwendete OSI, die verlängerte Werkbank des Designstudios Ghia, das Fiat-500- und -600-Modelle in Spaßautos (»Jolly«) verwandelt hatte. OSI sollte Sportwagen mit Großserientechnik bauen; der größte Einzelauftrag kam von Ford Deutschland. Den OSI-Taunus gab es aber nur knapp zwei Jahre, das schnittige Fastback-Coupé hielt nicht, was die Optik versprach, und die Verarbeitung war ziemlich abenteuerlich. Nach rund 2200 Exemplaren war Schluss, OSI sperrte 1968 die Tore zu und Ghia wurde von Ford übernommen.

Ford-Technik nutzte auch die in Turin ansässige Firma Intermeccanica, die Mitte der Sechziger mit Typen wie dem Italia mit Ford-V8 für Aufsehen sorgte. Den Import nach Deutschland übernahm Erich Bitter, er war aber mit der Qualität so unzufrieden, dass er ein eigenes Sportcoupé entwickelte. Das war so gelungen, dass General Motors, inzwischen Motorenlieferant von Intermeccanica, die Zusammenarbeit mit dem italienischen Hersteller beendete, der 1975 dann aufgeben musste. Mit Corvette-Technik ausgestattet waren auch die Sportwagen der Mailänder Firma ISO Autoveicoli SpA. Die ehemaligen Kühlschrank-Produzenten hatten den Isetta entwickelt. Die Firma stellte auf dem Turiner Salon 1962 den von Giotto Bizzarrini – der bereits am Ferrari 250 GT mitgearbeitet hatte – konstruierten Iso Rivolta vor, im Jahr darauf folgte der Iso Grifo, jeweils mit 5,4-Liter-V8 und Bertone-Karosserie. Weitere Modelle folgten, immer mit großvolumigen GM-Motoren und atemberaubenden Karosserien: Italien ist und war innerhalb der Automobilgeschichte stets für großartige Designs und atemberaubende Formen zuständig.

Eine ganze Reihe von Karosseriebaufirmen und Designstudios spezialisierten sich darauf, Fiat-Technik neu einzukleiden. Zu den bekanntesten gehörte Vignale. (Foto: © Alf van Beem, CC0)

Der OSI Ford 20 M TS sollte Kölner Großserientechnik mit italienischer Leichtigkeit kombinieren, überzeugte aber weder in Design noch in Verarbeitung. (Foto: © Ralf Weinreich)

Beim Intermeccanica Italia (1967–1973) sorgten großvolumige V8-Motoren für Vortrieb. Die Fertigungsqualität war aber stets fragwürdig. (Foto: © Rex Gray, cc-by-sa 2.0)

Dino war Ferraris Zweitmarke und nach dem verstorbenen Sohn des Commendatore benannt. Sie stand für V6-Mittelmotorsportwagen. Der Dino 206/246 wurde bis 1974 gebaut, hier ein 1972er GTS mit Targadach. (Foto: © Rex Gray, cc-by-sa 2.0)

Wir müssen nicht lange überlegen: Der hier, der Spider Duetto von 1966, prägte das Bild vom italienischen Roadster. Das Rundheck wurde 1969 zugunsten eines eckigen Heckabschlusses ersetzt, dem sogenannten »Fastback«. (Foto: © Alfa Romeo)

Der Spider blieb im Grunde genommen bis 1993 technisch unverändert. Optisch dagegen kam es zu vier Facelifts. Das ist ein Serie III, gebaut von 1983 bis 1989, zu erkennen an der fragwürdigen Spoilerlippe. Alfisti bezeichnen ihn auch als »Aerodinamica«. (Foto: © Alfa Romeo)

Die erste Spider-Generation (hier mit Hardtop) st natürlich am begehrtesten. Der Film *»Die Reifeprüfung«* mit Dustin Hoffman machte den Spider berühmt. (Foto: © Alfa Romeo)

ALFA ROMEO

Die 1910 gegründete Firma Alfa Romeo war zeitlebens arm, aber sexy. Anders aber als bei der Stadt Berlin, von deren ehemaligem Oberbürgermeister dieses Zitat stammt, war sie ein – wenn auch staatlich geführtes – Wirtschaftunternehmen, das baldmöglichst auf eigenen Füßen stehen sollte. Daher konnte die Devise nur lauten, neben den Sport- und Luxuswagen (das Modellprogramm bestand im Wesentlichen aus Oberklasse-Fahrzeugen – Limousinen mit vier und sechs Zylindern und Hubräumen von 1,9, 2,0 und 2,6 Litern) auch in der Mittelklasse Fuß zu fassen, selbst wenn man damit dem mächtigen Fiat-Konzern in den Quere kam. Alfas Mittelklasse-Modell Giulietta (»Julchen«) war 1955 auf Band gelegt worden. Sein quadratisch ausgelegter Leichtmetall-Vierzylinder mit 1,3 Litern und doppelten obenliegenden Nockenwellen machte den Berlina (die Coupé-Ausführung hieß Sprint) zum Traum aller sportlich orientierten Familienväter: In den Sechzigern galt Alfa als die Marke der Enthusiasten, *»gekennzeichnet durch die Eleganz und das Temperament Italiens«*.

Vom bis dahin meistverkauften Alfa Romeo lief 1961 das 100.000ste Exemplar vom Band, daher war klar, dass ein Nachfolger her musste. Um entsprechende Kapazitäten zu schaffen, musste neben dem Stammwerk Portello ein neues Werk außerhalb Mailands gebaut werden. Streiks und Schlamperei verzögerten aber dessen Fertigstellung, und irgendwie war das auch das Alfa-Leitmotiv in den Sechzigern: Gut gemeint, aber oft schlecht umgesetzt. Gleichwohl: Die Autos waren technisch wegweisend, das Design eine Offenbarung und der sportliche Nimbus unvergleichlich – Alfa Romeo war eine der angesagtesten Marken der Nachkriegsjahre gewesen.

DAS JULCHEN WIRD ERWACHSEN

So war der Giulietta-Nachfolger Giulia (»Julia«) von 1962 aus dem neuen Werk in Arese nordwestlich von Mailand die erste wirkliche Sportlimousine der Welt mit Platz für Kind und Kegel. Die Giulia machte Furore, technisch wie stilistisch. Beim Hubraum von 1570 Kubikzentimetern und der Höchstleistung von damals äußerst bemerkenswerten 92 PS erreichte diese Mittelklasselimousine eine Spitzengeschwindigkeit von über 165 km/h. Sie kostete in Deutschland knapp 10.000 Mark und sollte die längste Produktionsdauer aller Alfas erreichen. Anfang der Siebziger galt die Spitzenausführung Giulia Super mit 103 PS als veritable Alternative zum BMW 2002: *»Der Alfa Romeo bietet zweifellos mehr fürs Geld. In der Branche gilt die Giulia mit ihrer teuren Ausstattung, vier Türen, fünf Gängen, vier Scheibenbremsen und hohem Konstruktionsaufwand als Preiswunder. Sie wirkt in Ausstattung und Qualität gepflegter und „wertvoller" als der BMW …«*, lobt die Fachpresse beim Vergleichstest 1970. Erst nach 15 Jahren wurde die Giulia von der Nuova Giulietta abgelöst, die deutlich mehr Gepäckraum, eine bessere Ausstattung und eine bessere Geräuschdämpfung aufwies, im Grunde genommen aber den bisherigen Super 1,3 und Super 1,6 entsprach.

Die über 570.000 Mal gebaute Guilia mit ihren verschiedenen Abarten und Varianten bildete zwar die Hauptstütze des Alfa-Geschäfts, doch sowohl die Cabriolets und Coupés als auch die großen Limousinen wie der 2600 sorgten für das notwendige sportliche Flair. Zur Marken-DNA gehörten auch das Bertone-Coupé von 1963, das seine Karriere offiziell als »Alfa Romeo Giulia Sprint GT« begann. Aber niemand sagte so. »Der Bertone« reichte aus, und jeder wusste, welches Fahrzeug gemeint ist. Als Neufahrzeug konnten ihn sich eigentlich nur Besserverdiener leisten, und die bekamen, je nach Motorisierung, *»einen schnellen Reisewagen und einen Sportwagen für alle Tage«* (GTV Coupé) oder schlicht *»ein schnelles Auto, das die Konkurrenz nicht zu fürchten braucht«* (GT 1300 Junior). Die frühen Modelle vor 1970 wurden als »Kantenhauber« bezeichnet, diejenigen nach dem Facelift waren dann die »Rundhauber«. Fragwürdig verarbeitet waren sie beide. Minder begabte Schrauber ließen auch die Finger vom Duetto Spider von 1966, der verschiedentlich überarbeitet, aber niemals schöner geworden, bis 1993 im Programm stand. Der Hollywood-Streifen *»Die Reifeprüfung«* verhalf ihm zu frühem Ruhm, und die Presse liebte ihn wegen seiner fahrdynamischen Qualitäten und dem kinderleicht zu bedienenden Verdeck, das sich vom Fahrersitz aus betätigen ließ: *»... ein Vorteil, der es erlaubt, auch den kleinsten Sonnenstrahl zum Offenfahren auszunutzen.«*

VON KRISE ZU KRISE

In den Siebzigern indes war das mehr oder weniger Schnee von gestern, Stückzahlen brachten diese Exoten nicht, und den Schritt zum Massenhersteller sollte ein völlig neuer Wagen ermöglichen, der Alfasud. Die Alfa-Romeo-Direktion begann, gedrängt von den staatlichen Finanzaufsehern, mit der Entwicklung eines kleinen Alfa-Romeo-Modells, für das im Süden, dem Armenhaus Italiens, ein neues Werk gebaut werden musste, obwohl die dort vorhandenen Arbeitskräfte weder mental noch intellektuell auf eine solche Herausforderung eingestellt waren. So nahm das Drama Alfasud seinen Lauf. Dieser Kompaktwagen, dessen Karosseriedesign Ex-Bertone-Chefdesigner Giorgio Giugiaro schuf, hätte indes das Zeug gehabt, in Technik und Styling Vorbild für eine ganze Generation von Kompakten zu werden, doch es kam anders: Die Alfasud-Geschichte begann 1971 und entwickelte sich zum Desaster, bei der die miserable Arbeitsmoral der italienischen Alfa-Werker eine entscheidende Rolle spielte: Ein Fünftel der Belegschaft machte ständig blau (wobei angeblich auch die Mafia ihre Hände im Spiel hatte). Bei Länderspielen fehlte, so italienische Quellen, gerne auch mal über die Hälfte der Belegschaft, es gab zahlreiche offizielle oder auch spontane Streiks – rund 700 während der bis 1983 dauernden Bauzeit –, Schüsse auf das Management und mutwillig zerstörte Autos. Zu diesen hausgemachten Krisen kamen die politischen, der israelisch-arabische Krieg von 1973 und in seinem Gefolge die Ölkrise mit den stark steigenden Benzinpreisen. Unter den deswegen zurückgehenden Absätzen litten auch die anderen Hersteller, doch die hatten nicht unter solchen sozialen Konflikten zu leiden, wie sie bei Alfa-Romeo in den Werkshallen ausgetragen wurden: 1975 – im Sud-Werk Pomigliano liefen in jenem Jahr statt 150.000 nur 90.000 Autos vom Band – musste die Alfa Romeo S.p.A. wegen streikbedingter Rekordverluste im Geschäftsjahr 1974 einen Kapitalschnitt vornehmen, bei jedem verkauften Fahrzeug legten die Italiener 2800 Mark drauf. Der Staat schoss über die eigene Industrieholding IRI einmal mehr Geld zu und rettete die Firma, die sich von diesem im Grundsatz sehr gelungen Entwurf viel mehr versprochen hatte: *»Der Alfasud ist ein richtiges Fahrerauto«*, lobte ein Stuttgarter Magazin, *»es überrascht, wie schnell Alfa Romeo die Frontantriebstechnik in den Griff bekommen hat.«* Der kleine Alfa war nichtsdestotrotz wichtig für die Marke aus Arese, in Deutschland entfielen rund zwei Drittel der Zulassungen auf diesen Typ, wozu nicht zuletzt die günstigen Preise beitrugen: Ausstattungsbereinigt war ein Sud immer noch um mindestens 1000 Mark billiger als ein Golf. Nur einen anständigen Wiederverkaufswert durfte man nicht erwarten, das Studium einschlägiger Kaufberatungen war, bestenfalls, erschütternd: Man musste schon hoffnungslos dem Alfa-Mythos verfallen sein, um sich für einen frühen Sud zu entscheiden. Wer allerdings ein gut aussehendes, quirliges Auto mit vorzüglicher Straßenlage suchte, für den war der kleinste Alfa eine große Versuchung. Und wenn er beim Kauf gleich in eine umfangreiche Rostschutzvorsorge investierte, dann standen die Chancen gut, dass sein Sud zu jenen 50 % gehörte, die nicht nach spätestens sechs Jahren vom TÜV die neue Plakette verwehrt bekamen. Später gab es vom Alfasud auch eine Coupé-Variante. Die war etwas weniger anfällig, die meisten davon hatten zumindest schon einmal in der Nähe eines Kanisters mit Rostschutzmittel geparkt. Dennoch: Der von Giugiaro entworfene Sud gehört zu den tragischen Helden der italienischen Automobilgeschichte.

KEIN GLÜCK IN DER OBERKLASSE

Neu ins Programm rückte Anfang der Siebziger neben dem Sud auch die Alfetta als Nachfolger der schon arg angejahrten Oberklasse-Baureihe 2600. Bemerkenswert war neben dem klaren Styling auch die erstmals eingeführte Transaxle-Bauweise, was sie zu einer echten Alternative für markentreue Aufsteiger machte, denen die aufgeblasenen Guilia-Klone 1750/2000 (1968–1977) nicht genügten. Davon abge-

Die Giulia wurde zum Inbegriff der italienischen Sportlimousine. Zwischen 1962 und 1978 entstanden fast 600.000 Einheiten. (Foto: © Lothar Spurzem, cc-by-sa 2.0))

Der Montreal basiert auf einer Studie von 1967. Die Technik spendete der Rennsport-Wagen Tipo 33. Wie so oft: Damals ein Flop, heute sehr gesucht. (Foto: © CJP24, cc-by-sa 3.0)

Die Alfetta-Limousine wurde 1972 bis 1984 gebaut. Die Sparvariante mit den Einfach-Scheinwerfern stand zwischen 1974 und 1977 im Programm.

Das Bertone-Coupé – mit bürgerlichem Namen »Giulia Sprint GT – gehörte zur 105er-Baureihe und war damit ein enger Verwandter von Giulia und Spider. Das Design stammte von Nuccio Bertone. In zahlreichen Ausführungen zwischen 1962 und 1976 gebaut, mit einem wesentlichen Facelift 1970. Der 2000 GT Veloce entstand danach. (Foto: © Tony Harrison, cc-by-sa 2.0)

Der Alfasud war Alfas erster Fronttriebler und 1976 bis 1989 auch als Coupé zu haben. Bis zuletzt eher nachlässig verarbeitet, sind gute Sprint selten. (Foto: © Alfa Romeo)

Der Alfa Romeo Giulietta von 1977 mit seiner kantigen Keilform steht für den radikalen Stylingwandel der späten Siebziger. (Foto: © Viaggiatore, cc-by-sa 3.0 GNU)

Als Alfetta-Prunkstück galt die Hinterachse, eine De-Dion-Konstruktion mit Schräglenkern und Watt-Gestänge. Die Bremsen waren innen am Getriebe befestigt, das verringerte die ungefederten Massen hinten. Die Coupé-Variante Alfetta GT (ab 1974) gab's nach 1980 ohne Chrom, aber als GTV 6; gute Exemplare sind gesucht, aber noch bezahlbar.

Die Bezeichnung sollte an das Firmenjubiläum erinnern: Der Alfa 75 erschien 1985 und blieb bis 1992 im Programm. Gute V6 notieren bald fünfstellig. (Foto: © Alfa Romeo)

leitet erschien 1974 das Viersitzer-Coupé Alfetta GT (»*zweifellos ein guter Wurf*«, so auto motor und sport), das ebenfalls Golf-Vater Giugiaro zeichnete.

Im Folgejahr wurde die Alfetta – dann ohne Doppelscheinwerfer – in einer abgemagerten Ausstattung mit 1,6-Liter-Motor angeboten, als Mittelklasse-Alternative für Individualisten. Mit fast 14.000 Mark allerdings war sie kein Schnäppchen, Alfa-Romeo verkauften sich selten über den Preis, fast immer über das Image. Eine Alfetta galt zeitlebens als echte Alternative zum 5er-BMW – Mercedes hatte nichts, was auch nur im Ansatz sich damit vergleichen ließe, und Audi sowieso nicht: Die bis 1984 gebaute Alfetta war der deutschen Konkurrenz technisch mindestens ebenbürtig und mit knapp 1100 Kilogramm auch um rund 200 Kilogramm leichter. Aber auch hier galt: Bei mangelhafter Pflege ließ sich dem Verfall zuschauen.

Später versuchten die Italiener mit dem Alfa 6 (1979–1986) und Alfa 90 (1984–1987) der deutschen Konkurrenz Paroli zu bieten, doch da war der Ruf schon irreparabel geschädigt. Nur noch in der Wolle gefärbte Alfisti betrachten die zahlreichen Macken und Mängel als Zeichen von Charakterstärke und Individualität, und viel individueller als mit dem großen Alfa-Coupé konnte man kaum unterwegs sein: Dieses galt von Anfang an – 1970 – als Sammlerstück. Das Achtzylinder-Coupé mit dem 2,6-Liter-Doppelnocken-Motor aus dem Rennsportwagen Alfa 33 war 1967 als Studie gezeigt worden. Entworfen hatte es Bertone-Designer Marcello Gandini, der auch für den Lamborghini Miura verantwortlich zeichnete. Drei Jahre später schließlich fiel die Entscheidung, den 1,20 Meter hohen Flachmann in Serie zu bauen. Der 220 km/h schnelle Zweisitzer bot trotz Starrachse eine überraschende Alltagstauglichkeit, kostete aber gut 35.000 D-Mark, er war damit teurer als das SLC-Coupé von Mercedes. Knapp 4000 Stück wurden bis 1977 gebaut.

DIE LEIDIGEN FINANZEN

Geld für große Neuentwicklungen stand den Alfa-Mannen nicht zur Verfügung, und das war bei den Neuerscheinungen in der zweiten Hälfte der Siebziger auch in der Materialanmutung innen zu spüren: Viel Plastik, wenig Flair. Das hätte der leidensfähige Alfa-Fan vielleicht noch hingenommen, dass aber die gestalterische Linie verloren ging und Alfa ihnen statt italienischem Chic kantige Klötze wie die Giulia-Nachfolgerin Giulietta (1977) zumutete, war schon schwerer hinzunehmen. Den Sarg klappte dann der Arna von 1983 zu, ein Datsun Cherry mit Sud-Technik, aber, immerhin, sechsjähriger Rostschutzgarantie. Geholfen hat es dem Italo-Japaner aber nicht, die Fertigungsqualität war so unterirdisch, dass der Arna sich trotz seines stets drehzahlwilligen Boxermotors zum wirtschaftlichen Totalschaden entwickelte: Alfa Romeo machte Pleite und ging 1986 an die Krake aus Turin. Die beerdigte den Arna, und was danach kam, war technisch vielleicht besser, hatte aber vom Design her nichts mehr mit einem Alfa zu tun: Typen wie der Alfa 33 oder Alfa 75 galten als Zumutung für Ästheten, stehen aber in ihrer Kantigkeit für ein ganzes Jahrzehnt.

Der Spider der Bauserie 916 (1994–2005) erinnert zwar nicht mehr an den Duetto vergangener Dekaden, steht aber in seinem Design für das Styling der 90er. (Foto: © Alfa Romeo)

FERRARI

Über Ferrari noch viele Worte zu verlieren, hieße Zwölfzylinder nach Norditalien tragen: Es gibt keine Firma von vergleichbarer Reputation, keine Marke, die in ähnlicher Form die Phantasie beflügelt wie die (oft rot lackierten) Meisterwerke aus Marranello. Gründer war der ehemalige Alfa-Romeo-Rennleiter Enzo Ferrari (1898–1988), der sich 1947 selbständig gemacht hatte, um Rennfahrzeuge zu bauen. »Il Commendatore« begann mit dem Tipo 125, dem V12-Zylinder mit dem von Colombo konstruierten 1,5-Liter-V12 und 72 PS, und ließ diesem reinrassigen Renngerät eine ganze Reihe von weiteren Zwölfzylinder-Rennwagen folgen. Damals waren die Fahrzeuge noch nicht selbsttragend aufgebaut, daher war es nicht schwer, die Rennwagentechnik mit einer Karosserie zu umhüllen und damit eine Straßenzulassung zu erlangen. Der erste war der Tipo 166 von 1948 mit Zweiliter-V12, wobei Ferrari noch weit davon entfernt war, als Serienhersteller gelten zu können. Auf dem Salon von Paris stand im Herbst 1951 der erste Viersitzer des Herstellers, der Aufbau stammte von Ghia; mit dem 240 PS starken Typ 250 Mille Miglia hielt 1953 jene magische Zahl Einzug in das Modellprogramm, die mehr für den Nimbus des Unternehmens leistete als jede andere Baureihe zuvor: Der vom neuen Chefingenieur Lampredi entwickelte Dreiliter-V12 bildete über ein Jahrzehnt lang die Basis für die Ferrari-Produktion, und die 250-GT-Baureihe avancierte zur beherrschenden Kraft bei den Sportwagen-Wettbewerben der späten 1950er Jahre. Der 250 GTO von 1962 war der letzte der GT-Renner mit dem legendären Zwölfzylinder. Insgesamt wurden bis 1964 36 Ferrari 250 GTO gebaut, von denen heute noch alle existieren und zu den teuersten Fahrzeugen der Welt gehören.

MIT RENNWAGEN IN DIE BEINAHE-PLEITE

In den Sechzigern begann dann der Umstieg von Front- auf die Mittelmotorbauweise, der Dino 206 GT mit seinem V6 von 1968 war der erste Mittelmotor-Ferrar überhaupt und begründete eine ganze Dynastie von hochpotenten und extrem erfolgreichen Straßenwagen; der Dino 308 GT4 von 1973 war der erste Zwopluszwo des Hauses mit V8-Motor. Das 255 PS starke Dreiliter-Aggregat ging zurück auf den F1-Motor von 1964, mit dem John Surtees die Weltmeisterschaft gewonnen hatte.

Der Bau von Straßenwagen spielte dabei beinahe eine untergeordnete Rolle, was mit dazu führte, dass das Unternehmen Ende der Sechziger Jahre in finanzielle Schieflage geriet. Erst der Einstieg von Fiat – das 1969 schon 50 % der Anteile hielt – rettete den Kleinserienhersteller vor dem Ausverkauf und führte dazu, dass die Marke mit dem springenden Pferd die Bedürfnisse der solventen Kundschaft ins Auge fasste, die nicht gerade Rennen fahren wollten. Das führte zu so unterschiedlichen Kreationen wie dem 400i mit Automatik-Getriebe für die gesetztere Klientel und dem 308 GTB, der eher jugendliches Ungestüm zu begeistern verstand. Auf dem Pariser Salon im Oktober 1975 wurde die reinrassige Berlinetta mit zwei Sitzen vorgestellt, kompakt, gedrungen, mit stilistischen Anlehnungen an den Zwölfzylinder-Berlinetta Boxer – vor allem in Bezug auf die umlaufende Karosseriesicke, welche die Form so wirken ließ, als sei sie zwischen oberer und unterer Hälfte geteilt. Der Dreiliter-V8 saß quer vor der Hinterachse, die Leistung lag bei anfangs 255 PS, später gerne mehr.

Die Produktion lief noch 1975 bei der Carozzeria Scaglietti an, dem eben von Ferrari gekauften Karosseriewerk in Modena. Während der beiden ersten Produktionsjahre bestand die Karosserie aus Fiberglas (Resine), danach aus Stahl. Bekannt wurde die Targa-Version GTS als »Magnum-Ferrari«, benannt nach dem Hawaiihemdträger Thomas Magnum in der gleichnamigen TV-Serie um einen smarten Privatdetektiv, mit der dessen Darsteller Tom Selleck in den Achtzigern zum Superstar wurde und der 308 (der 1985 zum 328 mutierte) zum bis dahin meistgebauten Ferrari überhaupt: In diesem Jahrzehnt gab es die diversen und zu erwartenden Neuvorstellungen und Weiterentwicklungen mit Acht- und Zwölfzylindermotor, doch keine löste einen solche Hype aus wie der F40, den Ferrari 1987 zum 40-jährigen Geburtstag der Marke vorstellte und 1988 in den Verkauf gab: Die Superreichen überboten sich, um einen dieser V8-Supersportwagen zu ergattern.

Die Kiemen des Achtziger: Die Lamellen leiteten die Kühlluft an die direkt vor dem V12-Motor liegenden Kühler. Das Testarossa-Design schrieb Geschichte.
(Foto: ©Auto-Medienportal.Net)

Ferraris F40 (1967–1992), 1331 Mal gebaut, definierte den Begriff des Supersportwagens neu. Auf der Straße sah man ihn natürlich nie, das Bild im Autoquartett musste genügen.
(Foto: © Will Ainsworth, cc-by-sa 3.0)

Der 380 PS starke Ferrari Berlinetta Boxer – genau genommen hieß er 365 GT/4 BB – war anno 1974 mit knapp 100.000 Mark der teuerste Zweisitzer auf dem deutschen Markt. Man hat ihn, zuletzt als BB 512i, bis 1984 gebaut. (Foto: © Terrabass, cc-by-sa 3.0)

Der 365 GTB/4 erschien 1968 und gilt als der schönste Frontmotor-Sportwagen aller Zeiten. »Daytona« hieß er offiziell übrigens nie, die Preise bewegen sich in schwindelerregender Höhe. (Foto: © Auto-Medienportal.Net / Tim Scott/Sotheby's)

Die Ferrari-Baureihe 308 GTB feierte im Oktober 1975 Premiere. Als Targa GTS wurde er durch die Fernsehserie Magnum weltweit bekannt. Zu Beginn der Serie fuhr Magnum ein 1978er Modell, zuletzt einen GTS Quattrovalvole. (Foto: © Filippo Salamone, cc-by-sa 2.0)

Der 1980 präsentierte Mondial 8 erschien im Folgejahr auch als Cabriolet. Gefertigt bis 1985, dann modifiziert (nochmals 1989) und 1994 ohne Nachfolger verabschiedet. (Foto: © Tony Harrison, cc-by-sa 2.0)

Fiats Mittelklasse-Reihe 124 erschien 1966, sie stellte eine komplette Neukonstruktion dar. Die Limousine (rechts) hielt sich bis 1974 im Programm, wer heute eine sucht, wird fast zwangsläufig zum Lada greifen müssen. Neben dem normalen 124er gab's noch die besser ausgestattete Spezial-Version mit Doppelscheinwerfern.

Auch heute noch ist der 500er ein vertrauter Anblick. Rom, 2017. (Foto: © Ulrike Kuch)

FIAT

Die Typenreihe 850 (1964–1972) war dank Heckmotor und geringem Gewicht auch im Amateursport zu sehen. Doch schon damals empfahl es sich, Schweißen zu können. (Foto: © Miloslav Rehja, cc-by-sa 2.0)

Der »Nuova Cinquecento« (1957–1975) lieferte die Vorlage für das gelungene Revival 2007. Bei beiden sind die Sympathiewerte hoch, beim Neuen, obwohl ungleich größer, der Peinlichkeitsfaktor geringer als bei ähnlichen Versuchen der Konkurrenz. Gute (alte) 500er sind in den letzten Jahren teuer geworden. (Foto: © Fiat)

Von Anfang an – und der liegt im Jahre 1899 – war Fiat bemüht, sich als Massenproduzent einen Namen zu machen: Preiswerte Wagen mit niedrigen Betriebskosten, nicht Luxuswagen waren es, die in der neuen Fabrik am Corso Dante in Turin entstehen sollten. Der Durchbruch zum Großserien-Produzenten gelang nach dem Ersten Weltkrieg, Fiats Marktanteil in Italien lag zeitweise bei 80 Prozent. Erfolgreichstes Modell war der Fiat 500 von 1936, der Topolino. Zu jenem Zeitpunkt hatte das Unternehmen, in dem der Agnelli-Clan das Sagen hatte, bereits drei kleinere Automobilfirmen aufgekauft und war gerade dabei, den Lastwagenhersteller OM zu schlucken. Zwanzig Jahre später übernahm man Autobianchi. 1969 krochen Lancia und Ferrari bei den Turinern unter, 1971 folgte Abarth und 1986, nach zähem Ringen, Alfa Romeo. Von Anfang an setzte Fiat auch auf den Export, den Weltkonzern vertrat in Deutschland die 1922 in München gegründete Deutsche Fiat. Fünf Jahre später kauften sich die Turiner bei den Neckarsulmer Fahrzeugwerken NSU ein, die Fertigung bei NSU-Fiat endete dann erst 1969. Erfolgreichstes Jahr war 1962, mehr als 50.000 NSU-Fiat Neckar, Jagst und Weinsberg 500 verließen damals die Hallen. Nicht zuletzt dank der Marke NSU-Fiat genossen die Produkte hierzulande einen ausgezeichneten Ruf, und Fiat avancierte zur größten Importmarke. Bis weit in die Sechziger hinein galten Fiat-Fahrzeuge als ausgesprochen robust und temperamentvoll, die viel Auto fürs Geld boten, eine beispielhafte Raumökonomie aufwiesen – und wegen ihrer guten Verarbeitung auch für die deutschen Hersteller vorbildlich waren. Von der Konzeption her waren sie das sowieso, und auch in technischer Hinsicht fuhren sie weit vorne: Fiat stattete als erster europäischer Großserienhersteller Ende der Fünfziger seine Familienlimousinen serienmäßig mit Scheibenbremsen aus. Zeitweise nahm der deutsche Markt zehn Prozent aller Fiat-Fahrzeuge ab.

Die Arbeitskämpfe im Italien der späten Sechziger und Siebziger (den traurigen Höhepunkt bildete 1980 die 35-tägige Bestreikung des Hauptwerks Mirafiori) wirkten sich allerdings auf die Verarbeitungsqualität aus und schädigten nachhaltig den guten Ruf der Marke, davon hat sie sich lange nicht erholt.

BRAVE FAMILIENLIMOUSINEN UND AUFREGENDE SPIDER

Das Fiat-Modellprogramm der späten Sechziger war enger gestaffelt als das jedes deutschen Fahrzeugherstellers. Keine Lücke blieb unbesetzt, und in Sachen Fahrwerkkomfort, Motortechnik und Design galten die Italiener sowieso als führend: Es gab viele gute Gründe für die Anschaffung eines Fiat, insbesondere auch eines Fiat 124. Der war 1966 erschienen und stellte eine völlige Neukonstruktion dar, die sich im Programm zwischen den Uralt-Typen 1100 und 1500 einreihte: *»Das Fortschrittliche an der Karosserie liegt in ihrer Kompaktheit und Übersichtlichkeit«*, lobte ein Test und bescheinigte dem 60 PS starken 1,2-Liter-Vierzylindermotor, eine echte Fiat-Konstruktion zu sein: *»spritzig, und drehfreudig, zugleich aber auch laufruhig.«* Bei diesem kompakten Viertürer stellten die Fiat-Konstrukteure um Dante Giacosa den Sicherheitsaspekt besonders in den Vordergrund: Crashtests zwischen Fiat 850 und 124 (wobei die Fahrzeuge jeweils vom Hubschrauber aus ferngesteuert wurden) oder auch Labortests mit Dummy und Crashversuche bei 130 km/h mit anschließendem mehrfachen Überschlag führten zu einem für die damalige Zeit bemerkenswert sicheren Fahrzeug. Leider begann mit dem auf rationelle Großserienfertigung ausgelegten Fiat 124 auch der Abstieg in Sachen Verarbeitungsqualität, gerade die ersten beiden Modelljahre waren berüchtigte Rostlauben, so dass bereits Gebrauchtberatungen der frühen Siebziger eindringlich vor den zu diesem Zeitpunkt kaum fünf Jahre alten Wagen warnten. Der Fiat 124 stand, in verschiedenen Varianten, bis zum Herbst 1974 im Programm und wurde als Lada in der Sowjetunion noch weitere 20 Jahre gebaut. Fiat übrigens ließ sich anstelle der Lizenzgebühren mit Materialien bezahlen, doch das von der Sowjetunion zur Kompensation gelieferte Stahlblech war schlecht,

was viel zu den Rostproblemen beitrug und das Fiat-Image nachhaltig schädigte.
Zum Liebling der Autotester – die bekamen ja schließlich immer neue Testwagen – avancierte das *»hervorragend fahrsichere«* 124 Coupé mit 1,5- (90 PS) und 1,6-Liter-Motoren (110 PS) aus dem großen Fiat-Motorenregal. 1972 wurde die Modellreihe durch das 124 Coupé 1800 abgelöst, der deutsche Markt wurde ab Januar 1973 damit bedacht. Die Modellpflege war ziemlich gründlich ausgefallen, mit zweifelhaften (Front!) und unbestritten praktischen Änderungen (Gepäckklappe bis zum Stoßfänger verlängert). Und teuer war er geworden, der Sport-Fiat, mit heizbarer Heckscheibe waren 13.075 Mark anzulegen, die Leichtmetall-Felgen verlangten 300 Mark Aufpreis und der zeittypische Metalliclack wollte mit 575 Mark bezahlt werden. Immerhin: Er bot deutlich mehr Innenraum als vergleichbare Coupés, war außerordentlich handlich, vergleichsweise komfortabel, und auf dem Rücksitz war man auch menschenwürdig untergebracht. Und das Gepäckraumvolumen war mit 340 Litern auch nicht so schlecht. Neben dem Coupé entstand auch ein Cabriolet auf Basis des 124. Der Sport Spider wurde auf dem Turiner Salon 1966 vorgestellt und war *»besser gelungen, als man erwarten konnte«*, so die deutsche Presse. Temperamentvoll, günstig im Preis und mechanisch ausgereift, war hier aber einmal mehr die Dauerhaltbarkeit das Problem. Wer in den Siebzigern einen gebrauchten Spider suchte, fand ihn zwar für kleines Geld, sollte aber stets einen zweiten sich zulegen: An einem war immer etwas zu tun. Dennoch überlebte der Spider die Limousine um viele Jahre, zuletzt wurde er als Pininfarina Spider in Volumex-Ausführung bis Mitte der Achtziger verkauft. Die sportlichen 124-Ableger taten zwar viel fürs Image, brachten aber nur wenig Geld. Das verdiente der italienische Industriegigant mit den Limousinen.

Am wenigsten trug dazu aber der Fiat 125 bei. Dieser, ein Jahr nach dem 124er enthüllt, war knapp 20 Zentimeter länger und hatte die DOHC-Vierzylinder aus den 124 Sport-Modellen unter der Haube. Die ein Jahr später vorgestellte Special-Ausführung unterstrich den Anspruch als sportliche Reiselimousine – wenn auch mancher Tester die Meinung vertrat, dass der Motor für das Fahrwerk etwas zu schnell gewesen sei, wiewohl die Hinterachse vom Fiat Dino stammte. Leider trug auch gerade diese bis 1972 produzierte Baureihe mit dazu bei, den Ruf der Marke in punkto Verarbeitung nachhaltig zu schädigen.

Wesentlich nachsichtiger beurteilten die Tester den Fiat 126, vielleicht auch deshalb, weil es abgesehen vom Mini nichts Vergleichbares gab. Zwanzig Jahre wurde dieser Typ produziert. Bei dem seit 1957 gebauten Fiat 500 hatte sich der luftgekühlte Heckmotor als robust und nahezu unverwüstlich gezeigt, kein Wunder also, dass er auch beim ersten Fiat 126 des Jahres 1972 zum Einsatz kam. Der pfiffige Kleinwagen entpuppte sich als Dauerbrenner im Fiat-Modellprogramm. Die für den deutschen Markt bestimmten Modelle (nach einem Preisausschreiben als »Bambino« bezeichnet) wurden im polnischen Fiat-Werk unter Lizenz gebaut, dort hielt er sich noch bis ins Jahr 2000. Auch Steyr-Daimler-Puch baute den Fiat 126 in Lizenz, allerdings mit Boxermotor und 25 beziehungsweise 40 PS.

MODERNE KONZEPTE, OFT KOPIERT

Als sehr langlebig erwies sich auch die Typenreihe 127, die den mittlerweile völlig veralteten Fiat 850 mit Heckmotor ablöste. Diese war nach dem Muster des Autobianchi A112 aufgebaut, damit hatte auch Fiat einen Kleinwagen mit Frontantrieb im Programm, lange vor jedem deutschen Hersteller. Das »Auto des Jahres 1971« setzte Maßstäbe in Sachen Raumökonomie und diente zahlreichen Konkurrenten als Vorbild; der Ford Fiesta beispielsweise entstand nach 127er-Vorlage. Im Verlauf seiner zehnjährigen Karriere wurden rund 5,6 Millionen Kompakt-Fiat gebaut, er lief in fünf Ländern vom Band und entstand in weiteren acht aus angelieferten Teile-Sätzen (CKD).

Numerisch darüber angesiedelt war der zwischen 1969 und 1980 gebaute Fiat 128, vielleicht der gelungenste aller Fiat aus jener Zeit. Dahinter verbarg sich eine

Den 128er mit Frontmotor und Frontantrieb bot Fiat zwischen 1969 und 1983 in verschiedensten Ausführungen an. Er diente als Vorlage für den Golf.

Im März 1971 lancierte Fiat den 127 mit Quermotor und Frontantrieb als Nachfolger des 850. Eine Heckklappe erhielt er aber erst für 1973.

Der Sport-128er hieß »Rally« und das Kombicoupé mit Heckklappe »3 P« – nicht zu verwechseln mit dem »Sport Coupé«, das Belüftungsschlitze in der C-Säule hatte.

Der Fiat 124 Sport Spider erschien 1966, zunächst mit dem 1,4-Liter-DOHC-Motor und 90 PS. Das Design stammte von Pininfarina. Fiat baute den Spider bis 1982, danach rollte er bis 1985 bei Pininfarina vom Band, zuletzt mit Zweiliter-Kompressor und 135 PS. (Foto: © Fiat)

Der 132er beerbte den 125er. Die Verkaufszahlen waren aber stets mäßig.

Eine absolute Ausnahmeerscheinung war der Fiat 130, als Coupé sowieso. (Foto: © Fiat)

Der Fiat 131 hatte einen holprigen Start, etablierte sich dann aber als feste Größe im Modellprogramm. Der Nachfolger des Typ 124 wurde von Herbst 1974 bis Ende 1984 produziert und war auch im Motorsport erfolgreich. (Foto: © exfordy, cc-by-sa 3.0)

Der Fiat X1/9 nutzte die Technik des Typs 128. Das Design stammte von Bertone.

unglaublich umfangreiche Typenreihe mit zwei- und viertürigen Limousinen, Kombi und Coupé, ausgerüstet mit zwei Triebwerksgrößen, deren Leistung sich im Laufe der Jahre verschiedentlich änderte. Das »Auto des Jahres 1969« folgte dem beim Autobianchi Primula erprobten Rezept von querstehendem Frontmotor und Vorderradantrieb. Der in Jugoslawien produzierte Lizenz-128er Zastava 101, eine fünftürige Kombi-Limousine mit abgestuftem Schrägheck, wurde zwischen 1974 und 1981 ebenfalls über die Deutsche Fiat verkauft, ohne die Beliebtheit des drei Millionen Mal gebauten Fronttrieblers schmälern zu können. Bei der Konzeption des Golf nahm Volkswagen den Fiat 128 als Messlatte.

Von »beliebt« konnte im Zusammenhang mit dem Typ 130 keine Rede sein. Gebaut zwischen 1968 und 1976, sollte er Fiat in der Oberklasse etablieren. Doch der *»italienische Mercedes«* geriet zu groß und zu schwer, sein V6-Motor bot nie die Leistung, die man sich erwartet hatte. Daran änderten auch mehrmalige Leistungssteigerungen nichts. Auf dem Genfer Salon 1971 wurde das viersitzige Fiat 130 Coupé mit Pininfarina-Karosserie vorgestellt. Die Fertigung lief 1976 aus, Fiat unternahm danach keinen weiteren Versuch, in die automobile Luxusklasse vorzustoßen, keine 50 Fahrzeuge haben hier in Deutschland die Zeitläufe überdauert.

VON WELTMEISTERN UND MITTELMOTOR-SPORTWAGEN

Dafür war es um so wichtiger für Agnellis Buben, auf ihrem ureigensten Terrain Boden gutzumachen, der 124-Nachfolger mit der Baureihenbezeichnung 131 war dafür der beste Beweis. Ihn gab es als Zweitürer, Viertürer und Kombi und in drei Ausstattungsvarianten, die Special mit doppelten Rundscheinwerfern. Die Auslieferung in Deutschland begann ab Januar 1975, Einstiegmodell bildete der 131-1300 mit 55 PS. Darüber rangierte der Typ 1600 mit 75 PS Leistung. Im Laufe der Jahre kamen weitere Motor- und Ausstattungsvarianten dazu, die Luxusvariante mit 1,6-Liter-Motor und 96 PS hieß »Supermirafiori« und konnte ab 1978 mit Breitband-Scheinwerfern statt der runden Doppelscheinwerfer und einer wesentlich verbesserten Ausstattung aufwarten.

Auch wenn es langweilig wird: Bei diesem Fiat war, wie bei vielen Autos der frühen Siebziger, Ausreifung und Rostanfälligkeit ein dickes Thema, der auto motor und sport Dauertest über 50.000 Kilometer geriet für den Fiat-Mittelklässler zum Desaster.

In zäher Kleinarbeit verbesserten die Italiener Zuverlässigkeit, Grundierung, Lackierung und Rostschutz, und an praktischem Talent hatte es dem Fiat sowieso nie gemangelt, sieht man einmal von einigen Absonderlichkeiten ab wie dem unpraktisch platzierten Tankeinfüllstutzen: *»Wer auf automobiles Prestige verzichten kann und in erster Linie einen guten Gegenwert sucht, kann also einen echten Gelegenheitskauf abschließen«*, resümierte das Gebrauchtwagen-Sonderheft von auto motor und sport 1981/82 und empfahl den Kauf eines Fahrzeugs aus der zweiten Hälfte der Siebziger. Anfang der Achtziger kam dann die dritte Generation auf den Markt, mit erneut überarbeitetem Kühlergrill.

Mit dem Fiat 131 im Abarth-Tuning beteiligte sich das Turiner Unternehmen übrigens an der Rallye-WM und hatte einen echten Siegertyp: 1977, 1978 und 1980 wurde der Typ 131 mit Walter Röhrl am Steuer Rallye-Weltmeister. Der Fiat 132, über dem 131 angesiedelt, blieb in Deutschland eine seltene Erscheinung, und wenn man denn seiner ansichtig hätte werden können, übersah man ihn allzu leicht.

Das wiederum ließ sich vom X1/9 nicht behaupten: Dieser Mittelmotor-Targa mit Klappscheinwerfern kam zu einem Zeitpunkt auf den Markt, als der VW-Porsche 914 sich längst schon als Kassengift erwiesen hatte – obwohl dessen Pressevorstellung auf der Targa-Florio-Rennstrecke erfolgte. Fiat machte, so schien es, ernst mit seinem Vorhaben, Sportwagen fürs Volk anzubieten. Der eigenwillig geformte Mittelmotor-Sportwagen mit Targa-Dach von 1972 nutzte die technische Basis des Fiat 128, die keilförmige Linie hatte Bertone entworfen, dort wurde er auch gebaut. Zunächst mit 1,3 l/75 PS-Motor und Viergang-Getriebe lieferbar – der Antriebsstrang stammte aus dem 128 Coupé und sorgte dort für *»beachtliche Fahrleistung«* (sportauto) –, gab es den rund 880 Kilogramm schweren Keil zwei Jahre später mit leicht zurückgenommener Leistung. Im Herbst 1978 erhielt der Schlafaugen-Targa die 1,5-Liter-Maschine mit 86 PS aus dem Ritmo 85. Fiat lieferte den X1/9 danach ausschließlich als »five speed« mit Fünfgang-Getriebe aus. Die Produktion wurde nach rund 180.000 Fahrzeugen 1990 eingestellt, gut 80 % waren in die USA exportiert worden. Zu großem sportlichen Ruhm hat es der X1/9 indes nie gebracht, trotz der Erstvorstellung auf einer sizilianischen Rennstrecke.

Dann kam im Frühjahr 1978 der Ritmo. Er gehörte zu den ersten Serienwagen mit monströsen Kunststoffstoßfängern, die das Design der 80er Jahre vorweg nahmen. Fiat sprach in der Werbung von *»Schutzschilden«* und sah im modernen Golf-Konkurrenten eine tragende Säule der Fiat-Zukunft. Die brach aber bald zusammen, denn auch der Ritmo rostete ohne Ende, und der Volksmund deutete den Namen *»Ritmo«* als *»Rost in Turin montiert«*. Heute ist er aus dem kollektiven Gedächtnis verschwunden, was für einen solchen Bestseller, der über 1,7 Millionen Mal vom Band rollte, durchaus verwundert. Und dass es davon auch ein außerordentlich hübsches Bügel-Cabrio gab, weiß sowieso kaum einer mehr.

Der Ritmo war besser als sein Ruf und galt als clevere Alternative für alle, denen ein Golf zu teuer war. Und wichtige tragende Blechteile waren feuerverzinkt. Noch wichtiger: Bertone baute ihn auch als Cabriolet. (Foto: © Fiat)

FIATS TOLLE KISTE

Ganz anders dagegen der Panda. Auch wenn die großen Errungenschaften der Achtziger in Sachen Rostvorsorge – Heißwachs für die Hohlräume und verzinkte Bleche für die Karosserie – spurlos an ihm vorüber gingen: Das keine 3,40 Meter lange Bärchen von 1980 war ein Sympathieträger, wie Fiat keinen besseren hätte finden können. Was störte es da schon, dass Tester das nackte Blech im Innenraum kritisierten und von *»primitiven Sitzen«* sprachen, von schlampiger Detailverarbeitung und unpraktischen Bedienelementen: Die Leute liebten ihn – den es auch mit Allradantrieb gegeben hatte – und kauften ihn und den spanischen Seat-Klon in den folgenden beiden Jahrzehnten hindurch: Erst 2003 hatte *»die tolle Kiste«* ausgerappelt. Der Europaexport war 1996 eingestellt worden.

Zu dem Zeitpunkt litt Fiat schon seit geraumer Weile unter gravierenden Absatzeinbußen, auch wenn eine Baureihe »Bravo« hieß: Zu klatschen fand man wenig, die Punto-, Tipo- und Stilo-Typen waren weder fahrerisch noch technisch eine Offenbarung, und in Sachen Verarbeitung leider auch nicht. Vergeblich versuchten die Italiener, mit kleinen (nach dem Croma-Missgriff überließ Fiat der Konkurrenz die Mittelklasse) Spaßmobilen die Modellpalette aufzufrischen: Weder das pummelige Punto-Cabrio noch das kantige Fiat-Coupé und auch nicht die »Barchetta«, das zweisitzige »Bötchen« auf Basis der ersten Punto-Generation brachten den Erfolg und sind heute weitgehend vergessen. Eigentlich geht es erst mit dem 2007 vorgestellten Cinquecento im Retro-Design wieder aufwärts.

Frontantrieb und Punto-Basis: Die zwischen 1995 und 2005 gebaute Barchetta steht in der Tradition der kleinen Fiat-Roadster der Sechziger und Siebziger. Gute Exemplare der ersten Serie (bis 2003) werden rar, die Preise sind noch im Keller. (Foto: © M93, cc-by-sa 3.0)

Fiats tolle Kiste: Der Panda ist ein Guigiaro-Entwurf und revolutionierte, wie der Mini zwei Jahrzehnte zuvor, das Bild vom Kleinwagen. Bis 2003 gebaut, sind gute Allrad-Modelle inzwischen relativ teuer. (Foto: © Tony Harrison, cc-by-sa 2.0)

Der Uno als Nachfolger des Fiat 127 kam 1983, die meisten dürften später in den Händen von Fahranfängern verschlissen worden sein. Durchaus geeigneter Kompakter für Motorsport-Einsteiger, insbesondere als Uno turbo. (Foto: © Riley, cc-by-sa 2.0)

Bulli auf italienisch: Der Typ 238 war Fiats Angebot für Transporterkunden. Als selbst ausgebautes Wohnmobil sah man ihn hierzulande öfter. (Foto: © Alf van Beem, CC0)

Zeitlos: der Fiat 126 wurde zwei Jahrzehnte mehr oder weniger unverändert gebaut. (Foto: © Tony Harrison, cc-by-sa 2.0)

Der Autobianchi A 112 wurde 1978 kräftig überarbeitet, erkenntlich an der Front. Mit 3,20 Meter Länge war er superhandlich, und in der Abarth-Version mit 70 PS auch superflink: Eine Spitze von 160 km/h schafften in dieser Klasse nicht viele. (Foto: © Tony Harrison, cc-by-sa 2.0)

Innocenti baute nicht nur Lizenz-Austins, sondern auch Coupés und Roadster nach Ghia-Entwürfen. Außerhalb Italiens sah man diese aber kaum. (Foto: © Brian Snelson, cc-by-sa 2.0)

Ich bin ein Fiat 850: Wie zahlreiche andere italienische Karosseriebauer auch verpackte Moretti bekannte Großserientechnik neu. Der 850 SS Sportiva war schon damals ein rares Sammlerstück. (Foto: © Rex Gray, cc-by-sa 2.0)

INDIVIDUELLE ELEGANZ: KLEINSERIENHERSTELLER

Innerhalb der Automobilgeschichte steht Italien für Design und Emotionen, doch allzu viel Gleichförmigkeit sorgt schnell für Langeweile. Und der gigantische Marktanteil von Fiat in den Fünfzigern und Sechzigern ließ Individualisten wenig Spielraum. Das hatten schon früh zahlreiche Kleinserienhersteller und Tuner erkannt, die auf Basis der hunderttausendfach verkauften Massenware eigene Entwürfe verwirklichten. Ihre Hochzeit erlebten diese in den ersten beiden Nachkriegsjahrzehnten, außerhalb der Landesgrenzen bekannt wurden nur die wenigsten.

AUTOBIANCHI

Zu den wenigen gehörte die Autobianchi SpA, 1955 von Fiat und Pirelli gemeinsam aus der Taufe gehoben. In erster Linie ging es darum, Fiats in neuer Verpackung anzubieten, und das führte zum Autobianchi Bianchina 500 von 1957 als Ableger des Nuova 500. Die Karosserie war völlig anders (und sehr gefällig), die Technik bewährt. So richtig zur Kenntnis außerhalb Italiens nahm man Fiats Spezialitätenabteilung Mitte der Sechziger mit dem Primula, der mit Frontantrieb, Quermotor, Schrägheck und Heckklappe als Probelauf für die neue Generation von Fiat-Frontmotorwagen diente. Er lief 1970 aus und wurde auch in Deutschland angeboten, nicht ohne noch 1969 in Gestalt des A 111 eine Stufenheckalternative geboten zu haben. Partner Pirelli hatte sich mittlerweile von Fiat getrennt, die Scheidungswaise hieß A 112, hatte die Primula-Technik und galt Testern als *»Schulbeispiel modernen Kleinwagenbaus«* (auto motor und sport), denn hier war die Rücksitzbank komplett umlegbar, und das war Ende der Sechziger weiß Gott nun wirklich nicht Standard. Gab's nach 1971 auch in einer aufgebohrten und höher verdichteten Abarth-Version mit 14-Mehr-PS und einer Spitze von 151 km/h: *»Damit braucht der A 112 keine Klassenkonkurrenten zu fürchten – es sei denn, er stößt auf einen NSU TTS.«*

Ab Ende 1975 übernahm Lancia den Vertrieb, die A 112 nach 1979 trugen dann das Lancia-Emblem, nach 1981 brachte der wild bemalte und verspoilerte Abarth Sport als Topmodell mit Kotflügelverbreiterungen und schnellen Rennstreifen etwas Leben in die Lancia-Bude. Der Deutschland-Export endete im Juni 1986; der Lancia Y 10 von 1985 als Uno-Schwestermodell war der letzte Wagen mit Autobianchi-Logo.

INNOCENTI

Auch Innocenti baute Kleinwagen, die allerdings völlig unabhängig von Fiat entstanden. Innocentis Partner hieß Austin. Die Norditaliener bauten, nachdem sie Anfang der Sechziger diverse Modelle neu verpackt hatten, nach 1965 den Mini, wobei deren Version nach Tester-Meinung besser war als das Original. 1969 begab sich Innocenti auf Käufersuche, holte sich aber bei Fiat, Alfa Romeo, VW und auch Honda eine Abfuhr. British Leyland griff schließlich 1972 zu, murkste aber nur herum und verkaufte im Februar 1976 an De Tomaso (der die Rechte an Benelli, Moto Guzzi und zeitweise auch Maserati besaß). Einzige bemerkenswerte Neuerscheinung war der Ende 1975 aus der Taufe gehobene »Nuova Innocenti«, der im Wesentlichen einen Austin Mini mit komplett neuer, eigenständiger Karosserie (Entwurf von Bertone) darstellte. In den Achtzigern baute Innocenti dann den Maserati Biturbo, Anfang der Neunziger noch einige Fiat-Klone, bevor 1993 das Werk zusperrte.

MORETTI

Zu den bekannteren Karosseriebauherstellern gehörte auch Moretti. Die 1925 gegründete Firma hatte in der Nachkriegszeit mit der Fahrzeugproduktion begonnen, wobei die Technik von Fiat stammte. Moretti-Fiat zeichnete sich stets durch außerordentliche Eleganz aus, fanden aber nur eine geringe Verbreitung. In den Siebzigern fand man mit dem Moretti Midimaxi 127 im Stile des Citroën Méhari eine trendige Nische, der das Unternehmen bis zum Verkauf 1990 treu blieb.

SIATA

Siata war die Abkürzung einer 1926 gegründeten Tuningfirma, die dann nach 1945 selbst Autos auf Fiat-Basis baute. Natürlich beließ man es nicht dabei, serienmäßige Fiat-Technik zu verwenden, Siata war unter all den Fiat-Tunern der eigenständigste und exportierte auch in die USA, der bekannteste Siata war der Typ 208 mit dem legendären Zweiliter-Fiat-V8. In den späten Sechzigern war das weitgehend vergessen, doch imZuge der Buggy-Welle konnte Siata ein letztes Mal punkten mit dem Spider 850 Spring, der aussah wie ein Oldtimer und auch über den Otto-Versand in Deutschland zu haben war. Dessen Produktion endete 1970, nachdem sein Organspender, der Fiat 850, vom Band genommen worden war.

Auf dem Höhepunkt der Buggy-Welle gab's den Siata 850 – richtig, darunter steckte ein Fiat 850, daher war der Kühler nur Attrappe – sogar bei Neckermann zu kaufen. Hat um die 8000 Mark gekostet. (Foto: © Alfa van Beem, CC0)

Der Espada (1968–1978) hatte, zumindest theoretisch, Platz für vier. Der 3.9-Liter-V12 saß vorn. Das Design stammte von M. Gandini, die Karosserien fertigte Bertone. 1217 Stück entstanden, was ihn zum bis dahin erfolgreichen Lamborghini machte. (Foto: © Volkswagen)

Der Jarama war der letzte Lamborghini mit V12-Frontmotor. Er basierte auf dem Espada-Chassis und entstand zwischen 1970 und 1976. Hier ein GTS, zu erkennen an den Espada-Felgen und den Scheibenwischern. (Foto: © Tony Harrison, cc-by-sa 2.0)

Wir müssen nicht darum herumreden: Jeder Lamborghini ist ein Hingucker, und er zählte schon damals zu den Traumwagen. Der Miura gehörte zu den bekanntesten, in vielen Kinderzimmern als kupferfarbenes Corgi- oder Solido-Modell vertreten. Dummerweise hat man die schwarze Motorabdeckung gleich verloren. (Foto: © Lamborghini)

Der erste Countach LP 400: 375 PS, 300 km/h – wer ihn beim Autoquartett hatte, machte alle anderen platt. Alle. (Foto: © Auto-Medienportal.Net/Ralph Kremlitschka)

Der Countach Anniversary erschien 1988. Vom 455 PS starken Sondermodell gab's 657 Stück. Auf der Straße gesehen hat man es trotzdem nie. (Foto: © Lamborghini)

Noch ein typischer Lambo: ein Urraco P 300 (1974–1979) in US-Ausführung. Schrill, laut, extravagant und kein bisschen alltagstauglich. (Foto: © Alexandre Prévot, cc-by-sa 2.0)

Das LM-Projekt war ursprünglich für die US-Armee entstanden, beeindruckte aber vor allem schwerreiche Araber. 301 Exemplare, 1985 bis 1992. (Foto: © Lamborghini)

LAMBORGHINI

Die Geschichte ist längst schon Legende, auch wenn manche den Wahrheitsgehalt bezweifeln: Angeblich kaufte der italienische Unternehmer Ferrucio Lamborghini – der 1948 mit dem Umbau von Militärfahrzeugen zu landwirtschaftlichen Zugmaschinen und Traktoren begonnen hatte – 1958 einen Ferrari 250 GT und war enttäuscht. Er ließ es sich nicht nehmen, das Enzo Ferrari mitzuteilen, der den Traktorenbauer kühl abblitzen ließ. Daraufhin beschloss dieser, eben selbst Sportwagen zu bauen. Doch ob nun wahr oder gut erfunden: Auf dem Salon in Paris im Oktober 1963 präsentierte er einen Sportwagen nach seinem Geschmack. Der von Franco Scaglione entwickelte Prototyp 350 GTV hatte einen 3,5-Liter-V12 mit 350 PS, den der ehemalige Ferrari-Mitarbeiter Giotto Bizzarrini entwickelte.

Die Serienausführung 350 GT von 1964 leistete dann 280 PS und schaffte eine Höchstgeschwindigkeit von 250 km/h. Bis Ende des Jahres 1966 wurden bei der Carrozzeria Touring 120 Stück gebaut, die letzten mit Vierliter-Motor. Der Gran Turismo kostete bei seinem Erscheinen 58.000 D-Mark und damit etwa so viel wie ein Mercedes 600.

MYTHOS MIT ECKEN UND KANTEN

1967 erschien der atemberaubende Miura, der Supersportwagen der Sechziger. Der Mittelmotor-Sportwagen gilt bis heute als ein Meilenstein der Automobilgeschichte, ein Auto wie vom anderen Stern, entworfen von Marcello Gandini, dem damals 25-jährigen Chefstilisten der Carrozzeria Bertone. Der Miura wirkt schon im Stand wie ein hungriges Raubtier, das zum Sprung ansetzt, und mit Feuereifer stürzten sich die Spielzeugautohersteller auf diesen Entwurf und transportierten so einen über Generationen hinweg dauernden, ungestillten Männertraum. Und ein Stückchen gilt das auch für den Miura-Nachfolger, der 1971 auf dem Genfer Salon stand. Der LP 500 war eine Stylingstudie mit Ecken, Kanten, Klappscheinwerfern und Scherentüren. Ursprünglich nur als Blickfang gedacht, wurde daraus der 1973 gezeigte Countach LP 400 mit dem bekannten Miura-Vierliter-V12 und 375 PS. Der wieder von Marcello Gandini gestaltete Keil hatte einen Gitterrohrrahmen und wirkte zu einer Zeit, als es den Käfer noch ladenneu zu kaufen gab, wie Science Fiction – wenn auch eine auf mickrigen Rädchen: 205er Reifen vorn und 215er hinten, das galt schon damals als unterdimensioniert. Andererseits ließen sich so leicht Dreher provozieren. Der Mittelmotorsportler war mit 288 km/h laut Messung zwar langsamer als im Prospekt angegeben – da standen 315 km/h drin –, aber immer noch astronomisch schnell und mit 99.800 D-Mark um Lichtjahre von dem entfernt, was sich ein durchschnittlicher Arbeiter leisten konnte: Er hätte rund sechseinhalb Jahre dafür schuften müssen. So aber fädelten nur einige wenige Auserwählte sich in das Lederinterieur ein – vorwiegend jüngere Semester, denn der Einstieg erforderte eine gewisse Gelenkigkeit – und streichelten über das mit Samtvelours bezogene Armaturenbrett, bevor sie mit gefühlvollem Gasfuß (der bitte nicht zu groß sein sollte, der Beinraum war eng) zwölf Zylinder, vier Nockenwellen und 48 Ventile in Aufruhr versetzten. In verschiedenen Formen und Motorstärken wurde der Countach nach 1982 als LP 500 bis 1990 gebaut, die stärkste Version hatte einen 4,2-Liter-Vierventil-V12 mit 455 PS.

Lamborghini fertigte daneben noch weitere Sportwagen, allerdings keinen, der so kompromisslos war wie der Countach. Der Espada zum Beispiel, gebaut zwischen 1968 und 1978, steht für den Versuch, ein viersitziges Coupé anzubieten und auf diese Weise die Kundengruppe zu verbreitern. Lamborghini ließ seine Karosserien stets bei Bertone produzieren, und angeblich waren es die hohen Außenstände bei Bertone, die 1978 zu staatlichen Hilfen führten. In den Achtzigern wurstelte sich Lamborghini mit fremdem Geld durch. In dieser Zeit entstand, in Hoffnung auf einen lukrativen Auftrag der US-Army, der ungeschlachte LM002-Geländewagen mit Chrysler-V8. Und vielleicht war es dieses Geländemonster, das den Chrysler-Konzern bewegte, 1987 Lamborghini zu übernehmen. Den Auftrag gab's nicht, und auch keinen attraktiven Supersportwagen neben dem Countach, an dem man sich inzwischen auch sattgesehen hatte. Dass die Marke heute noch existiert, ist der Firma Audi zu verdanken.

LANCIA

Lancia war schon immer ein Fall für Spezialisten. Die 1906 gegründete Marke stand für technische Avantgarde und gesalzene Preise, erst Ende der Zwanziger gab man sich etwas volkstümlicher, aber nicht weniger innovativ: Der Augusta von 1933 war das erste Auto mit selbsttragender Stahlblechkarosserie, der Aprilia von 1937 mit Einzelradaufhängung rundum der populärste. Nach 1945 hatte sich die Welt gewandelt, die großen Luxus-Lancias gingen kaum mehr, und in der Mittelklasse gruben die neuen Fiat-Modelle Lancia das Wasser ab, allen technisches Raffinessen zum Trotz. Dem kurzen Zwischenhoch der Mittsechziger folgte der steile Absturz: Qualitätsprobleme, hohe Kosten und miserable Manager machten Lancia reif für eine Übernahme. Außerdem war Lancia nur in Italien gut aufgestellt, die italienische Traditionsmarke fand bis Anfang der Siebziger in Deutschland praktisch nicht statt: Die Deutsche Lancia-Vertretung GmbH in Köln unterhielt nur eine Handvoll Stationen, und die konnten die Käufer mit Handschlag begrüßen. In der Regel interessierten sich die für das Fulvia Coupé, ein Flavia oder gar ein Flaminia rangierte in den Zulassungsstatistiken unter »Sonstige«. Zum 1. Juli 1964 waren in Deutschland 641 Lancia zugelassen. Doch das änderte sich 1969 nach dem Einstieg von Fiat, das Lancia als Edelmarke positionieren wollte. Italiens Automobilgigant etablierte am deutschen Firmensitz in Heilbronn eine eigene Importgesellschaft namens Transco Automobil-Vertrieb GmbH, die dann Mitte 1971 ein 50 Stationen umfassendes Händlernetz geknüpft hatte. Neben dem Dauerbrenner Fulvia sollte der neue Lancia 2000 für Käufer sorgen; der Viertürer war eine aufgefrischte Ausgabe des Flavia und stand ab August 1971 bei den Händlern. Die Tester waren von dem Fronttriebler mit Vierzylinder-Boxermotor begeistert, Fritz B. Busch etwa verfasste im Stern eine wahre Lobeshymne auf den Neuzugang.

Der Aurelia Spider gehört zu den großen Lancia-Klassikern. Das Sechszylinder-Cabrio fiel 1959 aus dem Programm. (Foto: © Auto-Medienportal.Net / Bonhams)

DER BETA-FAKTOR

Der »Stratos« war die letzte eigenständige Neuentwicklung von Lancia. Er erschien im Jahr 1971, erst als reinrassiges Sportgerät für die Pisten abseits der öffentlichen Straßen, dann in etwas gezähmter Version als Straßensportwagen. Der Mittelmotorwagen mit dem V6-Motor des Ferrari Dino war ein würdiger, aber unerschwinglicher Nachfolger der alternden Fulvia-Coupés, das auf dem Genfer Salon des Jahres 1965 präsentiert worden war. Mit der Coupé-Ausgabe der Fulvia-Limousine mischte Lancia kräftig im Motorsport mit und sicherte der Fiat-Tochter mit Sandro Munari die Konstrukteurs-Wertung in der Rallye-WM 1972.

Zu dem Zeitpunkt erschien der erste neue Lancia unter Fiat-Regie. Er hieß Beta und entpuppte sich als schnörkellos gezeichnete, moderne Fließheck-Limousine mit drei verschiedenen Motoren – 90, 100 und 110 PS – aus dem Fiat-Baukasten. Die Fahrleistungen passten, ein Fünfgang-Getriebe war serienmäßig, auch sonst ließ sich Lancia nicht lumpen: Halogenscheinwerfer, Drehzahlmesser, Verschleißanzeige für die Bremsbeläge oder ein verstellbares Lenkrad – von dem Ausstattungsniveau waren die Deutschen noch weit entfernt. Außerdem legte der knapp 4,30 Meter lange Lancia eine beachtliche Konstanz an den Tag, die eigenwillige Schrägheck-Limousine kam auf eine Laufzeit von zwölf Jahren, wenn auch verschiedentlich modellgepflegt. Bis zur Serie 2 vom Herbst 1975 blieb der in jedem Fall über 170 km/h schnelle Mittelklässler in Deutschland unterhalb der Wahrnehmungsgrenze, zu dem Zeitpunkt erfolgte die Einführung eines neuen 1,6-Liter-Motors, und kurz darauf erschien für den Beta 2000 ein neuer 2-Liter-Motor aus dem Fiat-Regal, von Lancia auf Vordermann gebracht. Zu dem Zeitpunkt war auch die erschütternde Rostanfälligkeit der ersten Beta-Jahre kein Thema mehr. Zu erkennen an den eckigen Scheinwerfern, etablierten sich die Fronttriebler für besserverdienende Fiat-Enthusiasten in Deutschland als Audi-Alternative, blieben aber ihrer Außenseiterrolle treu. Nach diversen Modifikationen an Karosserie und Innenausstattung erschien 1979 noch die Serie 3, der Import endete 1982.

Neben den Schräg- und Stufenheckausführungen (*»mehr originell als hübsch«*, spöttelte die Presse) gab es ab 1973 den Beta auch als nett anzuschauendes Coupé

Der Fulvia-Viertürer war 1963 gezeigt worden, die Coupé-Variante (80–135 PS) folgte zwei Jahre später. Bis 1976 wurde er rund 140.000-mal gebaut. Besonders begehrt sind die starken HF-Varianten, Rost ist das Hauptproblem. (Foto: © Tony Harrison, cc-by-sa 2.0)

Im November 1969 wurde Lancia von Fiat übernommen. Die erste Neuentwicklung war der Beta, die Schrägheck-Limousine wurde im November 1971 vorgestellt. In den ersten Jahren standen drei Motoren zu Wahl, im Bild eine Beta-Limousine 1600 mit 100 PS in LX-Ausstattung. Diese erste Bauserie lief bis 1975.

Die Mittelklasse-Baureihe Beta, egal in welcher Ausführung – und es gab sehr viele davon – blieb stets ein Außenseiter. Im Bild der Beta HPE (1979–1981). (Foto: © Lancia)

Der Lancia Gamma wurde im März 1976 auf dem Genfer Salon enthüllt, das elegante Coupé blieb in Deutschland selten. Ersatzteillage schwierig. (Foto: © Tony Harrison, cc-by-sa 2.0)

Der Beta Montecarlo (1975–1981) war ein Pininfarina-Entwurf und hatte ursprünglich den Fiat 124 Spider ablösen sollen.

Lancias Luxus-Liner erschien 1978; die 420 deutschen Händler mussten drei davon pro Jahr verkaufen. Es ist ihnen kaum gelungen, der Gamma war zu teuer. (Foto: © Lancia)

und 1974 als Beta Spider im Stile des Baur-Cabriolets mit herausnehmbarem Dachmittelteil und hinterem Faltverdeck. Die Modellpflege und die Einführung der neuen Motoren erfolgte in der Regel zeitgleich mit den Viertürern, ohne am grundsätzlichen Dilemma der Marke etwas zu ändern: Die Preise waren stets höher als die Qualität, doch auch das, so auto motor und sport, war kein ernsthaftes Problem: *»Lancia-Fahrer legen ja ohnehin Wert darauf, unter sich zu bleiben.«*

Eine weitere Spielart war der Beta HPE (High Performance Executive), eine luxuriöse zweitürige Kombi-Limousine mit flacher Heckklappe. Bodengruppe und Motoren stammten von der Limousine und der Vorderwagen vom Coupé. Zunächst nur mit dem neuen Zweiliter-Motor lieferbar, wurde der HPE am Ende nur noch mit Volumex-Triebwerk verkauft, ohne dass sich an den miesen Verkaufszahlen etwas änderte. Und die allenthalben kolportierten Horrorgeschichten über mangelnden Rostschutz und luschige Verarbeitung waren dem Lancia-Ruf auch nicht gerade förderlich. Ende 1984 hatte das Trauerspiel dann ein Ende.

Zu dem Zeitpunkt lief auch der zusammen mit dem HPE präsentierte Lancia Beta Montecarlo aus. Das zweisitzige Mittelmotor-Coupé mit Heckantrieb hatte das Fulvia-Coupé abgelöst. Den Motor hatten die Techniker quer vor die Hinterachse gesetzt und Pininfarina mit dem Karosserieentwurf betraut. Für den sportlichen Touch sorgten serienmäßig Drehzahlmesser und ein höhenverstellbares Zweispeichen-Lenkrad. Der Zweisitzer mit dem ultrakurzen Radstand (2300 mm, Länge 3813 mm) war eine eigenwillige Erscheinung, was durch den schwarz betonten Überrollbügel, die hinteren Seitenblenden und die schwarzen, dicken Kunststoffstoßfänger noch unterstrichen wurde. Für standesgemäßen Vortrieb sorgte ein neuer Zweiliter-Motor, den später auch die Beta-Berlinas der Serie 2 erhielten. Im Frühjahr 1976 auch mit 1300er-Motor lieferbar, wurde der Deutschland-Import zwischen 1979 und 1981 eingestellt. Dann war der Mittelmotor-Lancia wieder da – mit dem IE-Motor und größeren Scheibenbremsen. 1982 erschien schließlich der modifizierte Montecarlo im Renntrimm. Lieferbar nur in limitierter Auflage, sollte er die sportlichen Erfolge der Fulvia-Coupés wiederholen. Auch er bekam einen Volumex-Motor spendiert, jedoch mit zahlreichen Verbesserungen. Mit 205 PS stellte er das Flaggschiff der gesamten Baureihe dar. Immerhin 220 km/h lief ein solcher Rennbolzen. Wahlweise konnte ein gigantischer Heckflügel montiert werden. Die Produktion endete, wie die gesamte Beta-Fertigung, Ende 1984. Pininfarina hatte insgesamt 5777 Montecarlo gebaut.

Ähnlich rar wie der Montecarlo machte sich auch der Lancia Gamma, der Luxus-Lancia. Nicht nur die Optik – das Schrägheck hatte nur eine kleine Kofferraumklappe – war völlig gegen den Strich gebürstet, auch die Technik: Front- statt Heckantrieb, Vierzylinder-Boxermotor statt V6: Die italienische CX-Alternative reihte sich ein in die lange Liste der Lancia-Fehlschläge, und die Gründe dafür waren stets die gleichen: Teuer, eigenwillig und kapriziös. Die Produktion schleppte sich bis 1984 dahin, nach gut 15.000 Fahrzeugen war endlich Schluss. Zeit und Rost haben kaum Gefangene gemacht, auch das wunderbare, schlicht gezeichnete Gamma Coupé (das mit 34.000 Mark noch einmal 10.000 Mark mehr kostete als die Limousine) gehörte schon damals zu den Raritäten.

WICHTIGES THEMA: DER DELTA

Die Ablösung des Gamma erschien 1984 in Gestalt des Thema. Die technische Basis teilte der Nobel-Lancia mit Alfa-Romeo 164, Fiat Croma und dem Saab 9000. Croma und Thema liefen sogar auf den gleichen Bändern im Fiat-Hauptwerk Mirafiori vom Band. Die Motoren stammten aus dem Konzernregal, Top-Modell war der 8.32 mit Ferrari-Motor, die *»in Italien so lange entbehrte Limousine von internationalem Anspruch«*, wie die Presse ihn pries, denn: *»Dortzulande versteht man es, mit verführerischer Perfektion einen Motor zum Gesamtkunstwerk zu erheben.«* Diesen Achtzylinder-Symphoniker gab es allerdings nicht für das Kombi-Modell SW. Wegen zahlreicher Verarbeitungsmängel von deutschen Käufern nicht sehr geschätzt, wurden viele Thema von in Deutschland lebenden Italienern gefahren.

Mit der Produktion des Mittelmotor-Zweisitzers sammelte Pininfarina erste Erfahrungen als Automobilhersteller. Die feine Alternative zum X1/9 hatte einen Zweiliter-Motor mit 120 PS.

LANCIA

Im Lancia-Programm der Siebziger fehlte ein zeitgemäßer Kompakter im Golf-Format. Der wurde auf den Namen Delta getauft und erschien 1979. Die Fiat-Entwicklung war zwar keine 3,90 Meter lang, aber außerordentlich gut proportioniert, Design können sie einfach, die Italiener. Für die ersten Modelljahre gab es den Fronttriebler als 1300er und als 1500er mit 75 beziehungsweise 85 PS. Zuwachs erhielt die Serie ab November 1982 (Einführung in Deutschland im März 1983) in Gestalt der Heckspoiler-bewehrten GT-Variante mit 1,6-Liter-Motor. Der fuhr mit seinen 105 PS und 180 km/h Spitze ganz vorne mit bei den sportlichen Kleinwagen. Scheibenbremsen und H4-Scheinwerfer waren Standard. Für den Rallyesport gab es bereits ab dem Turiner Salon desselben Jahres einen allradgetriebenen Delta mit Turbomotor. Die käufliche Variante 1600 HF mit Garrett-T3-Lader, Spoilern und Lufthutze auf der Haube kam zum Juni 1983, hatte 130 PS und ließ den wendigen Delta fast 200 Sachen rennen. Einen Allrad-Delta gab es indes noch nicht, erst nach dem großen Facelift 1986 in Form des Delta HF 4WD mit dem 165 PS starken Zweiliter-Turbo aus dem Oberklasse-Lancia Thema i.e. Eine weitere Frischzellenkur 1989 bescherte dem Delta HF Integrale Vierventilköpfe und 200 PS. Der permanente Allradantrieb mit Torsen-Differenzial stellte die Nähe zum erfolgreichen Rallye-Integrale her, der mit über 400 PS in der Rallye-WM die Konkurrenz in Grund und Boden fuhr: 1987, 1988, 1989, 1990, 1991 und 1992 holte die Allrad-Fahrmaschine die Rallye-Markenweltmeisterschaft nach Turin.

Lancias Y10 (hier als Sondermodell Fila 1987–1989) war ein fein ausstaffierter Uno. Sah man in den Achtzigern häufiger als jeden anderen Lancia zuvor. (Foto: © Lancia)

Der Beta Spider (der im Wortsinne keiner war, denn der Bügel blieb stehen) war 1974 bis 1982 zu haben. Schöner, typischer 70er-Jahre-Look. (Foto: © Tony Harrison, cc-by-sa 2.0)

Der Thema hat Ende 1984 den Gamma abgelöst. Die Variante 8.32 mit Ferrari-Motor hatte Lancia exklusiv, ebenso den Kombi. (Foto: © Tony Harrison, cc-by-sa 2.0)

Der Stratos (1974–1976) entstand als Homologationsmodell für den Rallyesport, 495 davon hat Lancia gebaut. Vier Monte-Siege und drei Rallye-WM-Titel machten ihn unsterblich. Wer einen sucht, muss eine halbe Million locker machen, mindestens. (Foto: © Auto-Medienportal.Net/RBHahn)

Der Delta war ursprünglich eine Fiat-Entwicklung und unterhalb des Beta angesiedelt. Der berühmteste Delta erschien aber erst im Oktober 1987 in Form des Integrale mit permanentem Allradantrieb. Im Renntrimm rund 400 PS stark, sind die Italiener 1987 bis 1992 in der Rallye-WM damit Kreise um die Konkurrenz gefahren. (Foto: © exfordy, cc-by-sa 2.0)

Der Maserati 3500 GT (1957–1963) verkörpert als eleganter Gran Turismo noch die Designsprache der Fünfziger. (Foto: © Rex Gray, cc-by-sa 2.0)

Der Wandel hin hin zum keilförmigen Design mit Klappscheinwerfern setzte 1967 mit dem Ghibli ein. Der Entwurf stammte von Giugiaro. Foto: © Allen Watkin, cc-by-sa 2.0)

Der Khamsin (1974–1982) war der letzte Maserati der Citroën-Ära. Die Optik stammte von Bertone, ungewöhnlich die asymmetrischen Schlitze auf der Haube. (Foto: © Maskham, cc-by-sa 3.0)

»Bora«, so hieß Maseratis Antwort auf den in Italien kursierenden Mittelmotor-Hype. Den 4.7-Liter-V8-Keil kleidete Giugiaro ein. (Foto: © Nakhon 100, cc-by-sa 2.0)

MASERATI

Der Indy (1969–1973) war der erste Maserati mit selbsttragender Karosserie und ist heute vielleicht noch ein wenig unterschätzt. (Foto: © Craig Howell, cc-by-sa 2.0)

Die »Società Anonima Officine Alfieri Maserati«, gegründet von vier Brüdern um Alfieri Maserati, hatte 1914 mit der Produktion einer neuartigen Zündkerze begonnen. Damit verdiente der Familienbetrieb prächtig und konnte es sich leisten, nach 1920 im Motorsport mitzumischen. Damit war zwar kein Geld zu verdienen, aber Prestige, zumal Maserati ganz vorne mitfuhr. 1937 schließlich verkaufte die Familie an Graf Adolfo Orsi. Das Unternehmen, seit 1940 in Modena ansässig, stand auch in der Nachkriegszeit für Spitzensport, größter Erfolg war Juan Manuel Fangios fünfter Weltmeistertitel in der Formel 1, 1957.

SPORTWAGEN FÜR DIE STRASSE

Straßenfahrzeuge baute Maserati erst in den Fünfzigern, vor allem für den US-Markt, und das auch nur in verschwindender Stückzahl. Designer wie Frua oder Pinin Farina schneiderten auf Maserati-Basis einige der elegantesten Sportwagen jenes Jahrzehnts. Den internationalen Durchbruch brachte der komplett neue 3500 GT von 1957 mit Touring-Karosserie, ein 230 PS starker Traumwagen, der bis zum Produktionsauslauf 1964 über 2200 Mal gebaut worden war. Der Motor, der 3,5-Liter-Sechszylinder des Rennsportwagens Tipo 350, galt als so gut wie der von Ferrari. Neben diesem Sechszylinder-Schmuckstück bot Maserati auch einen Fünfliter-V8 an, der laut Werk 270 km/h lief. Der von Frua entworfene Quattroporte von 1963 war die erste Limousine, der Ghibli von 1967 ein keilförmiges V8-Coupé mit Klappscheinwerfern und einer Spitze von 280 km/h. Den 330 PS starken, 4,59 Meter langen Keil hatte Giugiaro in Form gebracht, die Karosserie von *»bestechender Eleganz«* fertigte Ghia. Mit einem Preis von 73.121 Mark (1969) war das Designerstück teuer und unpraktisch: *»Sollte es einen Preis für den unhandlichsten Sportwagen geben, dann wäre unbedingt an den Ghibli zu denken ...«*

Dem 2+2-Coupé folgten in der ersten Hälfte der Siebziger weitere, vor allem zweisitzige Supersportwagen mit exotischen Namen – Bora (1971), Merak (1972), Khamsin (1974) – und extravaganter Gestaltung, aber durchaus fragwürdiger Verarbeitung. Auto motor und sport 1970 beim Test des neuen Maserati Indy: *»... hat man keine Aussicht, annähernd so komfortabel zu fahren wie in einem handelsüblichen Mercedes. Man hat nicht so viel Platz, und es kann passieren, dass es hineinregnet oder die Heizung nicht funktioniert.«* Doch das sollte niemand, sofern dieser genügend Kleingeld – 69.380 Mark – und die entsprechende sittliche Reife hat, davon abhalten, einen dieser V8-Sportwagen zu kaufen, denn er *»fährt so ziemlich allem davon, was auf Europas Straßen kreucht und fleucht«*. Die Redaktion ermittelte eine Spitze von 246,7 km/h, herausgefahren in den stillen Morgenstunden auf der A5 Richtung Basel. Letztlich aber waren diese Quartettschönheiten zwar gut fürs Image, aber schlecht für die Finanzen, zumal die Maseratis immer im Schatten der Ferraris standen.

VERSCHIEDENE BESITZER, WECHSELNDE GESCHICKE

Zu dem Zeitpunkt gehörte Maserati zu Citroën. Die Franzosen agierten glücklos, der Citroën SM mit seinem Maserati-Motor war keine Offenbarung, und der Maserati Merak mit Citroën-Technik verdiente sich auch keine Empfehlung: Der kostete zwar »nur« 49.000 Mark und lag damit auf Augenhöhe mit Porsche, Mercedes und Jaguar, aber mit rund anderthalb Tonnen war er zu schwer, mit 190 PS zu schwach und mit 230 km/h zu lahm, um als echter Supersportler gelten zu dürfen: Es blieb nicht mehr viel, was für die Anschaffung eines Maserati sprach, lediglich *»Liebhaberei«* (auto motor und sport).

Die Kanten der 80er: Die Biturbo-Familie (1982–1994) gab's mit unterschiedlichen Motoren und Karosserien. Besonders gesucht sind späte Spyder. (Foto: © Jeremy, cc-by-sa 2.0)

Liebhaber fanden sich aber anscheinend nicht genügend, 1975 gingen die Maserati-Anteile an Alessandro de Tomaso, was keine Verbesserung darstellte: Die für De Tomasos typische Kombination aus italienischen Karosserien, amerikanischen V8-Motoren und lässiger Verarbeitung schadete dem Markenimage; der Kyalami von 1976 war ein umetikettierter De Tomaso Longchamps mit dem 4,2-Liter-V8 von Maserati. Seit 1993 gehört Maserati, wie zuvor schon Ferrari, zum Fiat-Konzern.

Sexy Siebziger: Der erfolgreichste Sportwagen jenes Jahrzehnts kam aus Japan: 260 Z, 1974–1978. (Foto: © Nissan)

JAPAN

Japans Automobilindustrie entwickelte sich erst nach dem Zweiten Weltkrieg, als im Zuge der massiven amerikanischen Präsenz Geld und Know-how ins Land flossen, dann aber mit beeindruckender Dynamik. Von Anfang an setzten die Japaner auf den Export. Ihre Autos waren vielleicht klein, schmächtig und hässlich, aber billig und unkaputtbar: Ende der Sechziger hatte Datsun/Nissan VW als größten Importeur in die USA abgelöst. Nachdem das erledigt war, rüsteten Toyota und Co. zum Sturm auf die Festung Europa, setzten sich erst in Ländern ohne eigene Automobilindustrie wie der Schweiz fest, um sich dann schließlich auch nach Deutschland zu wagen. Doch Kult-Karren und Reiskocher, das geht hierzulande noch immer nicht so recht zusammen. Die Japan-Szene steckt noch immer in den Kinderschuhen, und die Preisrallye der vergangene Jahre ging an den Nippon-Klassikern weitgehend vorüber. Eigentlich unverständlich, denn Toyota Celica, Nissan Z-Reihe, Honda CRX und selbst Exoten wie die Subaru-Coupés müssen sich vor ihren europäischen Zeitgenossen wahrhaftig nicht verstecken.

Tokio bei Nacht. (Foto: © Guillaume Baviere, CC-BY-2.0)

Allrad-Pkw sind seit den Achtzigern populär: Subaru 1800, 1979–1984. (Foto: ©Subaru)

Geplatzte Utopie: Der Wankel-Motor als Hoffnungsträger der späten Sechziger starb im Zuge der Ölkrise: RX-3, 1972–1978. (Foto: © Mazda)

Revolutionierte in den Achtzigern die Vorstellung vom Geländewagen: Suzuki LJ 80, 1978–1982. (Foto: © Suzuki)

In den Achtzigern wird jede Nische bedient: Toyota MR 2, 1984–1989. (Foto: © Toyota)

DIE GELBE GEFAHR

In den Siebzigern traute man sich als aufrechter deutscher Autofahrer kaum, bei seinen Nachbarn mit einer Reisschüssel vorzufahren: Japan-Autos hatten null Image, kein Renommee, eine ungewisse Ersatzteilsituation – und wie man wusste, ging an einem Auto ständig etwas kaputt –, dazu einen unterirdischen Wiederverkaufswert. Wer einen solchen Wagen kaufte, tat das nur, weil das Geld für einen anständigen Gebrauchten nicht reichte. Und die Händler? Ehrgeizige Tankstellenbetreiber, ehemalige NSU-Schrauber, Mechaniker, die sich selbstständig machen wollten – alles irgendwie dubios für konservative Autofahrer, die mit Wackeldackel und Klorolle auf der Hutablage unterwegs waren. Und eine feinere Differenzierung war sowieso nicht angesagt: Man scherte alle über einen Kamm: Es waren »die Japaner«, fertig. Was allerdings kaum ein Kunde wusste: Japanische Hersteller waren außerhalb Europas längst schon eine Macht und hatten in den Sechzigern den amerikanischen Markt überrollt und, abgesehen von Volkswagen, die europäischen Hersteller hinweggefegt. Jetzt machten sie sich daran, auch Europa zu erobern. Dennoch gelangten Toyotas Corolla- und Corona-Modelle oder die Datsun 1200- und 1800-Typen von Nissan anfangs der Siebziger nicht über eine Außenseiterrolle hinaus. Doch in dieser Phase ging es den japanischen Firmen nur darum, Erfahrungen zu sammeln und den Markt zu testen. Dabei ließen sie sich auch nicht von den westlichen Autoprofis stören, die ihnen vorwarfen, lediglich Kopisten und Nachahmer amerikanischer Design- und europäischer Technikideen zu sein. Das hat Japan noch nie gestört. Übernahme und Anpassung haben hier Tradition. Ob Pagoden, Bonsai oder Kameras: Am Anfang stand immer die Kopie. Doch die Japaner beließen es nie beim bloßen Kopieren, sie änderten, verbesserten, perfektionierten und entwickelten daraus Neues. Das stetige Streben nach Wachstum und größeren Marktanteilen, dem obersten Ziel japanischer Firmen, führte zu kürzeren Modellzyklen, häufigeren Facelifts, besserer Ausstattung und Autos, die in Europa wie auch den USA gut ankamen. Im Styling europäisch, im Benzinverbrauch im Schnitt 20 Prozent sparsamer als die Vorgänger, kamen die Corollas und Bluebirds gerade rechtzeitig zur zweiten Ölkrise 1979 und eroberten Marktanteile, während die Konkurrenz Federn lassen musste. In der ersten Hälfte der Achtziger errichteten dann Toyota und Nissan in England eigene Automobilfabriken, in den USA waren sie sowieso schon längst vor Ort und mussten, anders als Volkswagen, dort kein Werk schließen: Was zum Anfang des Jahrzehnts noch milde belächelt wurde, sorgte zum Ende der Dekade für blanke Panik: »Überrollen uns die Japaner?« – so und ähnlich lauteten die Schlagzeilen und Überschriften, die »Gelbe Gefahr« schien das Abendland überfluten zu wollen. An Erklärungsversuchen fehlte es nicht: Billigste Lohnkosten, Arbeiter an der Grenze zur Ausbeutung, Dumpingpreise, kurzum: Unfaire Handelspraktiken, die so gar nicht in eine Zeit passten, in der die Deutschen um die Fünftagewoche stritten (»Samstags gehört Vati mir«). Später, als bekannt wurde, dass auch der japanische Arbeiter nicht nur für die sprichwörtliche »Schüssel Reis« malochte, wurden weitere Erklärungen gesucht. Man fand sie im japanischen Wesen – nicht zu ändern – und im überlegenen japanischen Produktionssystem – das konnte man kopieren. Außerdem hatten die Japaner, anders als die Europäer, niemals die Bedeutung des US-Marktes unterschätzt und sich dort ein starkes Standbein geschaffen. Gut ein Dutzend Jahre nach dem Markteintritt in Europa waren die japanischen Hersteller fester Bestandteil der internationalen Automobilszene und setzten Trends: Sie verhalfen dem Geländewagen zum Durchbruch, ebneten dem SUV den Weg, küssten die Roadster wieder wach und etablierten mit dem Hybrid-Antrieb eine Alternative zu Benzin- und Dieselmotoren.

Nein, kein Renault, sondern ein Hino aus japanischer Produktion: Japans Automobilindustrie begann in den Fünfzigern mit dem Lizenzbau moderner europäischer Entwürfe, möglichst in britischer Ausführung, weil in Japan Linksverkehr herrscht. (Foto: © Mic, cc-by-sa 2.0)

Der Bellett von 1963 wurde in ausgewählten europäischen Ländern wie der Schweiz angeboten. Im asiatisch-pazifischen Raum war der Isuzu auch bei Rallyes erfolgreich. (Foto: © Kallerna, cc-by-sa 4.0)

Die Firma Prince wollte schon Anfang der Sechziger in Europa ein Montagewerk errichten. Es kam nicht dazu, Nissan übernahm die Firma 1967 wegen des feinen Sechszylinders in der Gloria-Baureihe. (Foto: © Morio, cc-by-sa 3.0)

Isuzu hat 1957 mit Lizenz-Austins begonnen und zwischen 1966–1981 den von Ghia gezeichneten »117 Sport« angeboten. (Foto: © Tennen-Gas, cc-by-sa 3.0)

Der Hino Contessa von 1964 erinnerte an den Triumph 2000, Michelotti hatte beide gezeichnet. Die Heckmotor-Wagen liefen z.B. in die Schweiz. Heute baut Hino LKW. (Foto: © Spanish Coches, cc-by-sa 2.0)

Daihatsu ist zwar auf dem deutschen Markt nicht mehr aktiv, schenkte uns aber Raritäten wie den Copen (2004–2010): Ohne Zweifel ein kommender Youngtimer. (Foto: © Daihatsu)

Ihre Europa-Premiere feierten die S 600 auf der IAA im September 1965. Der Import begann aber erst im September 1967 mit dem weiterentwickelten S 800. (Foto: © Honda)

Smarter Sechziger: Der N 600 war 3,03 Meter lang und kam auch nach Europa. Die Motorpresse hat ihn gehasst. (Foto:© Alf van Beem, CC0)

Von allen japanischen Marken genießt Honda am ehesten den Ruf, Sammelwürdiges zu bauen. Einiges davon zeigt dieses Bild: Ganz vorne ein 1973er Civic, daneben die herrliche Drehorgel S 2000 (1999–2009), dann der NS-X (1990–2005) vor dem Hybrid-Sportler CR-Z (2010). (Foto: © Honda UK)

Klar, Hondas NS-X darf hier nicht fehlen: Japans erster Supersportwagen erschien 1989 und ist einer der wenigen Nippon-Sportwagen mit weltweiter Akzeptanz. (Foto: © Matthew Lamb, cc-by-sa 2.0)

Das Civic Coupé CRX bot 1983 die sportlichste Möglichkeit, einen Civic zu fahren.
(Foto: © Mr.Choppers, cc-by-sa 3.0)

Das einstige Civic-Topmodell wurde später eigenständig: Der CRX del Sol von 1992 befindet sich noch in Letzthand-Niederungen, doch unverbastelte Exemplare sind schon arg rar.
(Foto: © free photos & art, cc-by-sa 2.0)

HONDA

Zuerst wagte sich Honda nach Deutschland – und scheiterte grandios: Die Kleinwagen N 360 und N 600 konnten weder in der Technik noch in der Verarbeitung überzeugen. *»Lärm ohne Leistung«*, stellte die Fachpresse vernichtend fest, der Drei-Meter-Zwerg N 600 wurde als *»Rappelrutsch«* verspottet. Der zweite Anlauf 1972 aber klappte, Honda meldete sich mit dem sehr europäisch wirkenden Civic zurück: Schrägheck, querstehender Frontmotor, Frontantrieb: Mit diesem technischen Konzept fuhr auch Volkswagen aus der Krise, der Civic aber hatte es bereits vor dem Golf – nur hat es niemand bemerkt. Er wurde dennoch weltweit über zwei Millionen Mal verkauft. Das Millionending aus Japan präsentierte sich 1979 in neuer Form, hatte seinen Babyspeck verloren und wirkte innen und außen deutlich erwachsener. Auch am Fahrwerk hatte sich manches getan, wie der Prelude, der ebenfalls in Frankfurt debütierte, erhielt auch der neue Civic eine Schräglenker-Hinterachse.

Die Wachablösung erfolgte dann zum Modelljahr 1983; Civic Nummer drei, mal wieder zum Auto des Jahres gekürt, rückte gleich in Familienstärke an. Es gab nun auch in Europa drei grundverschiedene Modell-Varianten, wobei der Civic CRX an die Tradition der kleinen Honda-S-Coupés anknüpfte, die vereinzelt auch in Deutschland verkauft worden waren. Der CRX (1,5-Liter, 100, später 125 PS) begann alsbald ein reges Eigenleben zu entwickeln und stand bis Mitte der Neunziger eigenständig innerhalb der Honda-Modellpalette.

HARMONISCHE ACCORDE

Seit 1977 war Honda hierzulande auch in der Mittelklasse vertreten, zuerst mit dem »Accord«, der zunächst nicht so heißen durfte, weil Opel eine Verwechslungsgefahr mit dem »Rekord« sah. Dabei ließen sich beim besten Willen keinerlei Ähnlichkeiten zwischen den beiden Kontrahenten entdecken. Der »Accord« entpuppte sich als wohlproportionierte Schrägheck-Limousine mit großer Heckklappe, eher Manta CC als Rekord. Für 11.880 D-Mark erhielt der Kunde eine beispielhaft komplette Ausstattung, Frontantrieb, einen lautstarken OHC-80-PS-Motor und eine gefühlsarme Lenkung – Mängel, die den Erfolg des europäischen Japaners nicht beeinträchtigen konnten. Es folgten diverse Neuauflagen, die dritte brachte Mitte der Achtziger zeitgemäße Mehrventilmotoren und die eigenwillige Kombi-Version »Aerodeck« mit separat öffnender Heckscheibe.

Die Coupé-Ausführung des Accord wurde zunächst als »Prelude« vermarktet. Das Coupé, bei dem nur der Name unverändert blieb, überlebte alle seine damaligen Konkurrenten, den langschnauzigen Capri ebenso wie den Manta. Erst mit dem Opel Calibra erschien 1988 wieder ein aussichtsreicher deutscher Mitbewerber in der Mittelgewichts-Klasse. Die erste Generation lebte bis 1982, dann kam die Generation zwei, die erste von zweien mit den hochmodischen Klappscheinwerfern. Modern war auch das, was sich dahinter abspielte, mit diesem Modell begründete Honda seinen Ruf als innovativster japanischen Autobauer. Ein Schmuckstück war der einzigartige Zwölfventil-Motor. Zwei Einlass- und ein Auslassventil pro Zylinder, das bot seinerzeit kein anderes Großserienfahrzeug. Elastisch, leistungsfähig und durchzugsstark, hielt der langhubige Vierzylinder, was die rasante Optik versprach. Die dritte Generation kam 1987, hier legte Honda noch einmal ein Schäufelchen High-Tech nach und spendierte dem Topmodell 2.0i-16 gegen Aufpreis auch ein Allradlenksystem.

Flaggschiff unter den sportlichen Hondas in den Neunzigern war aber der NS-X, der 2016 seine Wiederauferstehung feierte. Denn in den späten Achtzigern beherrschten weder Lotus noch Ferrari das Formel-1-Geschehen, Williams-Honda dominierte auf den Pisten zwischen Monaco und Suzuka. Der supersportliche Flachmann im Ferrari-Format sollte Hondas Vormachtstellung auch auf der Straße dokumentieren. Der 1280 Kilogramm schwere Mittelmotorsportwagen hatte einen völlig neu entwickelten V-Sechszylinder mit zwei obenliegenden Nockenwellen pro Zylinderreihe, variabler Ventilsteuerung (V-TEC) und 270 PS. In Sachen Funktionalität war er aber ein typischer Honda, denn sein Hauptabsatzmarkt war die USA (dort hieß er »Acura«), und das erforderte ein gewisses Maß an Fahrkomfort und Alltagstauglichkeit.

MAZDA

Mazda baute bis Ende der Fünfziger Lastendreiräder, dann Kleinwagen, und fiel Anfang der Sechziger dem allgemeinen Wankel-Hype zum Opfer, das aber so gründlich wie noch nicht einmal NSU selbst: Mazda setzte in so großem Maße auf den Wankelantrieb, dass die Ölkrise dem Unternehmen beinahe den Garaus gemacht hätte. Das Unternehmen trat 1972 mit den Typen 818, 616 und RX-3 in Deutschland an und bot nur wenig Überzeugendes. Der 818 war eine optische Zumutung, auch technisch sprach wenig bis nichts für eine Anschaffung, und der Wiederverkaufswert war nicht der Rede wert. Der darüber angesiedelte 616 war zwar ansehnlicher, aber letztlich auch keine Offenbarung, und der RX-3 als Wankel-Ausführung des 818-Coupé – nun ja, eben ein Wankel und übel beleumundet. Von den ersten 1000 Wagen aller Baureihen standen daher 300 immer noch unverkauft herum, als im Frühjahr 1974 der Mazda Familia 1000/1300 frischen Wind ins schleppende Deutschland-Geschäft bringen sollte. Stramme 66 PS beflügelten den 3,85 m langen Kleinwagen, der nun über rund 160 Mazda-Werkstätten vertrieben wurde; das waren fast zu viel für die hintere, an Blattfedern aufgehängte Starrachse. Von beiden Versionen war jeweils nur der Viertürer empfehlenswert, beim Zweitürer gelangten nur durchtrainierte Gummimenschen unversehrt auf die Rücksitzbank.

VW-RIVALEN

Die Ablösung durch den Mazda 323 1977 war für alle eine Erlösung, vor allem für die Augen: Die feine Schrägheck-Karosserie des neuen 323 ließ die anderen Mitbewerber von der Insel ganz schön alt aussehen, weder der verknautschte Cherry F-II noch der ruppige Toyota 1000 konnten mit dem flotten Jüngling konkurrieren.

Mit der zweiten Generation 1980 erfolgte die Umstellung auf Frontantrieb und Einzelradaufhängung rundum, das machte den 323 – den es später auch als 4WD ab – in den Achtzigern zum härtesten Golf-Rivalen aus Fernost. In den Neunzigern folgte die Umstellung der Baureihe auf das rundliche Bio-Design, wie es der kleine 121 in der zweiten Generation (1991–1994) verkörperte.

In der Mittelklasse konnte Mazda nach 1978 endlich Akzente setzen. Der 626 löste in Deutschland eigentlich zwei Modelle ab, den 818 und seinen direkten Vorgänger, den 616 »Capella«. Er war ein Volltreffer, der Mazda 626 der zweiten und dritten Generation avancierte zum meistverkauften Importauto und gewann als erster japanischer Wagen in der deutschen Presse einen Vergleichstest gegen heimische Hersteller: *»Die Situation ist da«*, schrieb eine fassungslose Presse über das Undenkbare. Der Zuspruch verblasste in den Neunzigern in dem Maße, in dem die Mittelklässler pummeliger wurden; der Mazda 6 brachte die Japaner in den 2000ern dann zurück in die Erfolgsspur.

In der Oberklasse hatte Mazda dort nie hingefunden, trotz aller Bemühungen und allerlei technischer Besonderheiten: In der vierten 929-Generation von 1989 zum Beispiel boten die Japaner einen seidenweich laufenden Sechszylinder-Dreiventilmotor und eine Ausstattung, welche die Mitbewerber erbleichen ließ. Nur eines fehlte, und das ist unverzeihlich im Kreise der Nobelmarken: das Image. Das änderte sich auch nicht, als die Firma in den Neunzigern versuchte, unter dem Label »Xedos« mit Mazda 626- und 929-Ablegern im Premiummarkt mitzumischen.

WANKEL-MUT UND ROADSTER-KLASSIK

Mazda hielt über all die Jahre am Wankel fest: Ein Jahr nach der Produkteinstellung des NSU Ro 80 erschien 1978 das RX-7-Coupé, eine stärkere, aber günstigere Konkurrenz für den Porsche 924, auch die Folgegenerationen huldigten bis zum Ableben des RX-8 im Jahre 2012 dem Kreiskolben-Konzept. Das »X« in der Modellbezeichnung stand bei Mazda stets für die besonderen Modelle, war der Buchstabe »M« vorgeschaltet, handelte es sich um Fahrzeuge mit Benzinmotor: Der MX-3 (1992 bis 1998) war ein Coupé mit dem kleinsten Großserien-V6 der Welt, der drei Jahre zuvor erschienene MX-5 markierte die Wiedergeburt des klassischen britischen Roadsters und gilt heute, jetzt in vierter Auflage auf dem Markt, selbst als Klassiker.

GTI auf japanisch: Mazda 323, 1989–1994, hier als GT-R von 1993. (Foto: © Mazda)

Sein Bio-Design sprach viele weibliche Käufer an: Mazda 121, 1991–1994. (Foto: © Mazda)

Mit dem RX-7 (1978–1986) beteiligte sich Mazda Anfang der Achtziger am Rallyesport. (Foto: © Mazda)

Der RX-3 (in Deutschland nur 1973/74) war die Wankel-Ausführung des 818 Coupés und darf, abgesehen vom Motor, als typisches Nippon-Auto der frühen Siebziger gelten.

Der leitete die Roadster-Renaissance ein: Mazda MX-5, 1989–1998. (Foto: © Mazda)

Unterschätzter Exote: RX-7, 1986–1992. Gute Cabrios ziehen im Preis an. (Foto: © Mazda)

Das waren die Modelle, mit denen Mitsubishi 1977 in Deutschland antrat: Galant (l.), Celeste (m.) und Lancer (r.). (Foto: © Mitsubishi/MMD)

Was immer die Werber damit bezweckt haben: Mit dem Eclipse (1990–1995) hatte es jedenfalls nichts zu tun. (Foto: © Mitsubishi/MMD)

Schau'n mer mal: Franz Beckenbauer sollte helfen, den 3000 GT (1990–1994) bekannt zu machen. Hat nicht sonderlich gut geklappt. (Foto: © Mitsubishi/MMD)

Der Colt war der Bestseller im Modellprogramm, hatte aber in der ersten Generation (1978–1984) noch Heckantrieb. Hier die Ausführung von 1982–1984. (Foto: © Mitsubishi/MMD)

MITSUBISHI

Japans größter Industriekonzern hatte 1917 das erste Automobil gebaut, sich aber erst 1958 ernsthaft mit dem Autobau befasst. 1970 begann, um den amerikanischen Markt besser erschließen zu können, eine Zusammenarbeit mit Chrysler, das dann verschiedene Typen als Plymouth und Dodge in den USA verkaufte. Der Export nach Europa begann 1974, drei Jahre später eröffneten die Japaner eine Niederlassung in Deutschland.

HEIA SAFARI

Der Lancer als Volumenmodell war 1973 erschienen und hatte unter Joginder Singh die beinharte Eastafrican-Safari gewonnen. Beim ersten großen Kleinwagen-Vergleichstest des Fachblatts auto motor und sport setzte sich die vier Meter lange Stufenhecklimousine gekonnt in Szene. Nach Fahr-, Federungs- und Bedienungskomfort gehörte der Mitsubishi mit zum Besten, was Japan in jenen Jahren aufbieten konnte. Bereits 1979 folgte die sachlicher gezeichnete zweite Lancer-Generation, die hierzulande außerordentlich gut ankam. Allein 1980 wurden über 11.300 Fahrzeuge zugelassen. Zum Spitzenmodell dieser Generation avancierte der Lancer 2000 Turbo ECI. Dank Garrett-Turbolader erstarkte der Zweiliter-OHC-Vierzylinder auf 170 PS, häufigere Attacken in Richtung Höchstgeschwindigkeit – er lief laut Werk 205 km/h – ließen den Benzinverbrauch locker auf 20 Liter Super steigen. Mit 21.990 D-Mark war er noch relativ preisgünstig; er mischte auch im Rallyesport vorne mit. Der Lancer näherte sich dann immer mehr dem Colt an, der wiederum – mit Frontantrieb – seit 1978 angeboten wurde. Der Lancer war zunächst nur mit Stufen- oder Kombiheck erhältlich, ein Schrägheck kam Ende der Achtziger mit der vierten Auflage. Als sich die Japaner Anfang der Neunziger entschlossen, in die Rallye-WM einzusteigen, bildete der Lancer wiederum die Basis. Die Homologationsmodelle trugen die Zusatzbezeichnung »Evolution«. Der Evo I mit 250 PS kam 1992, er gehört zu den gesuchtesten Youngtimern der Marke.

TOP MIT TURBO

Der kurzlebige Tredia (1982 bis 1986) war oberhalb des Lancer angesiedelt. Er hatte Frontantrieb, ihn gab es auch in einer Turbovariante. Die Coupé-Ausführung hieß Cordia, sie bot Turbo-Technik zum Dumpingpreis, hatte aber ein tückisches Fahrverhalten, das bei Lastwechseln in langgezogenen Kurven besonders zum Tragen kam. Dafür aber erfreute die Turbo-Technik, die sich weitgehend frei vom typischen Turboloch zeigte. Überhaupt stand Mitsubishi nicht nur für Turbo, sondern auch für »Coupé«, kein anderer Hersteller hatte bis in die Neunziger Jahre hinein ein solch vielfältiges Angebot an sportiven Keilen im Programm bis hoch zum Mitsubishi 3000 GT, der zwischen 1990 und dem Jahr 2000 auch als Cabriolet verkauft wurde. Der High-Tech-Sportler kam mit Allradantrieb, Allradlenkung, ABS, adaptivem Fahrwerk und Dreiliter-24V-Biturbo. Hauptabsatzmarkt des 300-PS-Sportlers waren die USA.

Mitsubishis Blitzstart 1977 (im ersten Jahr 5446 Zulassungen) indes geht auf das Konto des Galant. Der gefällige Mittelklässler im Ascona-Format profilierte sich als überzeugendster japanischer Mittelklassewagen. Die folgenden Modellwechsel konnten daran nichts ändern, wobei erst mit der dritten, bis 1988 gebauten Generation die Umstellung auf Frontantrieb erfolgte. Spitzenmodell war der »Royal« mit adaptivem Fahrwerk, das der vierten Generation hieß »Galant GTi 16V Dynamic 4« und verfügte über Vierradantrieb, Vierradlenkung und Vierventilmotor. Der Galant ist hierzulande, wie die meisten japanischen Autos der Siebziger und Achtziger, längst schon vergessen, den Space Wagon gibt es nur noch dem Namen nach: Heute ein Kleinwagen, begann er seine Karriere 1979 als Studie einer Großraum-Limousine, die später auch bei Hyundai gebaut wurde. Übrigens wurde auch der Pajero von Hyundai in Lizenz gebaut; Mitsubishi hatte ihn 1982 präsentiert. Er kombinierte Geländetauglichkeit mit guten Manieren – ähnlich wie ein Range Rover, aber zu viel erträglicheren Preisen.

Zu den kultigsten japanischen Autos gehören die Evo-Modelle. Der erste Lancer Evo kam 1992, der letzte, der Evo X, erschien 2007. (Foto: © Mitsubishi/MMD)

NISSAN/DATSUN

Datsun war der Handelsname des Nissan-Konzerns, der schon vor dem Krieg mit dem Fahrzeugbau begonnen hatte und danach zunächst britische Austin-Limousinen in Lizenz baute, nach 1955 dann aber eigene Entwürfe verwirklichte. Die Limousinen waren in erster Linie für den asiatisch-pazifischen Raum bestimmt, auch in den USA fanden erste Gehversuche statt. In Deutschland wurde man erstmals auf Nissan aufmerksam, als die Japaner für den Entwurf eines neuen Sportwagens Albrecht Graf Goertz verpflichteten, der für BMW die Typen 503/507 gestaltet hatte. Der von Albrecht Graf Goertz inspirierte Fairlady Z, wie er in Japan hieß, wurde im November 1969 vorgestellt und feierte in den USA überwältigende Erfolge.

JAPANS GRÖSSTE SCHNAUZE

Die erste Z-Version verfügte über einen 2393 Kubik großen Reihensechszylinder auf Basis des Bluebird-Triebwerks und leistete 130 PS bei 5600/min, gut für eine Höchstgeschwindigkeit von 200 km/h. Selbst die gegenüber Fernost-Produkten stets kritisch eingestellte deutsche Presse musste zugeben: *» ... ist ... ein sehr gut laufendes Auto, das in den exklusiven 200 km/h-Club hineingehört ... «*. Außerdem sah der Datsun auch innen nicht schlecht aus und kostete mit 17.600 D-Mark fast 10.000 D-Mark weniger als ein Porsche 911. Dem 240 Z folgte 1975 der längere Datsun 260 Z 2+2 mit Front- und Heckspoiler, auch dieser mit lauwarmem Wohlwollen aufgenommen, aber allemal ein Hingucker und in der dritten Generation von 1980 als 280 ZX mit modischem T-Bar-Roof, den herausnehmbaren Dachhälften, zu haben. Es kamen noch zwei weitere, und erst in den 2000ern eine Neuauflage. Wesentlich öfter auf den Straßen zu sehen waren aber die Kleinwagen. Der erste Bestseller hieß »Cherry«, er wurde zwischen 1972 und 1986 in vier Generationen angeboten. Weitgehend unberührt von den Modellwechseln blieb das technische Konzept. Im Gegensatz zu den anderen japanischen Minis, die erst im Laufe der technischen Evolution auf Frontantrieb umgestellt wurden, zogen bei dieser Typenreihe von Anfang an die Pferde vorn: *»... reichhaltig ausgestattet und bietet gute Fahrleistungen, überrascht aber mit Lastwechselreaktionen und ... schlechten Geradeauslauf.«* In Sachen Fahrverhalten hatten die japanischen Modelle noch über Jahre hinaus Nachholbedarf.

PLATZ IN KLEINEN HÜTTEN

Nachdem der Cherry mit jeder Auflage gewachsen war und zuletzt an die Vier-Meter-Marke heranreichte, sah Nissan 1983 Platz für einen neuen Kleinwagen. Eine glückliche Hand bewiesen die Autostrategen dann bei der Namensgebung. Seit dem legendären Austin Mini war kein Name so Programm. »Micra«, das hieß kurz, knapp und knuddelig, das klang nach Raum in der kleinsten Parklücke und einem Abstellplatz im Fahrradkeller. Erwachsen präsentierte sich der Stadtflitzer dagegen im Innenraum. Fahrer und Beifahrer waren sehr kommod untergebracht, auch die Hinterbänkler fühlten sich nicht wie Passagiere zweiter Klasse. Nissans Kleinster blieb praktisch die ganze Zeit unverändert im Programm. Die knuffige zweite Generation erschien 1993, die dritte Auflage 2003 galt dann als echter Frauenversteher. Gab's auch als Klappdach-Cabriolet, das nur in offenem Zustand wirklich gefiel.

KEIN GLÜCK IN DER OBERKLASSE

Anfang der Achtziger war die japanische Marke etabliert, antwortete auf den Golf mit dem »Sunny« (zumindest in Europa, in Japan hieß er »Pulsar«), wobei das Coupé GTI mit 1,8-Liter-16V-Motor und 125 PS gegen den GTI antrat. In der Passat-Klasse waren die Japaner mit dem Bluebird vertreten, der in den Neunzigern dann »Primera« hieß. In der Oberklasse legte sich Nissan dann mit den Sechszylindern Laurel und Maxima mit Mercedes und Co. an. Die hatten alles, nur kein Prestige, verkauften sich aber anfangs dennoch nicht schlecht: Die Laurel von 1977 waren zwei Jahre lang die meistverkauften Japanimporte, verloren dann aber rapide an Boden.

Da kann die Dame noch so nett lächeln: Heute würde kein Werbefoto mehr so aussehen wie das des 160 J (1973–1978) – inklusive Winterrädern und Straßenschmutz. (Foto: © Nissan)

Der Sunny / 120 Y (1974–1978) sollte vor allem den Amerikanern gefallen und wirkte hierzulande schon im Neuzustand uralt. (Foto: © Nissan)

Der Sieg bei der Safari-Rallye 1971 machte den 240 Z im Nu bekannt, denn das siegreiche Team Schuller/Herrmann kam aus Deutschland. (Foto: © edwc, cc-by-sa 2.0)

Der fast 200 km/h schnelle 280 ZXT von 1980 war mit knapp 30.000 Mark der teuerste und schnellste japanische Wagen in Deutschland. (Foto: © Nissan))

Ja, natürlich sind die hier zu sehenden Nissan GT-R eigentlich viel zu neu. Ich muss sie trotzdem zeigen, denn wenn die nicht kultig sind, welche dann? (Foto: © R30, cc-by-sa 3.0)

Der Erwerb eines japanischen Autos galt Anfang der Achtziger nicht mehr als Risiko: Subaru trat 1981 an und verkaufte gleich im ersten Jahr 2500 Fahrzeuge. (Foto: © Subaru)

Das Ding aus einer anderen Welt: Der kantige XT Turbo 4WD basierte auf dem Subaru 1800. Mit 34.990 Mark so teuer, dass ihn kaum einer wollte. (Foto: © Subaru)

Klein aus Tradition: Die japanische Gesetzgebung (und die Straßenverhältnisse) begünstigten die Entstehung von Kleinwagen. Suzuki machte daraus einen Welterfolg, brachte zuerst den LJ 80 (1980–1982), dann den SJ (1982–1998) und letztlich den Jimny (seit 1998), wobei das Konzept stets gleich blieb. (Foto: © Auto-Medienportal.Net/Suzuki)

SUBARU/SUZUKI

Vergleichsweise häufig zu sehen waren die praktischen Libero-Kleinbusse mit Allradantrieb. Verkauft 1984–1999, war Rost ein großes Thema. (Foto: © Subaru)

Subaru geht zurück auf ein Luftfahrtunternehmen, das 1931 mit dem Flugzeugbau begann und 1958 den ersten Kleinwagen, den Typ 360, vorstellte. Die zweite Baureihe hieß FF-1 und hatte ihren Boxermotor vorne, ein Konzept, dem Subaru bis heute treu geblieben ist. Die dritte Generation von 1979 bildete hierzulande den Einstieg, die Besonderheit bestand im zuschaltbaren Allradantrieb, eine Spezialität, die seit 1974 in der zweiten Generation – Verkaufsbezeichnung »Leone« – zum Einsatz gekommen war.

Der Subaru 1800 – er durfte nicht »Leone« heißen, weil Peugeot etwas dagegen hatte – erinnerte in Größe und Format an den Opel Ascona. Er hatte nicht nur einen Boxermotor, sondern auch einen unscheinbaren Hebel zwischen den Vordersitzen, gleich neben der Handbremse platziert. Ein Griff genügte, und schon zogen statt zwei Rädern deren vier – Schneeketten überflüssig. Ganz neu war die Kreuzung aus komfortabler Limousine und Geländewagen zwar nicht, aber in der Klasse und zu dem Preis schon. Das hohe Geräuschniveau, der unbefriedigende Geradeauslauf bei höheren Geschwindigkeiten und die verquollene Karosserie, von aerodynamischen Erkenntnissen völlig unbeleckt, waren aber verbesserungsbedürftig.

Es ging aber noch merkwürdiger, siehe das Subaru XT-Coupé von 1987. Subarus Top-Modell mit avantgardistischer Keilform und ausgezeichnetem cw-Wert (0,29) hatte wie die braven 1800er das wassergekühlte Vierzylindertriebwerk. Durch IHI-Turbolader und Benzineinspritzung gestärkt, leistete der Leichtmetall-Boxer stramme 136 PS, soff aber fürchterlich: Verbräuche von bis zu 17 Litern Super waren eher die Regel. Das konnte auch der Nachfolger, der SVX von 1991 mit 3,3-Liter-Sechzylinder-24V-Boxermotor und einer Karosserie, bei der Giugiaro die Richtung vorgegeben hatte, nicht besser: In Deutschland dürften bis 1997 weniger als 850 Stück verkauft worden sein, womit sie zu den größten Raritäten gehören. Vergessen ist auch der Justy, ein weiterer Kleinwagen-Veteran aus Fernost, der in erster Auflage 1984 auf den Markt gelangte. Dieses typische Bonsai-Limousinchen hatte aber einen Allrad-Antrieb. Er war der erste Kleinwagen mit zuschaltbarer zweiter Achse; spätere Justy-Typen waren baugleich mit Suzuki Swift.

SUZUKI

Auch Suzuki war, wie Subaru, eng mit einer Branchengröße verknüpft: General Motors. Klar, die Zweiräder kannte man schon, doch dass in Hamamatsu auch Autos gebaut wurden, das erfuhr der deutsche Michel erst zur IAA im September 1979: Die deutsche Suzuki-Niederlassung, bislang nur für die Motorräder zuständig, präsentierte auf ihrem 300 Quadratmeter großen Stand einen kleinen, putzigen Geländewagen. Im Jahr darauf gab's ihn dann beim Händler: Der LJ, sprich »Eljot«, war ein Bonsai-Geländewagen, der so klein und lustig und kulleräugig aussah, dass man ihn am liebsten gleich eingepackt hätte. Er war im Grunde genommen der Urahn aller heutigen SUVs, im Unterschied zu diesen war er aber auch ein beinharter Geländekraxler – durchaus wörtlich, denn mit mechanischem Allradantrieb und Sperren war der LJ 80 (er durfte nicht Eljot heißen, weil Disney wegen der Trickfilmfigur »Elliott, das Schmunzelmonster« dagegen protestierte) eng, laut und unkomfortabel. Es hat ihm dennoch nicht geschadet, auch nicht die japanuntypische luschige Verarbeitung. Sein Nachfolger Samurai trug die Tradition weiter, und der Jimny hat sie bis heute bewahrt. Dem LJ folgte 1981 mit dem Alto eine motorisierte Einkaufstasche. 25 Zentimeter länger als der Urmeter in diesem Segment, der Mini, gab es den Alto mit zwei und vier Türen. Eine Klasse über dem Alto siedelte Suzuki den Swift an, eine Gemeinschaftsentwicklung mit General Motors, die 1987 vom GTi mit 1,3-Liter-16V-Einspritzer (101 PS) gekrönt wurde. Zwei Jahre später folgte die zweite Swift-Generation, später kam ein in geringen Stückzahlen verkauftes Swift-Cabriolet, das wie die Limousine in den USA unter der Bezeichnung »Geo« verkauft wurde. In den Neunzigern versuchten die Japaner mit Modellen wie dem Baleno den Schritt in die untere Mittelklasse, konnten dort aber nicht so recht Fuß fassen. Suzuki steht noch immer für temperamentvolle Kleinwagen und kleine bis mittelgroße SUV wie den Vitara – und, natürlich, Motorräder.

Der Impreza erschien 1992. Als WRX STi diente er als Homologationsmodell für den Rallyesport. Kenntlich am üppigen Spoilerwerk, haben diese Modelle in England eine breite Fan-Basis. (Foto: © Neil Hooting, cc-by-sa 2.0)

Der Ruf der japanischen Geländewagen gründet sich nicht zuletzt auf die zahlreichen Erfolge bei Langstreckenrallyes wie der Paris–Dakar. Hier im Bild der restaurierte Fanta-Limon-Patrol, der sich 1987 als erster Diesel überhaupt im Gesamtklassement unter den Top Ten platzierte. (Foto: © Nissan)

Der Bertone Freeclimber (1988–1992) war ein Daihatsu Rocky mit BMW-Motoren; der Vertrieb lief über Daihatsu. (Foto: © Dennis Elzinga, cc-by-sa 2.0)

Heute mit Sammlerstatus: Toyotas Offroad-Legende Landcruiser J4. (Foto: © Toyota)

GELÄNDEWAGEN WERDEN TREND

Die Geschichte des Geländewagens ist, zuallererst, die Geschichte des Jeeps, der 1941 als Militärfahrzeug entstand. Ihm folgte, kurz nach dem Krieg, der Land Rover: Gleiches Konzept, andere Optik.

Gleichzeitig wurde auch der Ur-Jeep lange nach Kriegsende noch gebaut, und diverse Hersteller rund um den Globus versuchten sich an Nachbauten oder, und da waren japanische Hersteller ganz vorne mit dabei, an Lizenzproduktionen.

Die Geschichte der japanischen Geländewagen begann in Korea: Nachdem chinesische Truppen im Juni 1950 den 38. Breitengrad überschritten und in Südkorea eindrangen, schien aus dem Kalten Krieg ein heißer zu werden. Die Amerikaner, als Schutzmacht des Südens und größte Militärmacht in der Region, benötigten schnellstens Militärmaterial und Lastwagen. Und die gab es nirgends billiger als in Japan. Ein Teil der Militäraufträge ging an die dortigen Hersteller, die mit der Produktion von Lastwagen nach Dodge-Vorbild begannen. Dafür wurden sowohl Toyota als auch Nissan eingespannt, diese Allrad-»Carrier« (so hießen sie sowohl bei Toyota als auch Nissan) waren Lizenzbauten des amerikanischen Dreivierteltonners von Dodge.

Gleichzeitig verlegten die Amerikaner immer mehr Besatzungstruppen von Japan nach Korea. Deren Aufgaben sollte nun eine japanische Armee übernehmen. In seiner neuen Verfassung hatte sich Japan allerdings zum Pazifismus verpflichtet, eine Wiederbewaffnung wäre Verfassungsbruch gewesen. Der Ausweg aus diesem Dilemma war schnell gefunden: Im August 1950 kam es zur Gründung einer »Nationalen Polizeireserve«, einer Armee, die nicht so heißen durfte. Diese hatte zwar zunächst keine schweren Waffen, benötigte aber dennoch Fahrzeuge. Daraufhin begannen Nissan wie auch Toyota mit der Entwicklung von entsprechenden Militärfahrzeugen, das Rennen machte aber schließlich Mitsubishi, das den Willys-Jeep in Lizenz produzierte. Irgendwie auch verständlich: Sowohl Toyota als auch Nissan sahen dem Willys verdammt ähnlich, und warum dann nicht gleich das Original wählen? Toyota wie auch Nissan, als zweite Sieger, hatten nun das Pech, über leistungsfähige Konstruktionen zu verfügen, aber keinen Abnehmer zu finden. Um die wenigen Aufträge, welche die reguläre Polizei und sonstige japanische Behörden zu vergeben hatten, entbrannte ein starker Wettbewerb. Geld zu verdienen war nur im Export.

Der spätere Nissan Patrol ging Anfang 1951 in Produktion, der Land Cruiser (der erst nach 1954 so hieß) BJ später im Jahr. Die Jeep-Kopien galten als Nutzfahrzeug und entsprachen in Motor und Chassis – Starrachsen vorn und hinten an halbelliptischen Blattfedern, Leiterrahmen – im Prinzip den größeren Carriern; lastwagengemäß daher auch der 3,7-Liter-Sechszylinder (85 PS) mit untenliegender Nockenwelle und seitlich stehenden Ventilen; der Toyota-Reihensechser hatte bei gleicher Leistung 3,4 Liter Hubraum. Modern waren sie beide nicht.

Anfang der 60er Jahre wurden der Patrol wie auch der Land Cruiser (der nun zum J4 mutierte und zum Klassiker reifen sollte) völlig überarbeitet. Die Karosserien hatten nichts mehr von einem Jeep, wer böse sein mochte, fühlte sich indes an einen Land Rover erinnert. Doch Ähnlichkeit hin oder her: Der japanische Geländewagenbau hatte damit seine Form gefunden, zwei Jahrzehnte lang sollte daran praktisch nicht gerüttelt werden. Etwas substanziell Neues zum Thema Geländewagen steuerte Suzuki bei, das 1970 einen Bonsai-Geländewagen für die australische Armee auf die Räder stellen sollte und diesen 1979 mit 0,8-Liter-Motor nach Deutschland brachte. Mitsubishi indes, das lange Jahre den Jeep CJ-3 für die Armee in Lizenz baute, kam erst 1981 mit einem zeitgemäßen Geländewagen auf den Markt; der Pajero brachte frischen Wind in den Geländewagenmarkt, der sich in den Achtzigern allmählich zu wandeln begann: Reinrassige Geländewagen waren bislang eher für Bergbauern und Förster gewesen, während nun zunehmend auch nichtgewerbliche Nutzer Spaß an den rollenden Hochsitzen fanden.

Mitsubishis Buschtaxi ging 1982 unter der Bezeichnung »Pajero« an den Start. Inzwischen sind mehr als drei Millionen Stück gebaut worden. (Foto: © Mitsubishi/MMD)

TOYOTA

Und dann war da noch Toyota, schon damals das Schwergewicht unter Japans Herstellern, in Deutschland aber nicht als solches erkannt. Immerhin: Dank James Bond und dem GT 2000 konnte man den Namen zumindest schon einmal gehört haben, das war mehr, als man von Subaru oder Daihatsu (auch das eine Toyota-Tochter) behaupten konnte. Toyotas Land Cruiser als Geländewagen war zumindest in der Schweiz schon ganz gut eingeführt, auch wenn er nichts, aber auch gar nichts mit Fahrspaß zu tun hatte, und mit Lifestyle erst recht nicht: Wer so einen harten Hund fuhr, der musste dorthin, wo's selbst zu Fuß weh tat, und diejenigen, die einen fuhren, taten das, weil sie mussten, nicht weil sie wollten: Beim Land Cruiser war Unverwüstlichkeit Programm.

Zu den wenigen Toyota mit breiterer Fanbasis gehört der Celica, hier als Liftback (1976–1978) mit Anklängen an den Mustang. (Foto: © David Marescaux, cc-by-sa 3.0)

ZUVERLÄSSIGKEIT AUF RÄDERN

In geringerem Maße galt das auch für die Personenwagen: Dauerhaltbarkeit zählte zu den Kardinaltugenden, aufregendes Design eher nicht. Der Deutschlandstart begann mit Corolla, Carina und Corona, ein wenig sportlichen Glamour sollte der Carina-Ableger Celica bringen. Typisch für die Toyotas der Siebziger war das bestenfalls eigentümliche Design, sie sahen aus wie Straßenkreuzer, die man zu heiß gewaschen hatte. Neben der kruden Optik und den ungewohnten Namen boten sie nur Standardware – aber im Grunde genommen war auch das typisch für die japanische Automobilindustrie, doch Toyota ging ganz besonders konservativ vor. Erst 1979 kam mit dem Tercel – was für ein Name! – der erste Toyota mit Frontantrieb und Einzelradaufhängung rundum. Die Optik war ein gutes Stück in Richtung Europa gerückt, was die Absatzzahlen auch nicht besser machte. Dennoch gerieten auch die weiteren Neuauflagen und Neueinführungen Ende der Siebziger, Anfang der Achtziger deutlich mehr nach den Vorstellungen der westlichen Käufer. Ein schönes Beispiel dafür war der Toyota Corolla, zeitweise das meistverkaufte Auto weltweit und spätestens seit der fünften Generation von 1983 auf Augenhöhe mit den besten europäischen Kompakten. Topmodell war das Corolla Coupé GT mit aufwändigem 16V-Motor und ausgefeiltem Motormanagement. Nach guter alter Sportwagentradition brachte der GT die Kraft seiner 124 PS über die Hinterräder auf den Boden, während die anderen Familienmitglieder – Stufenheck, Liftback, Kombi, Steilheck – Frontantrieb aufwiesen. Die Corolla-Baureihe wurde regelmäßig erneuert und heißt heute, je nach Absatzmarkt und Karosserieform, auch Auris: Toyotas zählten nie zu den aufregendsten, aber immer zu den zuverlässigsten und langlebigsten Autos. Wobei: Natürlich versuchte Toyota, auch emotionale Autos zu bauen. Der Celica war so ein Beispiel dafür. Zwischen 1970 und 2005 in sieben Auflagen gebaut, zeitweise auch als Cabriolet, hoben sich diese mit jeder Generation mehr vom üblichen japanischen Einheitsdesign ab. Mit Rallyeautos auf Basis der Generationen vier, fünf und sechs (gebaut zwischen 1985 und 2000) bestritten die Japaner zahlreiche internationale Wettbewerbe und gewannen diverse WM-Titel. Darüber positioniert waren die Sechszylinder-Supra-Typen, darunter die nur in den Neunzigern lieferbaren Paseo-Coupés (gab's auch als in Amerika umgebautes Cabriolet, dann aber mit fragwürdiger Qualität).

Toyota war bis in die Neunziger eine Macht im Rallyesport. Die Autos waren nicht immer die schnellsten, aber fast immer die zuverlässigsten im Feld. Hier ein Allrad-Celica der Baureihe T18 (1989–1993) aus der Rallye-WM, Carlos Sainz wurde damit Weltmeister. Typisch für die Zeit: Biodesign und Klappscheinwerfer. (Foto: © Brian Snellson, cc-by-sa 2.0)

UNTERSCHÄTZTE MEILENSTEINE

Ließ sich für diese Fahrzeuge in den Schaufenstern der Konkurrenz durchaus Vergleichbares finden, so galt das beileibe nicht für den RAV4 von 1994: Damit hat Toyota quasi im Alleingang das SUV-Segment erfunden: Zu haben mit kurzem und mit langem Radstand sowie als Cabriolet, war die Kombination aus Kombi- und Geländewagen tatsächlich konkurrenzlos.

Seit den Achtzigern bedienten die Japaner jede Nische. Auch wenn in jenem Jahrzehnt die Absatzzahlen nicht in den Himmel wuchsen und die Motorjournalisten nicht müde wurden, auf vermeintliche oder tatsächliche Nachteile gegenüber europäischen Fahrzeugen hinzuweisen: Sie alle verkörperten die typischen Toyota-Tugenden, die da heißen Qualität, Langlebigkeit und Zuverlässigkeit. Und ein wenig Langeweile.

Rallye-Celica GT der Generation vier (T16, 1985–1989). Bei Sammlern völlig unterbewertet, gelten die Toyotas jener Epoche als die haltbarsten Autos überhaupt. (Foto: © Miloslav Rejha, cc-by-sa 3.0)

In der Frühzeit von Toyota Deutschland punkteten die Japaner in der Mittelklasse vor allem über den Preis. Die Carina-Limousine und deren Coupé-Ableger Celica waren in Sachen Fahrwerk der deutschen Konkurrenz zwar unterlegen, aber wesentlich besser ausgestattet.

Jajaja, der RAV4 ist erst 1994 erschienen, er gehört aber dennoch hierher. Denn er war das erste SUV. Wer einen gehabt hat, wird sich gerne daran erinnern. (Foto: © Toyota)

Für Jahrzehnte das bekannteste US-Auto weltweit: Der Army-Jeep MB, 1941–1949 (Foto: © FCA/Jeep)

U.S.A.

Der amerikanische Automobilmarkt wurde von drei großen Herstellern dominiert. Jeder von ihnen hatte ein halbes Dutzend Marken mit – von wenigen Ausnahmen abgesehen – weitgehend identischer Technik im Portfolio. Wichtiger war das Design, und darin waren in den ersten beiden Nachkriegsjahrzehnten die US-Autobauer tonangebend. Die Ära der Straßenkreuzer und SAE-PS-Monster endete mit dem Totalschaden infolge der ersten Ölkrise, was danach kam, war eine halbe Nummer kleiner und europäischer. Damit verloren US-Cars an Attraktivität, denn in »Good old Europe« standen sie bis dahin für den amerikanischen Way of Life. Gewiss, sie waren für hiesige Straßen überdimensioniert und teuer gewesen, aber diese Exotik machte sie reizvoll. Je mehr sich der US-Autobau daher internationalen Standards annäherte, desto uninteressanter wurden die Fahrzeuge in den Augen der Fans. Eigentlich besitzt jedes US-Car bis in die Siebziger hinein Kultpotenzial, wobei hier die Devise gilt: Es kommt doch auf die Größe an. Immerhin: Die kurzlebige Ehe zwischen Daimler und Chrysler brachte im neuen Jahrtausend noch einige potenzielle Liebhaberstücke hervor.

New York City Skyline bei Nacht. (Foto: © Guian Bolisay, CC-BY-SA-2.0)

Das neue Jahrtausend sah den Beginn der Retro-Welle: PT Cruiser. (Foto: © FCA)

Verkörpert den typischen Coke-Bottle-Shape der Siebziger: Chevrolet Corvette C3, 1968–1982. (Foto: © Alf van Beem, CC0)

Eine 1,13 Meter flache automobile Provokation in den spaßbefreiten Neunzigern: Dodge Viper R/T, 1991–1996. (Foto: © FCA)

Der Mustang prägt seit den Siebzigern das Bild vom Ami-Sportwagen. (Foto: © Mario Brunner Slg. Sönke Priebe)

SAUFENDE SAURIER

Amerikaner (beziehungsweise deren Fahrzeuge) spielten hierzulande kaum eine Rolle, eher in den Beneluxstaaten und der Schweiz. GM-Fahrzeuge wurden zeitweise in Belgien und der Schweiz montiert, Renault bot in den Sechzigern ausgewählte Rambler-Typen über seine Händler an, und auch diverse US-Fords waren, zumindest theoretisch, in Deutschland beim Händler zu bekommen. Doch Marktbedeutung hatten sie nicht, um so mehr fielen sie im Straßenbild auf. Auf Süddeutschlands Straßen sah man sie häufiger, denn da war die ehemalige amerikanische Besatzungszone. Da spielte auch der immense Benzinverbrauch in Zeiten der Ölkrise keine Rolle. Die deutsche Hubraumsteuer und das zwielichtige Image – wer einen »Ami« fuhr und kein GI war, war entweder Zuhälter, Nachtclubbesitzer oder Schrotthändler – sorgten dafür, dass amerikanische Limousinen in Deutschland nicht verkäuflich waren. Und dass die Sportlichkeit meist in der Optik und – von wenigen Ausnahmen abgesehen – nicht in der Technik steckte, half in diesem Zusammenhang auch nicht weiter.

Ende der 60er Jahre waren amerikanische Autos für deutsche Käufer vollends uninteressant geworden. Gesetzliche Änderungen verteuerten mächtig die Anschaffung, und der Wechselkurs gestaltete die Sache noch unerfreulicher: Wer einen Ami kaufte, bekam für das Geld auch einen Pagoden-SL. Die im Überfluss motorisierten Straßenkreuzer – Verbräuche von 20 bis 30 Liter im Stadtverkehr waren bei den größeren V8 durchaus normal – gingen im Gefolge der ersten Energiekrise von 1973 unter, und für die so genannten Subcompact-Cars im handlichen Europa-Format sprach wenig: Wenn schon Ami, dann ein echter Straßenkreuzer, schienen sich die Kunden zu sagen. So stürzten die Verkäufe ab.

Nach der zweiten Energiekrise von 1978 erlebten bestimmte US-Cars einen kurzen Boom. Der starke Kursrutsch des Dollars (1979 musste für einen Dollar nur noch 1,77 DM bezahlt werden) machte einen amerikanischen Neuwagen so günstig wie noch nie. Was dazu führte, dass der eine oder andere neue Ford oder Chevrolet hier eingeführt wurde und in Sammelprospekten ausgewählte US-Typen in europäischer Spezifikation angeboten wurden.

Da sah dann der deutsche Michel: Der typische Amischlitten der Achtziger hatte ein handliches Maß. Doch kleinere Motoren und kompaktere Karosserien machten sie nicht attraktiver: Warum sollte man sich einen Ami in die Garage stellen, wenn es für weniger Geld einen technisch fortschrittlicheren europäischen Wagen gab? Wenn aber einer der raren Vögel mal im Straßenbild auftauchte, schaute man trotzdem hin – und meist dann kopfschüttelnd auch wieder weg. Nur Mustang und Corvette fanden eine gewisse Verbreitung. Im Grunde genommen hat sich daran bis heute nichts geändert.

Bei den nach 1965 gebauten Avanti II steckte Corvette-Technik unter der GFK-Karosserie und die Scheinwerfer hatten quadratische Rahmen. (Foto: © T442163, cc-by-sa 3.0)

Der Avanti GT begann seine Karriere 1962 als Studebaker. Er hatte den dann von den Großen nachgeahmten leichten Hüftschwung, Kunststoff-Karosserie und einen 5,0-Liter-V8. (Foto: © Rex Gray, cc-by-sa 2.0)

Schlimmer geht immer: Die von Virgil Exner gezeichneten Stutz Bearcat bzw. Blackhawk (hier ein Series IV von 1977, versteigert von Bonhams) nutzten Bodengruppe und Technik von GM. Die Marke produzierte zwischen 1971 und 1987.
(Foto: © Thesupermat, cc-by-sa 3.0)

Der Excalibur erschien 1966 und erinnerte an die großen Kompressor-Mercedes. Die Auspuffrohre waren bei diesem Series IV (1980–1984) nur noch Zierde.
(Foto. © Alexandre Prévot, cc-by-sa 2.0)

CHEVROLET

Nach dem Zweiten Weltkrieg war der Bedarf an Neufahrzeugen immens. Daher bliesen die Big Three den Staub von ihren Vorkriegsentwürfen und legten sie wieder auf Band. Die aus Europa heimgekehrten GIs aber langweilten sich mit diesen Dickschiffen, denn sie kannten nun die kleinen, wendigen Briten-Roadster. Die heimische Industrie hatte nichts dergleichen, sie baute Straßenkreuzer in jeder Größe, Farbe, Form und Menge. General Motors, als weltgrößter Automobilhersteller bis dato nie durch besondere technische Kreativität aufgefallen, ließ sich ebenfalls reichlich Zeit.

CHEVROLET CORVETTE

Amerika aber war im Raketenzeitalter angekommen, alles, was GM anbot – unter welchem Label auch immer – war langweilig, spießig und irgendwie beliebig. Dass der größte Fahrzeugbauer der Welt auch anders konnte, bewies er nur im Rahmen seiner Traumwagen-Ausstellungen (»Motorama« hießen die), Roadshows mit Designstudien. Und einer dieser dort gezeigten Prototypen, im New Yorker Walldorf-Astoria vorgestellt, führte zur ersten Corvette vom Juni 1953. Der Zweisitzer mit Kunststoff-Karosserie und Standard-Antrieb hatte aber nur einen relativ schwachen Sechszylinder-Motor, weshalb der von Harley Earl (Design) und Zora Arkus Duntov (Technik) geschaffene Sportwagen für 1955 den neuen Smallblock-OHV-V8 (4,3 Liter) erhielt. Je nach Nockenwelle und Vergaser-Anlage – Einspritzung optional ab 1957 – stieg die Leistung auf bis zu 240 SAE-PS, und das zog die Absätze aus dem Keller. Die wichtigsten Modellpflegemaßnahmen dieser ersten Generation bescherten der Corvette 1956 ein flacheres Heck, 1957 einen 4,6-Liter-V8 (optional 4,7 Liter, bis 283 PS), 1958 Doppelscheinwerfer und 1961 eine erneut überarbeitete Frontpartie (jetzt 5,4 Liter, bis 360 PS) und ein Stahlgerüst zur Verstärkung der Fahrzeugstabilität. Die zweite Generation erschien zum Modelljahr 1963, natürlich mit Kunststoff-Karosserie, aber völlig neuer Form. Klappscheinwerfer und die geteilte Heckscheibe sorgten für einen aufregend neuen Look, erstmals war die Corvette auch als Coupé erhältlich. Die Basis bildete ein neuer Leiterrahmen mit einer um 50 % höheren Steifigkeit als zuvor. Der Radstand war leicht verkürzt und das Stahlkorsett stabiler. An der Hinterachse hatte die Starrachse ausgedient und wich einer zeitgemäßen Einzelradaufhängung: *»Mit den besten europäischen Sportwagen durchaus vergleichbar sind die Fahreigenschaften«*, lobte ein deutscher Test, *»die Federung ist weich, aber gut gedämpft«* und kam letztlich zum Fazit: *»Mit dem Chevrolet Corvette Sting Ray lassen die Amerikaner keinen Zweifel daran, dass sie richtige Sportwagen bauen können.«* Im Testbetrieb waren übrigens 21,4 Liter Super durch die Vergaserschlünde geflossen. Mit 31.400 D-Mark war der Sting Ray um 7700 D-Mark teurer als der ebenfalls brandneue Porsche 911 (der damals noch 901 hieß). Im Bug kauerte der »Bigblock«-Motor, der 327er ci-V8 aus dem Vorgänger; der Jahrgang 1967 hatte einen 7,0-Liter-V8 mit bis zu 425 PS. Je nach Hinterachse waren so bis zu 230 km/h möglich.

Die dritte Generation erschien 1968 und trug den »Coke-Bottle-Style«, die Karosserie mit Hüftschwung. Im Laufe der Bauzeit kamen diverse V8-Motoren zum Einsatz, die Palette reichte vom 5,4-Liter bis hin zum optionalen 7,5-Liter. Verschiedentlich überarbeitet – 1973 mit Kunststoff-Stoßfängern statt der Chromstoßfänger, 1978 mit geänderter Heckpartie und Panoramascheibe –, blieb die Plastikflunder bis Anfang 1983 in Produktion. Die C4-Corvette hatte eine völlig neue, glattflächige Karosserie mit einem cw-Wert von 0,34, moderne 50er Niederquerschnittreifen, dank des neuen Zentralrohrrahmens die Straßenlage eines Go-Kart und eine bahnbrechende Kunststoff-Querblattfeder. Standardmotor war der 5,7-Liter-V8 mit mindestens 205 PS (DIN, nicht SAE-PS), in Deutschlands gab's den knapp 220 km/h schnellen Sportwagen mit Plastikkeil für 85.400 D-Mark – ein 231 PS starkes Porsche 911 Coupé 3.2 (getestet mit 254 km/h) war über 23.000 D-Mark billiger. In Sachen Leistung toppte die ZR-1-Vette 1990 mit ihrem 5,7-Liter-Motor, 380 PS und einer Höchstgeschwindigkeit von über 280 km/h alles bisher Dagewesene. Die schnellste Corvette brachte den US-Kraftsportler auf Augenhöhe mit der europäischen Sportwagenelite.

Eingezogene, weiß abgesetzte Flanken, Chromkühlergrill – die letzte Evolutionsstufe der ersten Corvette wirkte Anfang der Sechziger etwas angestaubt. (Foto: © GM Corp. Media)

Baugleich mit dem Chevy Van G20 war der GMC Vandura (1968–1996). Und den kannte man auch hierzulande als Einsatzfahrzeug des A-Teams. (Foto: © jaspernoordam, cc-by-sa 2.0)

Die vierte Corvette-Generation erschien 1984 und verzichtete auf den bis dahin üblichen Hüftschwung. (Foto: © GM Corp. Media)

»Bill« Mitchells Corvette-Design war Zeichen für die neue Schlichtheit im US-Design nach den Blechexzessen der Fünfziger. Der begeisterte Sporttaucher ließ sich angeblich von Raubfischen inspirieren, die neue Formensprache sollte Aggressivität und Schnelligkeit signalisieren. (Foto: © GM Corp. Media)

Der Camaro war Chevrolets erstes Pony Car und erschien 1967. Hier zu sehen ist ein Modell der zweiten Generation zwischen 1970 und 1981. Der Jahrgang 1974 hatte eine modifizierte Frontpartie, die in die C-Säule reichende Heckscheibe kam 1975. Ab und an war er in Deutschland zu sehen, und praktisch immer mit V6-Motor.

Damals, als man Muscle Cars neu kaufen konnte, mochte sich kaum ein deutscher Käufer eine solche Camaro SS in die Garage stellen. Das änderte sich erst in den letzten beiden Jahrzehnten, als Wirtschaftslage und Wechselkurs den Traum erschwinglich machten. (Foto: © Mario Brunner Slg. Sönke Priebe)

Firebird hieß der Camaro bei Pontiac, hier nach dem Facelift 1977 mit Rechteckscheinwerfern. Ein Serie III machte als K.I.T.T. TV-Karriere. (Foto: © GM Corp. Media)

Die dritte Camaro-Generation (1982–1992) gab's mit V6- und V8-Motor. Wer einen sucht, sollte einen späten nehmen. (Foto: © GM Corp. Media)

CHEVROLET CAMARO

Der US-Pkw-Markt Mitte der Sechziger befand sich im Umbruch, Ford hatte mit dem Mustang den ersten Kompaktsportler aus amerikanischer Produktion auf die Räder gestellt und kam mit der Lieferung nicht mehr hinterher. Die Konkurrenz, allen voran General Motors mit seiner Kernmarke Chevrolet, schaute in die Röhre, kopierte aber dann mit dem Camaro Fords Erfolgsrezept und setzte in eine nach US-Maßstäben kleine Karosserie einen großen Motor. Den ersten Camaro (1967 bis 1969) gab's als Hardtop-Coupé sowie als Cabrio. Die Basis kostete mit Sechszylinder-Motor (230 CID, 3,8 Liter) 2466 Dollar, das waren fünf Dollar mehr als Ford für den Mustang aufrief. Darüber angesiedelt waren zwei Small-Block-V8 mit 327 CID (5,4 Liter) und 350 CID (5,7 Liter), der später meistverkaufte V8 der Welt. Kurz darauf wurde der Camaro mit 396er Big-Block (6,5 Liter) eingeführt, anfangs mit 325 SAE-PS und noch längst nicht ausgereizt, doch der Camaro hatte den Respektabstand zur Corvette zu wahren und durfte daher nicht zu dick auftragen. Gemeinsam mit dem Camaro wurde das Schwestermodell Firebird von Pontiac eingeführt. Mit dem Camaro fing Chevrolet zahlreiche Mustang-Käufer ein. Ermutigt durch den Erfolg, folgten zahlreiche Ausstattungs- und Motorvarianten bis hin zum Siebenliter-Big-Block mit knapp 400 SAE-PS; die Absatzzahlen von Camaro und Mustang näherten sich zügig der 300.000er Marke – Ford kam von oben, Chevrolet von unten.

1970 folgte die Generation II, die bis 1981 gebaut wurde. Wie beim Rivalen Ford waren die Siebziger kein gutes Jahrzehnt für sportlich angehauchte Wagen, zumal 1971 nahezu alle Maschinen auf unverbleiten Sprit umgestellt werden mussten. Das kostete Leistung, und nachdem die PS-Angaben laut Gesetz nur noch die Netto-Zahlen nennen durften, machte sich eine gefühlte Untermotorisierung breit: Die Big-Block-Maschinen wurden ausgemustert, 100 PS starke Reihen-Sechszylinder hatten mit 1,5 Tonnen Leergewicht zu kämpfen. Zwei Facelifts – 1974 und 1978 – versuchten zu retten, was in Zeiten von Ölkrise und erwachender Umwelt- und Sicherheitsgesetzgebung noch zu retten war.

Die dritte Camaro-Generation von 1982 brachte es auch auf eine zehnjährige Laufzeit, vom Standpunkt der Autoenthusiasten betrachtet waren die ersten Jahre die düstersten: Chevrolet scheute sich nicht, einen mickrigen Vierzylinder unter die Haube zu verbannen, mit 90 PS zog der Basis-Camaro – immerhin 1,3 Tonnen schwer – nun wirklich keine Wurst mehr vom Teller, und der Spitzen-V8 machte aus seinen fünf Litern Hubraum maximal 145 PS. Doch es ging aufwärts: 1987 gelangte der 350er-V8 aus der Corvette unter die Motorhaube des Camaro, allerdings gedrosselt auf 245 PS. Kombiniert mit einer ellenlang übersetzten Hinterachse, schaffte der Camaro so 230 km/h. Doch obwohl das Technikpaket nun passte, rauschten die Absatzzahlen weiter in den Keller, mit dem Ende der vierten Generation (1993–2003) wurde die Reihe vorerst eingestellt.

AUCH IN DEUTSCHLAND KEIN RENNER

Zwischen 1971 und 1991 stand der Camaro in den Lieferlisten für Deutschland. Ein 1971er V8 Coupé kostete mit rund 27.000 Mark so viel wie ein Pagoden-SL, ein Camaro der Folgegeneration lag, zehn Jahre später, auf ähnlichem Niveau. Wechselkursbedingt stiegen die Preise nach 1983 steil an, ein Z28 stand dann mit über 44.000 Mark und 1985 mit fast 60.000 Mark in der Liste, und dafür gab's schon eine kleine S-Klasse oder BMW 6er. In den Neunzigern war der Camaro hierzulande praktisch nicht erhältlich, wer ein Sportcoupé aus den USA fahren wollte, konnte aber das Camaro-Schwestermodell Pontiac Firebird erhalten. In der Serie »Knight Rider« spielte der auf einem Firebird basierende »K.I.T.T.« die Hauptrolle. Dennoch: Pontiac geriet im Laufe des Jahrzehnts zusehends ins Hintertreffen. 1983 brachte die GM-Tochter mit dem Fiero den ersten amerikanischen Mittelmotor-Sportwagen in Großserie. Der eng geschnittene Zweisitzer mit Kunststoff-Karosserie und 2,5-Liter-Vierzylinder beziehungsweise 2,8-Liter-V6 bildete die Vorlage für Toyotas MR2 und war der letzte neue Pontiac, von dem Europa Notiz nahm.

CHRYSLER

Walter P. Chrysler (1875–1931) war Lokomotivingenieur gewesen, hatte dann bei Locomobile Dampfwagen gebaut, bis er sich schließlich nach etlichen weiteren Stationen 1924 sich mit seiner eigenen Firma selbstständig machte. Mit seinem Chrysler Six verdiente er so klotzig, dass er Konkurrenten wie Dodge übernehmen, ein Mehrmarken-Imperium aufbauen und zum drittgrößten amerikanischen Automobilhersteller aufsteigen konnte. Die Firma hatte mit den legendären, über 400 (SAE-) PS starken »Letter-Cars« im Amerika der Nachkriegszeit für Furore gesorgt. Das erste Letter-Car erschien 1955, das letzte, der 300 L, 1965. Dennoch gingen die Verkaufszahlen auf Talfahrt, da mochten die Heckflossen noch so sehr in den Himmel wachsen (sie waren nie höher als beim 1961er Jahrgang).

In den Fünfzigern gingen die Amerikaner dann in Europa groß auf Einkaufstour, Anfang der Sechziger verleibten sie sich diverse britische (Sunbeam, Rootes) und französische Hersteller (Simca) ein, agierten aber denkbar unglücklich. Anfang der Siebziger galt das Unternehmen als Wackelkandidat. Mit dem 440-V8 mit Dreifachvergaser und unglaublich hoher PS-Leistung startete der Konzern in das neue Jahrzehnt, das zwei Ölkrisen brachte und mit dem Debakel um die europäischen Niederlassungen endete: Detroits Nummer drei war angeschlagen, in den Siebzigern gab es nichts, das es in anderer Form nicht auch bei General Motors oder Ford gegeben hätte – es war höchstens eine Nummer kleiner und schlechter verarbeitet.

Hierzulande wurde diese Spielart des amerikanischen Way of Drive vor allem durch die US-Army bekannt. Im Bild ein Dodge Ram von 1989. (Foto: © Scheinwerfermann, cc-by-sa 3.0)

LEBARON, ABER NICHT VON ADEL

Das mochte bis Ende der Siebziger landläufige Meinung gewesen sein, galt aber bald nicht mehr: Chrysler, durch Unfähigkeit und Missmanagement praktisch am Ende, engagierte Ende 1978 den Mustang-Schöpfer Lee A. Iacocca. Der, einer der fähigsten Köpfe in der Automobilindustrie, hatte mit seinem Ex-Arbeitgeber Ford noch ein Hühnchen zu rupfen und legte sich daher besonders ins Zeug. Mit neuer, relativ sparsamer und kompakter Frontantriebs-Technik sorgte er für eine Renaissance der Marke. Auf dieser Plattform gab es auch ein neues Cabriolet mit dem Beinamen »LeBaron« (das war ein Karosseriebauer gewesen), dieser erste neue offene Viersitzer seit Mitte der Siebziger war auch der Bestseller der 1988 neu gegründeten deutschen Chrysler-Vertriebsgesellschaft.

Den LeBaron gab es als Coupé und als Cabrio. Beim Dauertest von auto motor und sport trübten allerdings viele kleine Detailmängel die Lust am Ami-Cabriolet, gravierende Schwachstellen leistete sich der LeBaron allerdings nicht, sieht man einmal von den konzeptionsbedingten Schwächen – unübersichtliche Karosserie, kleiner Kofferraum, kaum Kniefreiheit hinten – ab. Andererseits überzeugten die LeBaron durch die überkomplette Ausstattung und die hohe Alltagstauglichkeit, die lediglich durch den Zwölfmeter-Wendekreis mitunter getrübt wurde: ***»Trotz all der Jugendsünden fällt der Abschied schwer, weil es ein bunter Tupfer in der grauen Menge ist«***, so das Fazit des Frühjahr 1991 veröffentlichen Tests. Zunächst mit 2,5-Liter-Saugmotor und 2,5-Liter-Turbo lieferbar, wurde die Modellreihe 1990 um die GTC-Modelle erweitert. Ihre Merkmale waren der 2,2-Liter-Turbo mit 177 PS aus dem Daytona-Coupé, ein elektrisch verstellbarer Fahrersitz und Scheibenbremsen an allen vier Rädern. Die Modellreihe lief 1995 aus, zu jenem Zeitpunkt war die 1989 als Studie gezeigte Dodge Viper gerade eingeführt worden.

Chrysler benötigte über ein Jahrzehnt, um einen Mustang- Konkurrenten auf die Räder zu stellen. Der Dodge Challenger R/T war die passsende Antwort. (Foto: © FCA)

DODGE

Die Brüder John und Horace Dodge hatten 1914 ihr erstes eigenes Auto vorgestellt. Der Entwurf mit seinem Elektrostarter wurde auf Anhieb zum Erfolg, doch nach dem Tod der Firmengründer 1929 verloren die Investoren das Interesse und verkauften an Chrysler. Innerhalb des Chrysler-Portfolios rangierte die Marke zwischen Plymouth und DeSoto; nach amerikanischer Sitte unterschieden sich die einzelnen Fahrzeuge in erster Linie durch die Optik. Was sich unter dem zeittypisch ausufernden Blechkleid befand, war meistens identisch, und der deutsche Durchschnitts-Autofahrer scherte eh alle über einen Kamm: Dodge oder Chrysler – alles gleich: Benzinsaufende Saurier

Ein schwarzer Charger R/T war das perfekte Transportmittel für jene Bösewichter, die 1968 in Bullitt den Mustang jagten. Der Charger hier trägt ein freundliches Metallicblau, schwarz ist nur das – aufpreispflichtige – Vinyldach. Solche Vinyldächer kamen damals groß in Mode. (Foto: © Mario Brunner Slg. Sönke Priebe)

Das hier ist ein 1969er Dodge Charger R/T. Das Muscle Car wurde damals nicht in Deutschland verkauft, eifrige Fernsehgucker kannten ihn trotzdem: Der spielte in der Serie »Ein Duke kommt selten allein« eine Hauptrolle. (Foto: © Mario Brunner Slg. Sönke Priebe)

Der LeBaron als Viersitzer-Cabriolet mit Klappscheinwerfern wurde so in Deutschland 1988 bis 1992 verkauft und war wesentlich beliebter als das Coupé. Der Fronttriebler fiel im Test wegen vieler Detailschwächen auf, hat heute aber einen kleinen, treuen Fankreis. Im Moment ist er noch für ganz kleines Geld zu haben. (Foto: © FCA)

Der Prowler sorgte Mitte der Neunziger für Aufsehen. Die Hot-Rod-Studie ging 1997 tatsächlich in Serie, wurde aber offiziell nicht nach Europa importiert, auch nicht nach der Fusion mit Daimler-Benz im Jahr darauf. Bis 2002 knapp 12.000 Mal gebaut. (Foto: © Ildar Sagdejev, cc-by-sa 2.0)

Den Voyager-Minivan von 1983 gab's ab 1988 auch in Europa. Diesen Chrysler und seine Nachfolger sah man wesentlich häufiger als alle anderen US-Cars. (Foto: © FCA)

mit miesen Fahrwerken, lumpig zusammengepfuschte Low-Tech. Wirklich?

Für die Chrysler-Chefs war die unter Dodge-Label vermarktete Viper jenes Auto, das Chrysler gerettet hat, für die Tester *»ein Auto wie John Wayne«* (auto motor und sport), ein Auto grenzenloser Unvernunft, die legendäre Shelby-Cobra im neuen Gewand: Der 1,12 Meter hohe Roadster war 1991 in Serie gegangen. Der zweisitzige Sportwagen mit der Kunststoff-Karosserie verfügte über einen Achtliter-Zehnzylinder-Motor, der eigentlich für den Dodge-Ram-Pickup entwickelt worden war. Der Lastwagenmotor, so der Projektchef Bob Lutz, passte auch in einen 400-PS-Sportwagen. Entsprechendes Know-how steuerten die Techniker der damaligen Chrysler-Tochter Lamborghini bei, Köpfe und Zylinderblock bestanden nicht mehr aus Gusseisen, sondern aus Aluminium. Das Zweiventil-Triebwerk mit zentraler Nockenwelle saß hinter der Vorderachse. Das Sechsganggetriebe stammte von Borg-Warner, die Bremsanlage steuerte Brembo bei. In den USA für 50.000 Dollar verkauft, kostete die ab 1994 auch in Deutschland angebotene Viper R/T (364 PS) 142.000 D-Mark, was ihrer Verbreitung enge Grenzen setzte. Die erste wesentliche Modellpflege fand zum Modelljahr 1996 statt: Anstelle der (ohnehin funktionslosen) Sidepipes gab es eine Doppelrohr-Auspuff-Anlage. Die Motorleistung stieg, die Radaufhängung wurde verbessert, so dass sie nun um 25 % verwindungssteifer war als zuvor. Laut Werk umfasste die Änderungsliste 200 Positionen, darunter auch ein neues Hardtop. Nur die Verkaufszahlen in Deutschland wurden dadurch auch nicht besser, doch Chrysler blieb in Europa präsent.

PLYMOUTH

Plymouth sollte für Chrysler das werden, was Chevrolet für General Motors schon war: Eine Marke im volumenträchtigen Niedrigpreissegment. Der Name erinnerte an den Plymouth Rock der ersten Pilgerväter und war fast so etwas wie ein nationales Heiligtum, außerdem gab es auch eine Drahtsorte dieses Namens, die auf den Farmen des Mittleren Westens weit verbreitet war. »Plymouth« signalisierte Solidität, Seriosität und eine gewisse Verbundenheit mit den zahllosen Farmern im Land, jenen Kunden, die Ford groß gemacht hatten. Nun, die konservativen Farmer hatten ab 1928 im Plymouth eine Alternative. In Deutschland und Europa über Jahrzehnte weitgehend unbekannt, sorgte 1933 der Prowler, eine Studie im Hot-Rod-Stil der Dreißiger, für Aufsehen. Noch viel überraschender allerdings war die Tatsache, dass dieser durch und durch unvernünftige Zweisitzer 1998 in Serie ging, in jenem Jahr, als Chrysler und Mercedes-Benz fusionierten. Der Prowler wurde zwar nicht offiziell importiert, doch die Plymouth-Mutter Chrysler hatte noch weitere Retro-Asse im Ärmel wie den PT Cruiser oder den Crossfire, tatsächlich auch mit Technik des Mercedes-Benz SLK (Baureihe R 170) ausgestattet als im Straßenverkehr sichtbarster Ausdruck der DaimlerChrysler-Ehe, die durchaus Kultstatus besitzen.

Obwohl ein Auto aus den Nuller-Jahren, ist Chryslers Crossfire (1998–2007) ein kommendes Liebhaberstück, als Cabrio sowieso. Darunter steckt SLK-Technik. (Foto: © FCA)

Die Cobra mit Hardtop kam bei zahlreichen Langstreckenrennen zum Einsatz, was Positionslichter auf dem Dach erforderte. (Foto: © François de Dijon, cc-by-sa 3.0)

Ursprünglich hatte Shelby die Cobra mit einem GM-V8 bestücken wollen, wandte sich dann aber an Ford. Im Bild eines der 50 Jubiläums-Modelle 2015. (Foto: © Steindy, GFDL-1.2)

Mit den Daytona-Coupés (hier ein 289 Mk II, 1963) trat Shelby in der FIA-GT-Weltmeisterschaft an und traf dabei auf den Ferrari GTO. (Foto: © Kevin Decherf, cc-by-sa 2.0)

SCHNELLE SCHLANGEN: DIE SHELBY COBRAS

»Was man bisher über die Beschleunigungszeiten dieses Sportwagens gehört hat, schien so unglaublich, dass man annehmen musste, es seien optimistische Uhren am Werk gewesen, um dem Cobra zu legendären Werten zu verhelfen. Doch kann ich bestätigen, dass die bisher bekannt gewordenen Stoppungen reell sind: in 4,6 Sekunden auf 100 km/h. Dabei hat der Wagen keinerlei Raffinessen aufzuweisen ...«

Als diese Zeilen 1963 im Fachblatt auto motor und sport erschienen, hatte Selfmade-Millionär, Hühnerzüchter, Rennfahrer und Hansdampf in allen Gassen Caroll Shelby (1923 bis 2012) bereits über 100 Cobras verkauft. Sein Erfolgsgeheimnis war eigentlich ganz einfach: Er kombinierte eine leichte Karosserie des britischen Herstellers AC mit einem bärenstarken Ford-V8 und erhielt so einen leichtgewichtigen Roadster mit fabelhaften Beschleunigungswerten.

AC Cars Ltd. war ein alteingesessener englischer Hersteller von Kleinserienfahrzeugen, der zu Beginn der 50er Jahre mit dem AC Ace an seine Vorkriegs-Sportwagentradition anschließen wollte. Dieser offene Zweisitzer besaß eine Karosserie aus Aluminium. Sein Sechszylinder-Reihenmotor stammte von drei verschiedenen Lieferanten: Es gab ein Eigengewächs mit bis zu 104 PS, eine weitere Motorversion mit bis zu 130 PS von Bristol und einen 172-PS-Motor aus dem Hause Ford, der normalerweise im britischen Ford Zephyr zuhause war. Nachdem der AC Ace von Privatfahrern bei Rennen eingesetzt worden war, engagierte sich der britische Hersteller ab 1957 selbst im Rennsport, so etwa bei den 24 Stunden von Le Mans und Sebring. Dadurch wurde der ehemalige US-Rennfahrer Caroll Shelby auf den kleinen Flitzer aufmerksam. Der Texaner hatte 1959 die 24 Stunden von Le Mans gewonnen und schlug den Briten 1961 vor, dem inzwischen nicht mehr konkurrenzfähigen AC Ace Beine zu machen. Der Autobauer aus Thames Ditton war einverstanden, und so entstand ab 1962 die Shelby Cobra mit dem 4,3-Liter-Ford-V8, wobei für die Aufnahme des 260-SAE-PS-starken Motors der Rahmen verstärkt, die Bremsanlage neu ausgelegt und das Differential ersetzt werden musste. Bei den Testfahrten soll ein Coupé 315 km/h gelaufen sein, und das sorgte für gewaltiges Rauschen im Blätterwald. Die Shelby Cobra kam erfolgreich bei vielen Rennen in den USA zum Einsatz. In den folgenden Jahren entstanden mehrere Versionen des kleinen Renners, die bekannteste war der rundum erneuerte »Typ 427« mit dem neuen Bigblock-V8 mit 427 cid (7,0 Liter Hubraum, 425 SAE-PS), der es auf eine Höchstgeschwindigkeit von zirka 250 km/h brachte. 1965 holte Shelby für Ford die Sportwagenweltmeisterschaft und erfüllte so den großen Traum von Henry Ford II, der unbedingt Ferrari schlagen wollte. Nachdem die Mission erfüllt war und der Bau der Mustang-GT-Typen immer mehr Kapazität band, verlor Shelby alsbald das Interesse am Cobra-Projekt und stellte die Produktion 1966 ein. 1968 verabschiedete sich auch AC von diesem Roadster, der seit den Achtzigern von zahlreichen Replika-Herstellern nachgebaut wurde und auch heute noch zu bekommen ist, etwa von Weineck, dann aber mit irrwitzigen 1100 PS und einer Höchstgeschwindigkeit von rund 390 km/h. Wer eine dieser 15 Weineck-Cobras kaufen wollte, musste aber rund 400.000 Euro auf den Tisch blättern; letztlich aber gilt: Jede Cobra, ob nun die schmale 289er oder die 427er, ob Original oder Replica, ist Kult: Faszination kennt kein Baujahr.

Ohne eine Cobra wäre ein US-Car- oder Oldtimermeeting unvollständig: Die radikal offenen Sportwagen sind der Hingucker schlechthin. Bei den meisten dürfte es sich aber um Replikas handeln, wie diesen Magnum von 1972. Echte 427er für die Straße gab es nur 1965 und 1966, und davon nicht mehr als 258 Stück. (Foto: © Lothar Spurzem, cc-by-sa 2.0)

FORD

Schon kurz nach dem Zweiten Weltkrieg waren amerikanische Ford-Modelle wieder in Europa erhältlich, in Deutschland dann nach der Währungsreform 1948. Die großen US-Modelle wurden über die deutsche Dependance eingeführt, Wartung und Pflege übernahmen große regionale Ford-Werkstätten, so entstand ein halbwegs dichtes Händlernetz.

FORD THUNDERBIRD

Theoretisch war für deutsche Kunden nahezu das gesamte Personenwagen-Sortiment verfügbar, das galt natürlich auch für die große Neuheit des US-Jahrgangs 1954, den Thunderbird. Der war Fords Antwort auf die Corvette und stellte Fords ersten Sportwagen dar. Mit großem Tamtam der Öffentlichkeit vorgestellt, bot Ford den »Donnervogel« – anders als die zuerst nur sechszylindrige Corvette – ausschließlich mit V8-Motoren an, denn die waren flammneu und zeitgemäß, hatten ohv-Köpfe und eine zentrale Nockenwelle. Nach diesem Strickmuster waren praktisch alle amerikanischen V8 bis in die 80er-Jahre hinein aufgebaut. Diese gab es in verschiedenen Größen und Leistungsstufen. Aus zunächst 3,9 Litern Hubraum schöpfte der neue Motor 161 SAE-PS, zum Ende des Jahrzehnts hatte der größte Ford-V8 üppige 5,8 Liter Hubraum und satte 300 SAE-PS.

Das amerikanische Wettrüsten blieb in Deutschland weitgehend unbeachtet. Wohl erschienen in einschlägigen Fachmagazinen entsprechende Meldungen, und sogar der eine oder andere amerikanische Fahrbericht war zu lesen, doch gehörten US-Straßenkreuzer zu den Exoten im deutschen Straßenbild.

In dem Maße, in dem die Motorleistungen stiegen, legte auch der T-Bird zu. Zum Modelljahr 1958 präsentierte er sich als ausgewachsener Viersitzer mit neuem Styling. Seit 1957 mit der modischen Panorama-Windschutzscheibe ausgerüstet, kostete der Thunderbird immerhin 21.930 Mark, eine stolze Summe, die bis 1959 noch auf über 25.000 Mark ansteigen sollte. Technischer Standard war immer noch die Vierradtrommelbremse und die Einkreisbremse. Offenbar wurde sie, zumindest in den USA, selbst mit dem Siebenliter-Big Block und seinen bis zu 425 SAE-PS (etwa 340 DIN-PS) fertig. Deutsche Tester stellten dagegen rasches Fading und baldiges Schiefziehen fest. Außerdem sollen die Motoren nicht vollgasfest gewesen sein.

Der Thunderbird war für 1961 völlig neu gestaltet worden, und wenn seine Aufschrift nicht gewesen wäre, hätten viele ihn nicht wiedererkannt. Schlank, flach und rassig war sein Auftreten, der 390er-Motor (6,3-Liter) leistete 300 SAE-PS. Mit einer Höchstgeschwindigkeit von etwa 190 km/h und einer Beschleunigung von etwa zehn Sekunden in der Paradedisziplin von Null auf Hundert mochte er durchaus als zeitgenössischer Sportwagen gelten. In seiner Grundform hielt dieser T-Bird immerhin bis zum Modelljahr 1966 durch, bei damaligen US-Fahrzeugen eine eher ungewöhnliche Konstanz. Preislich lag der Thunderbird 1965 mit 28.000 Mark auf dem Niveau eines BMW 3200 CS, der zwar in der Höchstgeschwindigkeit, nicht aber bei der Beschleunigung mithalten konnte. Als erster US-Ford konnte der letzte aus dieser T-Bird-Generation mit vorderen Scheibenbremsen geordert werden.

Ende der 60er Jahre wurden die amerikanischen Autos für die deutschen Käufer zunehmend uninteressant, 1969 wurden, von allen US-Ford zusammen, hierzulande lediglich 123 Einheiten verkauft, da lohnte sich kein Musterzulassungsverfahren mehr. Im Grunde genommen hatte sich damit dann die Sache mit dem Thunderbird erledigt, der Donnervogel wurde ein überaus rarer Vogel, zumal er immer mehr in Richtung viertüriger Straßenkreuzer abdriftete. Der letzte wirklich originelle Thunderbird war der der fünften Generation (1969 bis 1971), alles was danach kam, wurde immer schwerer und unförmiger, um dann, Ende der Siebziger, wieder behutsam zu schrumpfen, ohne aber die Straßenkreuzer-Behäbigkeit abzulegen.

In den Achtzigern verzichtete Ford gänzlich auf eine Vermarktung der US-Modelle in Deutschland und überließ den Import einigen wenigen Spezialisten. Auch in den USA brach die Nachfrage ein, lediglich der Retro-Thunderbird der Jahre 2002 bis 2005 sorgte noch einmal für Schlagzeilen und tauchte vereinzelt in Europa auf.

Kompakter Verwandter des größeren T-Bird und dank der TV-Serie Starsky & Hutch bekannt: Der Gran Torino (1972–1976) parkte als Corgi-Modell in so manchen Kinderzimmern. (Foto: © Bull-Doser, PD)

Der Thunderbird begann seine Karriere 1956 als eleganter Zweisitzer, wurde aber im Laufe der hektischen Modellwechsel, die sich teilweise im Zweijahresturnus vollzogen, immer fetter. Dieser 1966er Bird gehört zur Generation IV. (Foto: © Alf van Beem, CC0)

Feuervogel-Parade. Vorneweg fährt ein T-Bird der ersten (1956–1958), dahinter einer der letzten (2002–2005) Generation. An Position drei einer der dritten (1961–1963), gefolgt von zwei Retro-Birds und zwei Vertretern der vierten Generation. (Foto: © Ford)

Die ungewöhnlichen Proportionen des ersten Thunderbirds rühren daher, daß der Wagen erstaunlich klein ist, trotz seines großen Motors. Trotz ungebrochener Faszination ist ein Mainstream-Interesse an Roadster-Konzepten bis heute nicht zurückgekehrt. (Foto: © Ford)

Na klar, ein Mustang Cabrio, ein »Convertible«. Die ersten Exemplare erschienen im März 1964, gehörten aber schon zum 1965er Modelljahr. (Foto: © Torsten Maue, cc-by-sa 2.0)

Hier sah man den Mustang öfter im Film als auf der Straße. Der berühmteste Leinwandauftritt war der im Steve-McQueen-Klassiker *Bullitt*. (Foto: © Sicnag, cc-by-sa 2.0)

Mit dem seit 1968 lieferbaren Cobra-Jet-Big-Block (428er-Maschine mit 6954 Kubik und 335 SAE-PS) war dieser Mustang das stärkste Pony des Hauses. Ausgewählte deutsche Ford-Händler offerierten das Fastback-Grundmodell für DM 18.870,-. Wer heute einen sucht, wird leicht das Vierfache dessen los – in Euro. (Foto: © Ford)

Die Siebziger waren traurige Jahre für den Mustang. Dieser Mustang II hatte das King-Cobra-Package mit schrillen Speichenrädern, 4,9-Liter-V8 und 139 PS. (Foto: © Ford)

FORD MUSTANG

Der erste Mustang kam im April 1964 in die Showrooms der amerikanischen Ford-Händler. Mit diesem Wagen, der technisch eigentlich auch nur Standardware bot, erfand Ford eine neue Fahrzeuggattung, nämlich die der »Pony Cars« (die wiederum ihren Namen dem galoppierenden Pferd im Mustang-Signet verdankt). Der Mustang war vor allem der Erfolg von Lee Iacocca, der seit 1960 einen flotten Flitzer für die Babyboomers forderte, also jene Generation, die in den Vierzigern geboren worden war und nun in Massen den Führerschein machte. Von denen wollten nur die wenigsten altväterlich gestaltete zwei Tonnen Blech und elf Quadratmeter Verkehrsfläche durch die Gegend kutschieren: Etwas schicker durfte es denn doch sein.

Der erste Mustang, der Jahrgang 1964 ½, war daher nicht nur relativ kompakt, sondern auch im Grundpreis günstig, und weil Ford clevere Aufpreispakete geschnürt hatte, brummte das Geschäft wie verrückt. Bis GM mit dem Camaro 1967 endlich reagierte, stürmten bereits 1,7 Millionen Mustangs über die Straßen der USA: Die Mustang-Idee, dass jeder Käufer das Recht auf einen sportlichen, individuellen Wagen habe, war zwar nicht ganz neu, aber bislang noch nicht in der Konsequenz umgesetzt worden. Zu haben war der Ford-Bestseller als Coupé, Cabriolet und Fastback, mit einem Reihensechs- und zwei Achtzylindern in V-Anordnung und Hubräumen von 2,8 bis 4,7 Litern, später kam sogar ein Siebenliter-V8 zum Einsatz. Die Leistung der frühen Ausführungen lag bei 100 bis 210 SAE-PS, die Höchstgeschwindigkeit betrug zwischen 160 und 195 km/h, wobei deutsche Tester davon abrieten, den Grenzbereich zu erkunden: *»... reichten die Bremsen bei weitem nicht aus, und bei nur leichten Unebenheiten braucht man die ganze Breite der Straße – unter Anlegung der für schnelle Wagen notwendigen Maßstäbe war der Mustang ein Versager.«* Aber ein günstiger: Der Testwagen, das Coupé mit dem größten 4,7-Liter-V8, kostete mit 16.850 D-Mark nur 400 D-Mark mehr als ein Porsche 365 SC.

Während ihrer neunjährigen Laufzeit legte die erste Generation in der Länge um 20 und in der Breite um 15 Zentimeter zu, und das Leergewicht der jeweils leichtesten Variante stieg, nicht zuletzt auch durch das ständig steigende Ausstattungs-Lametta, um 350 Kilogramm. Gleichzeitig sanken die PS-Zahlen wie auch die Fahrleistungen, denn zum Modelljahr 1971 musste auf unverbleiten Kraftstoff umgestellt werden, und das machte letztlich den Muscle-Cars den Garaus. Die zweite Mustang-Generation von 1974 brachte in Optik und Motortechnik den Umschwung: Dröge Vernunft und schlafmütziges Design, ein 88 PS starker Reihen-Vierzylinder mit 2,3 Liter Hubraum und als Topmotorisierung ein 2,8-Liter-V6 mit 105 PS – nie machte Mustang-Fahren weniger Spaß, und das Dach ließ sich auch nicht mehr öffnen: Die Versicherungen hatten durch gigantische Prämienerhöhungen den Cabrios den Wind aus den Segeln genommen. Den mit 4,44 Meter kürzesten aller Mustangs gab es in der zweiten Hälfte seines Lebenszyklus – und der währte nur bis 1978, kurzlebiger war keiner – auch mit 4,9-Liter-V8 in den Leistungsstufen von 124 bis 139 PS.

Am 13. Juli 1978 entließ Henry Ford II den obersten Mustang-Reiter Lee A. Iacocca mit den Worten *»Ich mag Sie einfach nicht«*, woraufhin dieser am 2. November desselben Jahres Chrysler-Chef wurde und dort neue, kompakte Modelle mit Frontantrieb initiierte, was das Unternehmen vor dem sicheren Untergang rettete. Die dritte Mustang-Generation, die in eben jenem Juli debütierte, war somit die letzte, die unter seiner Verantwortung entstanden war – und die erste, die auf einer eigenen Plattform aufbaute.

Der europäisch wirkende Mustang kam zunächst als Hardtop mit Stufenheck und als Fastback-Coupé; er blieb insgesamt 15 Modelljahre lang in Produktion, keiner war langlebiger. Auch in Europa war die Nummer Drei durchaus beliebt. Dank des teilweise extrem niedrigen Dollarkurses konnten beispielsweise freie Händler 1980 Mager-Mustangs mit 2,3 Litern Hubraum schon ab 12.500 D-Mark anbieten, die V6-Modelle kosteten ab 13.640 D-Mark, und die V8-Modelle gab's für wohlfeile 14.300 D-Mark.

JEEP

Von den anderen US-Herstellern war in Deutschland nur noch Jeep von Bedeutung und weitaus bekannter als die Mutterfirma. Die Firma Willys wäre schon längst weitestgehend vergessen, wenn sie nicht mit dem Jeep Amerika als Automobilhersteller hierzulande erst richtig bekannt gemacht hätte. Den kannte nämlich in Europa jedes Kind. Die Zivilversion erhielt den Namen CJ-2A, war noch 1945 lieferbar und sollte vor allem in Land- und Forstwirtschaft, auf Baustellen und im Bergbau ihre Käufer finden. Die technischen Unterschiede zum olivgrünen Militärmodell waren gering. Der CJ-2A blieb bis 1949 in Produktion, kenntlich am seitlich montierten Ersatzrad. Sein Nachfolger hatte dann eine einteilige Windschutzscheibe, damit hatte es sich dann aber auch schon mit den Unterschieden. 1947 wurde dem bisherigen Einheitsmodell der Jeep-Pick-up-Truck mit Zwei- und Vierradantrieb zur Seite gestellt sowie der Station Wagon 463, der erste Großserienkombi der Welt aus Ganzstahl, der bis 1961 im Programm blieb. Große Modelländerungen hatten sich bislang nicht ergeben, abgesehen vom Modelljahr 1950: Damals kam anstelle des bisher verwendeten »Go Devil«-Vierzylinders der 72 PS starke Hurricane-Vierzylinder zum Einsatz. Der Versuch aber, das Jeep-Konzept auf Dauer zu einer kompletten Modellfamilie mit Kombi/ Pick-up und Jeepster (eine Art viersitzigem Funcar) auszubauen, scheiterte ebenso wie der Versuch mit konventionellen Pkws.

Der Cherokee von 1984 war der erste neue Jeep seit 20 Jahren. Allrad gab's serienmäßig, ebenso vier Türen und eine selbsttragende Karosserie. (Foto: © FCA/Jeep)

VOM MILITÄRJEEP ZUM SUV

Im April 1953 erwarb Henry J. Kaiser für etwa 60 Millionen Dollar Willys – ein Lahmer und ein Fußkranker taten sich zusammen. Die Kooperation hatte aber zur Folge, dass Anfang der Sechziger neue, mehr auf den Straßenbetrieb ausgelegte Modellreihen erschienen: Die Cherokee-, Wagoneer- und Grand-Wagoneer-Modelle – zeitweise gerne mit seitlichem Holzfurnier-Imitat – waren allesamt große, schwere und robuste Kombis mit vier Türen, auch diese dürfen als Vorgänger der heutigen SUVs gelten. Allerdings waren die Verkäufe nie so gut, als dass sie das Unternehmen über Wasser gehalten hätten, 1970 schließlich wurde die Kaiser-Jeep Corp. mal wieder verkauft, übernommen durch die American Motors Corporation AMC Corp.

Den Import nach Deutschland wickelten private Importeure ab, die Firma Allrad-Schmidt, Würzburg, gehörte in den späten Siebzigern und frühen Achtzigern zu den bekanntesten. Für die CJ-5 (kurz) und CJ-7 (langer Radstand) interessierten sich aber im Grunde genommen nur Freaks. Seit 1972 waren AMC-V8-Motoren für alle Jeep-Modelle zu haben, 1974 erschien dann der erste AMC-Jeep, der Cherokee, der sich sogleich zum Publikumsliebling entwickelte und dem Unternehmen die zweite erfolgreiche Modellreihe bescherte. Der Cherokee ergänzte das klassische CJ-Konzept um das, was diesem bislang gefehlt hatte, nämlich Komfort, Reisetauglichkeit und größere Ladekapazität. Damit hatte der Range Rover einen echten Konkurrenten erhalten. Und mit der zweiten Cherokee-Generation ab 1984 begann auch für Europa das Zeitalter der Luxus-Offroader »Made in the US«, denn jetzt fand man diese beim Renault-Händler an der Ecke: Sechs Jahre zuvor hatte nämlich Renault die in Schwierigkeiten geratene AMC übernommen. Renault erhoffte sich von der Übernahme ein starkes Standbein in den USA; die Jeep-CJ- und Cherokee-XJ-Modelle standen nun hierzulande im Schaufenster. Manche Kombinationen wurden ausschließlich für den europäischen Markt gebaut, so etwa der Cherokee von 1984 mit 2,1-Liter-Diesel von Renault.

Viele Fahrwerkskomponenten des Cherokee fanden sich dann im neuen Wrangler wieder, der 1986 vorgestellt wurde. Der war deutlich komfortabler als ein Militär-Jeep. Um diese grundlegende Veränderung auch optisch zu symbolisieren, erhielt die neue Wrangler-Generation eckige statt wie bisher runde Scheinwerfer, war aber ansonsten immer noch unverkennbar ein Jeep geblieben, wenn auch einer mit niedrigerer Front und besseren Manieren: *»Trotz seiner uneingeschränkten Offroad-Qualitäten ist er kein Macho-Mobil mehr, sondern ein Auto, mit dem der Anwalt ins Büro fahren kann«*, so das Fachblatt auto motor und sport.

1987 verkaufte Renault Jeep an Chrysler, das inzwischen zu Fiat gehört.

Der Militär-Jeep wurde Mitte der Fünfziger immer ziviler: Der CJ-5 (1955–1986, hier 1971) hatte gewölbte vordere Kotflügel und einen etwas längeren Radstand. Die nächste größere Änderung erfolgte 1987 mit dem Wechsel zum YJ-Jeep. (Foto: © FCA/Jeep)

Kaum zu glauben: Die ersten Jeep der YJ-Generation dürfen ab 2017 das H-Kennzeichen tragen. Neu daran waren eigentlich nur die Rechteckscheinwerfer und Teile des Fahrwerks, die Karosserie blieb aber diejenige des Vorgängers. (Foto: © FCA/Jeep)

Machte schwedisches Design international salonfähig: Volvos Baureihe P120, 1956–1970. (Foto: © Volvo)

AUS ALLER WELT

Auch anderswo verstand man es, Autos zu bauen. Manche Länder waren aber aufgrund der Teilung Europas bis 1990 nicht in der Lage, ihr Potenzial zu entfalten. Andere wiederum, und das galt für die schwedischen Hersteller, lagen im geographischen Abseits und mussten daher eigene Wege gehen. Und die führten über Sicherheit und »Schwedenstahl« (auch wenn dieser in den Siebzigern gar nicht mehr von dort stammte). Über Jahrzehnte indes waren sie Randerscheinungen auf dem mitteleuropäischen Markt: Stets ein Statement, aber heute anerkannte Klassiker. Nicht zu unterschätzen ist der Einfluss italienischer (Fiat), britischer (Austin) und französischer (Renault) Hersteller auf die Automobilindustrie weltweit, wobei vielfach die Zugehörigkeit zum jeweiligen politischen Lager bestimmte, wer was wo in Lizenz baute. Hersteller aus Frankreich und England etwa galten wegen ihres Widerstands in Sachen USA und NATO für Ostblockstaaten wie auch für Blockfreie als akzeptable Partner, und auch Fiat war wegen der starken linkssozialistischen Strömungen in Italien wohl gelitten.

Stockholm bei Nacht. (Foto: © Magnus Johansson, CC-BY-SA-2.0)

Je länger der Ost-West-Konflikt dauerte, desto mehr verloren die osteuropäischen Autobauer den Anschluss. Škoda S 100, 1969–1977. (Foto: © Ole Martin, cc-by-sa 2.0)

Die Aerodynamik gewann immer mehr an Bedeutung, manche Hersteller haben schon früh auf strömungsgünstige Formen geachtet: Saab 95 Kombi, 1959–1978. (Foto: © GM Corp. Media)

Die sowjetische Autoindustrie schaffte Ende der Sechziger dank westlicher Hilfe den Schritt in die Neuzeit: Lada 1200, 1970–1984. (Foto: © Jiri Erben, cc-by-sa 3.0)

»Sicherheit aus Schwedenstahl« prägte für Jahrzehnte das Image der nordeuropäischen Autobauer. Volvo 140/160, 1967–1974.

UNBEKANNTE GRÖSSEN

Nicht nur die etablierten Automobilnationen sind und waren in der Lage, vernünftige Fahrzeuge zu bauen, das haben auch andere Industrienationen hinbekommen. Andererseits: So arg viele waren es in den Jahren und Jahrzehnten, von denen dieses Buch handelt, eigentlich nicht. Und, auch das muss gesagt werden: Erfolgreiche Neugründungen waren fast immer die Folge von Technologietransfers, sei's in Form von Lizenzgeschäften oder durch die Verpflichtung erfahrener Automobilkonstrukteure und Designer.

Zu den wichtigsten Impulsgebern der Fünfziger und Sechziger gehörten Austin, Fiat und Renault. Während die Briten vor allem den Commonwealth-Raum abdeckten, orientierten sich Fiat und Renault eher in Richtung Südeuropa, Süd- und Mittelamerika sowie Osteuropa. Seat etwa, 1950 in Spanien gegründet, begann als Fiat-Montagewerk und brachte erst in den Siebzigern eigene Fahrzeuge mit Fiat-Technik. Drei Jahre nach den Spaniern nahm in der Nähe von Belgrad eine jugoslawische Waffen- und Werkzeugmaschinenfabrik namens Zastava die Montage von Fiat-Modellen auf; der jugoslawische Volkswagen Zastava 750 war ein modifizierter Fiat 600, und der Zastava 101 ein Fiat 128 mit einem dort modellierten Schrägheck. Der Jugo von 1980 sah kein bisschen mehr nach Fiat aus, wiewohl die Technik vom 127 stammte. Nach 1986 wurde er auf dem US-Markt zum Dumpingpreis als »Yugo« auch im Westen verkauft, fiel aber wegen seiner miserablen Verarbeitung bei Kunden und Testern durch. Der zweite Anlauf von 1988 hieß Yugo Florida, hatte ein ansehnliches Giugiaro-Design und war auch als Cabriolet zu haben, vermochte aber auch nichts mehr zu retten.

Imageprobleme kannte Peter Monteverdi aus Binningen bei Basel dagegen nicht. Monteverdi, entfernter Nachkomme des berühmten Komponisten, hatte Rennwagen gebaut und Supersportwagen importiert, um dann 1967 seinen Traum vom Schweizer Automobil zu verwirklichen. Er entwickelte ein eigenes Rohrrahmenchassis, zeichnete eine wunderbar gelungene Fastback-Karosserie, die dann bei Frua in Turin gebaut wurde, und versah seinen High Speed mit dem 340 PS starken 7,2-Liter-V8 von Chrysler. Im Jahresturnus folgten weitere Supersportwagen wie der Hai 450 SS mit 450 PS starkem Mittelmotor-V8 von 1970. 1976 war Monteverdi der erste Hersteller, der eine veritable Alternative zum Range Rover zu bieten hatte. Der Luxusgeländewagen namens Safari basierte auf dem amerikanischen International Scout. Weitere Typen folgten, doch weder der Sierra – Basis von Dodge – noch der Tiara (Mercedes-S-Klasse) konnten den Produktionsstopp 1984 verhindern.

Von den Stückzahlen her in einer ganz anderen Liga spielte die österreichische Firma Puch beziehungsweise Steyr-Puch mit ihrem »Pucherl«. Die schon in Vorkriegszeiten entstandene Steyr-Daimler-Puch AG begann 1957 mit dem Bau eines modifizierten Fiat Nuova Cinquecento. Der »Steyr-Puch 500/Mod. Fiat« (ein langer Name für ein so kleines Auto) hatte einen Puch-eigenen 0,5-Liter-Boxermotor im Heck mit 16 PS und eine selbst entwickelte hintere Pendelachse; nach 1959 krönte Puch seine Variante mit einem geänderten, spoilerbewehrten Dachabschluss, außerdem folgten hubraumstärkere und bis zu 30 PS starke Versionen: Leistung und Gewicht machten aus den fliegengewichtigen Puchs kompetente Tourenwagen.

Spektakulär: Der Monteverdi Hai von 1970 war ein Mittelmotorsportwagen mit 450 PS. (Foto: © Matthias v. d. Elbe, cc-by-sa 3.0)

Nein, Seat war lange kein Thema für deutsche Autofahrer, das hat sich erst den letzten Jahren geändert. Schmucke Autos haben die Spanier allerdings schon früher gebaut: Der erste Ibiza von 1984 ist ein typischer Kompakter und darf nun das H-Kennzeichen tragen. (Foto: © Seat)

Der Tatra 603 erschien 1957 und blieb beiderseits des Eisernen Vorhangs ein Exot. Die schwere Limousine mit V8-Heckmotor wurde 21 Jahre lang gebaut. Ab und an ist einer auf einem Oldtimertreffen zu sehen. (Foto: © Ralf Weinreich)

Das »Pucherl« unterschied sich vom Fiat 500. Und diese Unterschiede sorgten in den Sechzigern für zahlreiche Rennerfolge: Steyr-Puch 650 TR. (Foto: © Klaus Nahr, cc-by-sa 2.0)

DAF

Mit Hilfe eines Investors gründete Hub van Doorne 1928 im niederländischen Eindhoven die »Hub van Doorne Machinefabriek«, die nach 1945 komplette Lastwagen mit Leyland-Motoren verkaufte. Das Geschäft mit Lastern und Anhängern brummte bei den Niederländern, sodass sie sich nun auch im Pkw-Bau versuchten. Das hätten sie vielleicht besser bleiben lassen. Hinterher ist man bekanntlich immer schlauer, heute weiß man, dass ihr Kleinwagen-Konzept seiner Zeit um Jahrzehnte voraus war. 1959 präsentierten sie, als erster Hersteller überhaupt, einen für die Stadt geeigneten Automatik-Kleinwagen, mit luftgekühltem 0,6-Liter-Zweizylinder-Boxermotor und 22 PS: *»Es gehört Mut dazu«*, so kommentierte die deutsche Presse, *»wenn eine Fabrik ... ihren ersten Wagen mit so ungewöhnlichen Merkmalen in die Welt schickt.«* Zwei Jahre später erschien der weiterentwickelte Typ 750 (DAF 30 »Daffodil«, Lilie, hieß er in Luxusausführung). Mit 6-Volt-Elektrik, Boxermotor und 28 PS galt er zwar nicht gerade als fahrerische Offenbarung, war aber als billiger Stadtrutscher perfekt. Technisches Highlight eines jeden DAF war die stufenlose Kraftübertragung vermittels eines Keilriemens. Diese Variomatik war seinerzeit die einzige echte Vollautomatik und sorgte dafür, dass der Motor stets im optimalen Drehzahlbereich unterwegs war. Und die Tester zeigten sich begeistert, sprachen von einer geradezu *»sensationellen Gebrauchstüchtigkeit«* und bilanzierten: *»Nach etlichen Tagen ... im Stadtbetrieb fragt man sich, warum die Fahrer all der anderen Autos ständig schalten müssen. Es geht auch ohne – dafür ist der DAF ein leibhaftig herumfahrender Beweis.«*

Bis 1966 war der 750er in seinen verschiedenen Ausführungen (wobei die Technik stets gleich blieb) das einzige Modell des Herstellers, wichtig innerhalb der Modellgeschichte war die neue Karosserie im Michelotti-Design von 1963. Michelotti schneiderte auch die Karosserien für den größeren und stärkeren DAF 44 von 1966 (850 Kubik, 34 PS) und den darüber angesiedelten DAF 55 von 1967/68 (44er mit 1,1-Liter-Renault-Vierzylinder und neuer Hinterachse). Im Grunde genommen aber hatte der Kunde wenig Auswahl und bekam immer den gleichen Wagen, den dann aber auch als Kleinkombi und als Coupé.

VON DAF ZU VOLVO

Tatsächlich war die Marke mit ihren denkwürdigen Kleinwägelchen stets besser als ihr Ruf, doch das stufenlose Getriebe, das erst in den Neunzigern von den meisten Automobilherstellern rund um den Globus aufgegriffen wurde, galt damals vielen Autofahrern als Weiberkram. Außerdem fehlte ein anständiges Vertriebsnetz, kurzum: Die alle immer irgendwie gleich aussehenden Variomatik-Kleinwagen gehörten nie zu den absoluten Rennern auf dem Fahrzeugmarkt, in Deutschland sowieso nicht. Hierzulande robbte sich die Marke erst in den frühen Siebzigern allmählich aus dem Zulassungskeller.

Der Schritt in die nächst höhere Klasse sollte nun mit dem Typ 77 gelingen, doch Geld für die notwendigen Investitionen fehlte. Dass DAF auf Brautschau war, gehörte schon lange zu den offenen Geheimnissen der Branche, 1973 erwarb schließlich International Harvester aus den USA ein Drittel der DAF-Aktien. Die Personenwagen interessierten sie aber nicht, daher sicherte sich Volvo zum 1. Januar 1973 ebenfalls 33 Prozent der Aktien des Familienbetriebes. Und das war eine gewaltige Überraschung, denn DAF hatte ja bereits mit Renault zusammengearbeitet, daher schien es nur folgerichtig, dass die Niederländer dort unterschlupfen würden. Stattdessen also die Schweden. Die finanziellen Schwierigkeiten waren damit aber nicht vom Tisch, die Amerikaner trennten sich 1978 von ihrem Aktienpaket, das dann der Staat übernahm. So recht glücklich wurde Volvo mit seiner Neuerwerbung nicht, der letzte echte DAF, der 66, lief 1975 aus, die Nachfahren des DAF 77, mit Variomatik, bot Volvo bis 1991 an. Das ehemalige DAF-Werk in Born betrieben eine Zeitlang Volvo und Mitsubishi gemeinsam, so wurden neben der 440er Serie und der Nachfolgebaureihe S40 und V40 auch Mitsubishi Charisma produziert, ebenso rollte der mit dem Mitsubishi Colt baugleiche Smart-Viertürer der ersten Generation in den Niederlanden vom Band.

Mitte der Sechziger zeichnete Michelotti für DAF die Karosserien; das Marathon-Coupé des DAF 55 kam 1968 und hatte den Motor des Renault 8.

(Foto: © Joost J. Bakker, cc-by-sa 2.0)

Der DAF-Prototyp erschien, zunächst mit 0,6 Liter Hubraum und 19 PS, 1958. Er war typisch für jene Zeit, die Variomatic war es nicht. (Foto: © Alf van Beem, CC0)

Im Spätsommer 1976 wurde der zuletzt noch gebaute DAF 66 mit Variomatik zugunsten der neuen Serie 300 mit konventionellem Getriebe vom Band genommen.

1975 schluckte Volvo die niederländische Firma DAF. Die Übernahme der niederländischen Firma bescherte den Schweden die dringend benötigte Kompakt-Baureihe. (Foto: © Volvo)

Die Zusammenarbeit mit Fiat versetzte die Sowjetunion in die Lage, ein modernes Autos zu bauen, das auch westlichen Standards genügte. Hat dennoch nicht das Zeug zum anerkannten Klassiker. (Foto: © Ralf Weinreich)

Das ist ein Lada 1600, kein Fiat 125. Er wurde nach 1976 in die DDR importiert und war heiß begehrt. Wer einen bestellte, hatte sich auf eine Wartezeit von 18 Jahren einzustellen. Behörden und »Bedarfsträger« wurden natürlich bevorzugt beliefert. (Foto: © Ralf Weinreich)

Der Niva ist vielleicht kein luxuriöser Geländewagen, aber ein ungemein kompetenter Geländekraxler. Den ladenneuen Oldtimer gibt es seit 1976. (Foto: © Ralf Weinreich)

LADA

Da war doch noch was? Stimmt: Auch bevor sich der Eiserne Vorhang hob, entstanden im Osten Europas Automobile. Und es waren nicht die schlechtesten, zumindest nicht, als sie jung waren: Sie litten darunter, dass sie nicht weiterentwickelt werden durften. Sie wurden aber gegen harte Devisen insbesondere in den Sechzigern und Siebzigern in den Westen exportiert, wobei vor allem die Benelux-Staaten, Großbritannien und Griechenland überaus wichtige westliche Absatzmärkte darstellten. Und dort verkauften sie sich gut, weil sie so günstig waren.

VOM FIAT-NACHBAU ZUR GELÄNDEWAGEN-IKONE

Zu jenen osteuropäischen Exoten gehörte auch Lada. Wobei: So richtig exotisch wirkte der gar nicht, er war ja ein in Lizenz gebauter Fiat 124 von 1966, für dessen Produktion die Sowjets ein riesiges Automobilwerk in Stawropol-Wolschskij aus dem Boden gestampft hatten. Der Lada 1200 war der etwas ungehobelte Bruder des Fiat und wog aufgrund der zahlreichen Verstärkungen – so etwa zusätzliche Versteifungen in Bodengruppe und Dachpartie, stärker dimensionierte Dachsäulen, dickere Bleche – rund 100 Kilogramm mehr als der weiterhin lieferbare Original-Fiat, der 1,2-Liter-Motor mit einer Nennleistung von 62 PS aber war eine Neuentwicklung. Die Fahrwerksabstimmung tendierte in Richtung weich und schaukelig, doch: *»In der Verarbeitungsqualität jedoch machte der Lada einen guten Eindruck«*, schrieb das Fachmagazin auto motor und sport bei einem Kurztest 1974, größter Pluspunkt sei aber der Preis: *»Mit 6950 Mark ist er 1500 Mark billiger als ein Fiat 124.«* Die Russen kannten ihn als Shiguli oder auch VAZ , und auf seiner Basis entstand eine unfassbare Anzahl von Varianten, Abarten und Weiterentwicklungen, die Russen wählten ihn im Jahr 2000 zu ihrem »Auto des Jahrhunderts«.
Auch der Lada Nova des Jahres 1980 war ein Aufguss sattsam bekannter 124er Technik, kein neues Modell, sondern ein großes, wenn auch gefälliges Facelift. Noch immer kostete ein neuer Lada weniger als 10.000 D-Mark, und das ließ schon den einen oder anderen spitz kalkulierenden Familienvater ins Grübeln kommen. Und warum eigentlich nicht gleich den Kombi nehmen, der war nicht viel teurer ...?

DER SOZIALISTISCHE RANGE ROVER

Eine geradezu revolutionäre neue Entwicklung dagegen war der Niva, der 1975 auf einer Ausstellung in Moskau erstmals zu sehen war (was im Westen in Zeiten des Kalten Krieges kaum jemand registrierte). Die Serienfertigung des offiziell als Lada 2121 bezeichneten Zweitürers lief dann im April 1977 an, und das war nun wirklich eine faustdicke Überraschung: In einer Zeit, wo Geländewagen üblicherweise noch Ableitungen von Militärfahrzeugen waren, Chassis wie Lastwagen hatten und in der Optik sich noch immer am Jeep orientierten, hatte Lada einen Geländewagen auf die Räder gestellt, den man vom Konzept her lediglich noch mit einem Range Rover vergleichen konnte. Die Motoren stammten aus dem üblichen Lada-Programm, der Niva erhielt den stärksten verfügbaren, den 1,6 Liter mit 76 PS. Die Karosserie war selbsttragend, die Bodengruppe stammte, ebenso wie ein Großteil der Technik, von den Limousinen. Anders als westliche (und fernöstliche) Geländewagen fanden sich hier keine Blattfedern, das machte den Niva (der auf anderen Märkten auch als »Taiga« lief) zu einem relativ komfortablen Geländegänger mit manierlichen Fahreigenschaften. Der Niva – serienmäßig mit Allradantrieb – lief in ordentlichen Stückzahlen auch im Export, der bundesdeutsche Importeur residierte in Neu Wulmstorf südlich von Hamburg und bot ihn ab Juli 1978 zu attraktiven Preisen an. Das *»handfeste Fahrzeug für Freizeit und Beruf«*, so Lada, kostete 15.600 D-Mark, und im Test war ihm kein Hang zu steil. Ursprünglich gebaut als Fortbewegungsmittel für sowjetische Landwirtschaftsinspektoren, hat der Niva den Untergang des Sowjetreiches ebenso überlebt wie immer weiter sich verschärfende Zulassungs- und Emissionsvorschriften. Über vier Jahrzehnte später gibt es den Niva, den fabrikneuen Oldtimer, immer noch, nur heißt er jetzt Lada 4x4. Und es spielt keine Rolle, dass Qualität, Verarbeitung, Sicherheit und Ausstattung schon bald ebenso lange nicht mehr zeitgemäß sind.

POLSKI-FIAT

Noch ein Exote aus östlichem Lande, der devisenhalber auch im Westen angeboten wurde, zumindest Anfang der Siebziger: Der Polski-Fiat 125p. Dieser entstand auf den Bändern des polnischen Herstellers FSO und kombinierte Bodengruppe und Antriebsstrang des Fiat 1500 C mit der von Dante Giacosa geschaffenen Karosserie des Fiat 125: Die Italiener bauten Mitte der Sechziger einfach die modernsten Autos. Zum Zeitpunkt der Vertragsunterschrift war der Fiat 125 aber auch in Italien noch nicht auf dem Markt, daher basierte der Polski-Fiat auf dem Protoypen (was ihm die runden Doppelscheinwerfer bescherte, beim Fiat waren sie dann eckig). Ende November 1967 war dann offizieller Produktionsstart des Polski-Fiat 125p 1300, wobei anfangs praktisch alle Teile aus Italien zugeliefert wurden, FSO ging erst im Januar 1968 in Betrieb, nachdem die Produktionsanlagen für die in Turin ausgelaufenen Baureihen 1300/1500 installiert worden waren.

Der polnische Fiat 126p bis war der billigste Neuwagen hierzulande. Nach der Wende begann das große Sterben. (Foto: © Silar, cc-by-sa 3.0)

KÜHLSCHRANK MIT RÄDERN

Der polnische Zwitter (Spitzname »Kühlschrank«) mit 1,3-Liter-Motor leistete 60 PS, 1969 ging dann die Variante mit 1,5 Liter und 70 PS in Serie, und das machte den Polski-Fiat in den Ländern hinter dem eisernen Vorhang sehr beliebt. Die Laufruhe des Motors und die gute Fahrwerksabstimmung sprachen für den Viertürer, der in der DDR als echter Oberklassewagen galt.

Im Westen war die Euphorie dagegen gebremst, Importeur Walter Hagen aus Krefeld verkaufte den 4,23 Meter langen Viertürer vor allem über den Preis: 6650 D-Mark rief er für den hier 54 PS starken Fünfsitzer auf, 23.500 DDR-Mark hatten die Volksgenossen jenseits der Mauer zu berappen, das machte ihn nahezu unerschwinglich. England, spätestens seit dem Zweiten Weltkrieg mit großer polnischer Gemeinde, war ein wichtiger Exportmarkt. Für das Fachmagazin Motorsport war der 125p das *»Schnäppchen des Jahres«*: *»Überraschend lebhaft in der Beschleunigung«*, stand dort zu lesen, *»mindestens so schnell ... wie ein britischer Leyland 1300«*. Mit 970 Kilogramm war er ein schönes Beispiel für zeitgemäßen Leichtbau, doch je weiter das Jahrzehnt fortschritt, desto mieser wurde die Verarbeitungsqualität: Rost und eine auch nach damaligen Maßstäben miserable Verarbeitung (und das auch laut DDR-Medien, welche Kummer gewohnt waren) führten dazu, dass die Nachfrage schnell nachließ. Nach 1974 war der Polski Fiat im Westen praktisch unverkäuflich, wer ein Ostprodukt fahren wollte, holte sich einen solideren Lada.

Am 29. Juni 1991 rollte in Warschau der letzte polnische Fiat 125p vom Band. In den knapp 24 Jahren waren mehr als 1,45 Millionen Fahrzeuge produziert worden. Auf Basis des 125p entstand zwischen 1978 und 2002 der Polonez. Die Schrägheck-Limousine sollte eigentlich alle Varianten des Modells Fiat FSO 125p ersetzen, der war aber erheblich langlebiger als geplant.

DEUTSCHLANDS BILLIGSTER NEUWAGEN

Und dann war da noch der »Maluch«, der Kleine: Der Polski-Fiat 126p lief im Fiat-Auftrag im FSO-Werk in Warschau vom Band. Mit 3,05 Metern so lang – oder eher: kurz – wie ein Mini, war der Cinquecento-Nachfolger nahezu identisch mit dem Grundmodell, kam lediglich ein wenig hochbeiniger daher und hatte anders angeordnete Kühlschlitze auf der Motorhaube. Zur Unterscheidung von den in Italien gebauten Zwergen hatten die polnischen ein »p« hinter der Nummer. Außerdem war der 126p spottbillig, das machte ihn zum beliebtesten Auto in Polen, um so mehr in der Ausführung 126 »Bis«, der nach 1987 gebauten Ausführung mit 0,7 Liter Hubraum. Der jetzt wassergekühlte Zweizylinder mit 27 PS (statt 23 PS) lag unterflur, eine Heckklappe verbesserte die Zugänglichkeit des Gepäckabteils. Der größere Motor verbesserte die Fahrleistungen, die Spitze stieg auf 116 km/h. Auch in Sachen Beschleunigung legte das polnische Volksauto zu, statt 47 benötigte es nun 33 Sekunden für den Sprint zur 100-Stundenkilometer-Marke. Die für den deutschen Markt bestimmten Modelle hießen übrigens »Bambino«, der Name war Folge eines Preisausschreibens. Das Winzmobil wurde im Aufschneidwahn der Achtziger auch in ein Cabriolet verwandelt.

Auf Basis des 125p entstand zwischen 1978 und 2002 der Polonez. Die Schrägheck-Limousine sollte den 125er eigentlich ersetzen, was aber nie so recht gelang. Der FSO mit seiner antiquierten Technik war in Westdeutschland kaum zu sehen. (Foto: © Goldrs, cc-by-sa 4.0)

Der Polski Fiat 125p (1968–1991) kombinierte die Technik von Fiat 1300/1500 mit dem Blechkleid des Fiat 125-Prototyps. Im Bild ein Rallye-125er ab 1975. (Foto: © Ralf Weinreich)

Saabs Baureihe 99 (1968–1984) war die zweite Modellreihe des Herstellers und die erste, die es auch mit Schrägheck und Turbomotor gab. (Foto: © GM Corp. Media)

Die Sonett-Baureihe (hier ein Serie II, 1966–1970) war in erster Linie für den US-Export bestimmt. Unter der Kunststoff-Karosse steckte erst ein Zweitakter. (Foto: © GM Corp. Media)

Nach einer Umfrage Anfang der Sechziger waren 96,9 % aller amerikanischen Besitzer mit ihrem Saab hoch zufrieden, keine andere Importmarke erzielte solche Werte – trotz des Dreizylinder-Zweitakters. Der hier hatte aber schon den Ford-V4. (Foto: © GM Corp. Media)

Der 900er transportierte bis 1994 rund 900.000 Mal Saabs Autobau-Philosophie, im Laufe der Jahre kamen Stufenheck- und Cabrio-Ausführungen (1981 beziehungsweise 1986). Frühe Turbos werden stetig teurer. (Foto: © GM Corp. Media)

SAAB

In den skandinavischen Ländern galten Saab wie Volvo als nationale Heiligtümer, doch waren beide viel zu klein, um auf Dauer alleine überleben zu können. Saab hat es nicht geschafft, trotz des Schweden-Images. Die Marke hatte 1947 mit dem Saab 92 ihr erstes Auto vorgestellt, das für die nächsten Jahrzehnte die Richtung vorgeben sollte: Frontantrieb, langer Radstand, wenig Gewicht und ein sensationell niedriger Luftwiderstand. Als er auf dem Markt erschien, war der Wagen dank eines Testmarathons von über einer halben Million Kilometer ausgereift und frei von Kinderkrankheiten, was man zu der Zeit nur von den wenigsten Autos behaupten mochte.

Der Saab 900 avancierte zur echten Alternative für Mercedes-Fahrer. Empfehlenswert für Einsteiger mit einem Faible für skurrile Typen. (Foto: © Volkswagen, Ralph Kremlitschka)

SCHWEDENSTAHL MIT ZUGEKAUFTER TECHNIK

1955 kam mit dem 33 PS starken Saab 93 ein Nachfolger auf den Markt, der zwar stark nach einem aufgefrischten 92er aussah, tatsächlich aber eine Neukonstruktion mit vorderer Einzelradaufhängung darstellte. Der Dreizylinder-Zweitaktmotor mit 0,8 Liter Hubraum verhalf ihm zu einer Höchstgeschwindigkeit von 120 km/h. Technisch bemerkenswert war die Ausstattung mit einem Zweikreis-Bremssystem. 1960 zum Saab 96 umgetauft und mit der Modellpflege 1967 auf den V4-Viertaktmotor des Taunus 12m umgestellt, strickte er eifrig mit an der Legende vom Non-Konformisten aus dem Hohen Norden. Zäh und langlebig waren sie alle, und auch begabte Sportgeräte: Die schwedische Rallyelegende Eric Carlson gewann mit dem 96er nicht nur zahlreiche Wettbewerbe – so die Rallye Monte Carlo 1962 und 1963 –, sondern legte damit auch einige veritable Abflüge hin, was ihm den Spitznamen »Carlsson auf dem Dach« bescherte. Im Straßenverkehr außerhalb Skandinaviens stets unterhalb der Wahrnehmungsgrenze, war dieses kauzige Auto spätestens seit Ende der Sechziger nicht mehr zeitgemäß gewesen, je näher aber der Zeitpunkt der Produktionseinstellung rückte, desto häufiger war über ihn in der Fachpresse zu lesen, dann meist unter dem Motto *»Oldtimer ladenneu«* und in einem Atemzug mit Käfer und Ente genannt. Das gab ihm – wie auch den anderen Kandidaten – einen kleinen Aufschwung, zumal sich tatsächlich noch gute Gründe für eine Anschaffung finden ließen, da musste man noch nicht einmal Lehrer sein: Er war ausgereift, preiswert und sparsam, skandinavisch stabil und sicher.

Am 11. Januar 1980 rollte der letzte Saab 96 aus der Fabrik in Trolhättan, jetzt musste es der 99er – der erste mit dem Zündschloss in der Mittelkonsole zwischen den Sitzen – richten, der allerdings auch schon ein Dutzend Jahre auf dem Buckel hatte. Er überlebte ihn um vier weitere Jahre und hatte zuletzt »Saab 90« geheißen.

DER TURBO ALS MARKENZEICHEN

Sein Design stammte aus Skandinavien, sein Motor ursprünglich von Triumph aus Großbritannien. Der Erfolg hierzulande war bescheiden, bekannt aber wurde die Baureihe 1977, denn der 99 Turbo war die erste Großserienlimousine mit Turbolader – der BMW 2002 Turbo zählt in diesem Falle nicht. Die Turbine im Abgasstrom pumpte den Vierzylinder auf 145 PS und beschleunigte den Dreitürer nicht nur in 8,9 Sekunden aus dem Stand auf Tempo 100: Der Turbo befeuerte Nachfrage und Image von Saab gleichermaßen.

Zum Modelljahr 1979 präsentierte dann Saab den 900er, die Quintessenz all dessen, was einen Saab bislang ausgemacht hatte: Frontantrieb, eine unverwechselbare Karosseriesilhouette, nette Ausstattungsdetails wie heizbare Vordersitze, Scheinwerfer-Waschanlage und Innenraum-Luftfilter. Die zunächst einzig verfügbare Maschine war der bekannte Zweiliter, je nach Gemischaufbereitung 100, 108, 118 oder 145 PS stark; einzige Möglichkeit, diese auf den Boden zu bringen, ein Vierganggetriebe. Der 900er transportierte bis 1994 rund 900.000 Mal Saabs Autobau-Philosophie, im Laufe der Jahre kamen Stufenheck- und Cabrio-Ausführungen (1981 beziehungsweise 1986) und Vierventil-Motoren (ab 1984) dazu. Die Modellpalette umfasste zuletzt Zwei-, Drei-, Vier- und Fünftürer mit 128 bis 175 PS, meist mit Zweiliter-Motoren und in jedem Fall mit dem Mythos von skandinavischer Unverwüstlichkeit umgeben: Saab stand für Charakterköpfe, nicht für beliebige Massenware.

Ende der Achtziger versuchten die Schweden, durch die Gemeinschaftsentwicklung mit Fiat (die dort zum Croma und zum Alfa 164 führte) Kosten zu sparen. Der Schritt kam zu spät, und der Saab 9000 wurde nie zum ganz großen Erfolg. (Foto: © Liftarn, cc-by-sa 3.0)

BRASILIEN: SCHÖNE GRÜSSE AUS WOLFSBURG

In den Fünfzigern und Sechzigern herrschte Aufbruchstimmung in Brasilien. Von dieser Euphorie ließen sich so ziemlich alle Autoproduzenten anstecken, auch solche, von denen man dies weniger erwartet hätte. Klar, dass die großen amerikanischen Hersteller eigene Produktionswerke eröffneten, war keine Überraschung, dass aber auch kleinere Produzenten wie Simca oder die Auto Union dort vertreten waren, überraschte dann doch.

Die Auto Union baute dort mit Partner VEMAG diverse DKW-Zweitaktmodelle, zunächst den DKW F91 Universal, später dann auch Modelle wie den Malzoni, der nie nach Deutschland gelangte. VEMAG beendete die DKW-Produktion erst 1967, Jahre nachdem die Produktion in Deutschland eingestellt worden war.

Und dann war da noch Volkswagen. Die Geschichte von VW in Brasilien begann mit der CKD-Montage von angelieferten Teilesätzen aus Deutschland, 1953 startete dann die Fertigung aus heimischer Produktion, die zumindest im Falle des Käfers immer eng mit der des Mexiko-Modells verknüpft war, auch der VW Transporter lief vom Band. Der für 1969 aufgelegten Sedan war schon sehr weit vom Organspender Typ 3 entfernt.

Die brasilianischen Volkswagen bekamen deutsche Käufer nicht angeboten, ebenso wenig wie die außergewöhnlichen Coupés, die auf Typ-3-Plattform entstanden: Volkswagen do Brasil bot gleich zwei davon an, teilweise sogar parallel, denn in Südamerikas größter Volkswirtschaft war die Einfuhr von Sportwagen praktisch verboten. Volkswagen reagierte darauf mit dem Karmann-Ghia TC 145. Der sah aus wie ein kleiner Ferrari, war aber eine Karmann-Eigenentwicklung auf Karmann-Ghia-Basis. Seine Produktion endete 1974 nach 18.119 gebauten Fahrzeugen.

Ein VW-Eigengewächs war das SP-Coupé mit den Scheinwerfern des VW 412. Die technische Basis entsprach mit hinterer Pendelachse und Scheibenbremsen vorn dem VW 1600 aus brasilianischer Fertigung. Auf der deutschen Industriemesse in Sao Paulo im April 1971 als Studie gezeigt (damals unter der Bezeichnung »Star«), erfolgte die Markteinführung dann im Juni 1972 als SP-1 (mit 1,6-l-Flachmotor und 54 PS Leistung) sowie als SP-2 (1,7 l, 65 PS). Produziert wurde aber bei der Karmann do Brasil. Insgesamt entstanden bis 1976 exakt 11.123 Fahrzeuge, andere Quellen sprechen von nur 10.205 Wagen.

Ganz ohne VW-Einflussnahme entwickelt wurde der Puma. Die technische Basis der Kunststoff-Coupés bildete ursprünglich der DKW AU 1000 von 1965/66, dann der VW 1600 do Brasil. Den vier Meter langen Kunststoff-Zweisitzer mit dem um 250 mm verkürzten VW-Unterbau gab es als Coupé und als Cabriolet, beide gingen in kleiner Stückzahl auch in den Export.

Hauptabsatzmarkt für den Puma GTE (wobei das E für Export stand) wie auch das GTS-Cabrio war der nordamerikanische Markt, einige Exemplare gelangten aber auch in die Schweiz. Die Firma stellte 1985 die Produktion ein. Zeitgenössische Testberichte bescheinigten den VW-Leichtgewichten Fahrleistungen auf Niveau des VW-Porsche 914/4.

Brasilien galt als Zukunftsmarkt. Daher eröffneten viele Autohersteller Zweigwerke, so auch Simca, das dort den Vedette als Chambord Brazil fertigte. (Foto: © Jason Vogel, cc-by-sa 3.0)

Der Puma hatte VW-Technik, das Design stammte von Rino Malzoni. Es gab sogar einen Schweizer Importeur. Bei großen VW-Treffen sieht man mit Sicherheit den einen oder anderen. (Foto: © Volkswagen)

Der SP-2 war eine Eigenentwicklung der brasilianischen VW-Tochter. Geplant für den US-Export, kam es aber nicht dazu, weil die Scheinwerfer nicht hoch genug waren, und größere Änderungen an der Karosserie hätten sich nicht gerechnet. (Foto: © Volkswagen)

Rio de Janeiro bei Sonnenaufgang. (Foto: © Peter Pham cc-by-sa 2.0)

Auf dem verkürzten Fahrwerk eines DKW entstand der DKW GT Malzoni. Nur 35 Stück wurden gebaut. (Foto: © Auto-Medienportal.Net/Audi)

Zur Legende wurde der 130 RS. Gebaut wurde er für den Motorsport auf Basis des 110 R unter reichlicher Verwendung von Aluminium (Dach, Fronthaube, Türen) und GFK (Kotflügel, Motorhaube). Škoda holte damit 1977 einen Doppelsieg bei der Monte bei den 1300ern (re.) und die Markenwertung in der Tourenwagen-EM 1981 (li.). (Foto: © Auto-Medienportal.Net/Škoda)

Der S 100 löst 1970 den MB 1000 ab, verpackte aber lediglich altbekannte Technik neu. Das sportlich wirkende Coupé S 110 R entstand zur gleichen Zeit und war mit 52 PS etwas üppiger motorisiert. Heckschleudern waren sie beide, und ziemlich rostanfällig, was dazu führte, dass kaum welche überlebten.

ŠKODA

Škoda musste 1964 die Produktion auf Heckmotorwagen umstellen. Erster Hecktriebler war der MB 1000 (1964–1969). (Foto: © Auto-Medienportal.Net/Škoda)

Zwar waren DDR-Autos im Westen wenn schon nicht direkt unbekannt, so doch auf jeden Fall nahezu unverkäuflich, aber für andere Ostblock-Fahrzeuge galt das nicht unbedingt. Einen tschechischen Škoda zum Beispiel konnte man in den Siebzigern wegen des Viertakt-Motors relativ einfach kaufen, das Problem bestand eher darin, einen Händler zu finden.

Die Traditionsfirma Škoda baute seit 1905 Autos, hatte aber nach 1945 so ihre Schwierigkeiten mit der Planwirtschaft. Die Personenwagen, die man bauen durfte, waren aufgewärmte Vorkriegsentwürfe, allerdings weitaus hübscher als der Durchschnitt auch der West-Ware. Mit Glück – oder guten Beziehungen – gab's einen Škoda Popular 1102 oder einen Typ 1200 mit wassergekühlten Reihen-Vierzylindermotoren und Querblattfederung, einen 440 oder, nach 1959, einen Oktavia – wobei die Vorderradaufhängung hier erstmals an Schraubenfedern erfolgte. Die bildschöne Cabriolet-Ausführung hieß Felicia, sie war der absolute Star in der Škoda-Modellpalette. Erst 1964 konnte Škoda mit dem MB 1000 die erste grundlegende Neuentwicklung der Nachkriegszeit vorstellen. Da war aber dann wirklich alles anders: Optik, Technik, Fahrwerk und Antriebskonfiguration, denn der Motor saß jetzt im Heck. Der Vierzylinder-Heckmotor mit seitlicher Nockenwelle leistete 37 und dann – in der Sportversion – 45 PS. Er entsprach, laut westlicher Autopresse, in *»Leistung und Drehzahlniveau ... dem Standard moderner, hoch entwickelter Einliter-Motoren.«* Im Alltagsbetrieb ergaben sich später doch einige erhebliche Mängel, aber trotz dieser Unzulänglichkeiten war er im Ostblock sehr begehrt. Bis 1969 entstanden rund 450.000 Einheiten. Die nachfolgende Baureihe S 100 brachte auch ein bildschönes Coupé hervor, das im Ostblock-Rallyesport für Aufsehen sorgte.

FAHRABENTEUER DANK HECKANTRIEB

Zu einer gewissen Bekanntheit im Westen brachten es die Preisbrecher vor allem in der nach 1976 gebauten Typenreihe S 105 / S 120. Da steckte zwar noch immer ein oller, zwölf Jahre alter 1000 MB drunter, aber er kleidete sich immerhin moderner. Die Umstellung auf Frontmotor und -antrieb wäre zwar geboten gewesen, doch die Regierung hatte ja extra 1964 für die Produktion von Heckmotorfahrzeugen komplett neue Fertigungsanlagen angeschafft, und da konnte man nicht schon wieder was Neues kaufen. Alleinstellungsmerkmal war die seitlich öffnende Kofferraumklappe vorn. Wir erinnern uns: Der Škoda hatte immer noch den Motor dort, wo andere Autos für gewöhnlich den Kofferraum haben. Dafür geriet der neue Škoda relativ ansehnlich mit seinen großen Fensterflächen und der flacher abfallenden Front- und Heckscheibe, wirkte aber wegen seiner schmalen 14-Zoll-Rädchen etwas ungelenk. Die Motoren hatte man etwas aufgebohrt; die Leistung stieg, der Drehmomentverlauf verbesserte sich und der Spritdurst sank: Die Škodas hatten akzeptable Verbrauchswerte – ein wichtiges Verkaufsargument. Die lange Bauzeit hatte außerdem den Vorteil, dass die tschechischen Heckschleudern einen hohen Reifegrad aufwiesen, das kam auch im Westen ganz gut an, wo Zuverlässigkeit und Dauerhaltbarkeit noch nicht zu den Kardinaltugenden aller Marken gehörten. Besonders beliebt waren Škoda auch in Großbritannien, wo man ja traditionell ein Faible für, sagen wir mal, ungewöhnliche Lösungen hatte.

West-Importe waren besser ausgestattet als Fahrzeuge für den heimischen Markt, und das Cabriolet – mit Bügel – auf Basis des Rapide-Coupés entstand nur für den Export. Anfang der Achtziger zum ersten und zur Mitte des Jahrzehnt ein zweites Mal modernisiert – erkennbar an den Scheinwerfern – und mit 1,3-Liter-Motor ausgestattet, gerieten die Heckmotor-Škodas aber zusehends ins Hintertreffen und gingen nur noch über den Preis: 1987 gehörte ein Škoda 1201 mit 8990 D-Mark zu den billigsten Neuwagen, was die Entscheidung für den Viertürer aber nicht leichter machte: Die erst im Vorjahr gegründete Auto Bild attestierte ihm ein *»abenteuerliches«* Fahrverhalten und bilanzierte: *»Dieses Auto ist für ungeübte Fahrer eine echte Herausforderung«* mit einer Schaltung, mit der man *»strenggenommen ... auch Rührkuchen backen könnte.«*

VOLVO

Für Volvo hat es, anders als für Saab, ein Happy End gegeben. Anfang der Siebziger legte sich der damalige Volvo-Boss Gunnar Engellau fest: Volvo, so sagte er in einem Interview mit dem deutschen Journalisten Lothar Beer, würde noch zehn Jahre selbständig bleiben. Er hat sich geirrt. Skandinaviens größter Industriekonzern gab seine Automobilsparte erst 1999 ab – an ein amerikanisches Unternehmen. Und irgendwie war das auch folgerichtig, denn der Ruf der Firma, unzerstörbare Autos zu bauen, war in den USA geschmiedet worden. Volvo galt in den amerikanischen Medien als solide, leistungsstark und unbedingt zuverlässig: Hundert Prozent schwedisch, so das amerikanische Fachblatt Car and Driver, und *»so zerbrechlich wie ein Eisenklotz«*.

Die Kombi-Ausführung »Duett« des Buckel-Volvo PV 444 (hier die Ausführung 1955–1958) ist unbekannt geblieben, was mit daran liegt, dass Volvo in Deutschland erst seit 1958 offiziell vertreten ist. (Foto: © Volvo)

DIE UNVERWÜSTLICHEN

Was als Inbegriff schwedischer Unverwüstlichkeit gilt, war – lange ist's her – ursprünglich ein Tochterunternehmen des schwedischen Kugellagerherstellers SKF gewesen. Zwei SKF-Mitarbeiter, die Herren Gabrielsson und Larson, durften dann unter diesem Markenzeichen den »Jakob«, den ersten in Schweden hergestellten Personenwagen, vermarkten. Die Firma hatte 1927 mit der PKW-Produktion begonnen, und da die Volvos robust und zuverlässig waren, begann nach 1945 der weltweite Siegeszug der Marke. Begonnen haben sie mit dem Buckel-Volvo P 544, der war in den frühen Sechzigern als unverwüstliches Rallyegerät bekannt, und auch die Vertreter der Amazon-Serie P 121 und P 122 S legten beachtliche Steher-Qualitäten an den Tag. Während die genannten Typen im Deutschland der späten Sechziger keine Rolle spielten – in den guten Monaten verkauften die Skandinavier rund 180 Fahrzeuge, alle Modelle zusammen genommen versteht sich, in schlechten noch nicht einmal 100 – änderte sich dies mit der neuen Baureihe 140, die Anfang 1967 ausgeliefert wurde. Ihre Vertreter waren nicht minder robust als ihre Vorgänger und trugen auch deren Technik auf. Sicher waren sie außerdem: Der Volvo 144 war mit einem Dreirad-Bremssystem ausgestattet, das jeweils drei Räder in einem Bremskreis zusammenfasste: der Tritt auf die Bremse wirkte jeweils auf die Vorderräder und ein Hinterrad, beim Ausfall eines Bremskreises wurde sichergestellt, dass an beiden Achsen Bremswirkung anlag. Auch sonst überzeugte der P 144, den nicht nur deutsche Tester auf Augenhöhe mit Mercedes sahen. Das Modellprogramm umfasste zunächst einen Viertürer (144), dann einen Zweitürer (142), einen Kombi (145), jeweils mit den modifizierten 1,8- und 2,0-Liter-Vierzylindern aus den Vorgängern. Interessanter wurde es Ende der Sechziger mit den Sechszylinder-Typen Volvo 164, mit denen die Skandinavier endlich auch in der Dreiliter-Klasse vertreten waren. Merkmal des Luxus-Volvos war, neben dem Plus an Radstand und Außenlänge, der neue, auffallende Kühlergrill. Und mit der serienmäßigen Abgasreinigung in Form einer Gemischvorheizung, was zu rückstandsfreierer Verbrennung führte, hatten die Schweden auch in Sachen Umweltschutz die Schnauze vorn.

NIEDERLÄNDISCHE ABENTEUER

Wenn Volvo auch durch Blech, Lack und Stabilbauweise den Ruf eherner Unerschütterlichkeit vor sich her trug und in Sachen passiver Sicherheit den Schweden so leicht niemand etwas vormachte, so geriet doch Anfang der Siebziger Volvo technisch eher in Rückstand: Untenliegende Nockenwelle und hintere Starrachse – bei Autos in dieser Preisklasse erwartete der Käufer inzwischen mehr, da mochte Volvo-Chef Engellau noch so sehr das Loblied auf die robusten Gusseisernen singen.
Und sonderlich sparsam waren die klotzigen Limousinen auch nicht, auto motor und sport testete einen Automatik-144er mit 115 PS, trotz Einspritzung, mit einem Durchschnittsverbrauch von 16,7 Litern. Bei einer Beschleunigung von 0–100 km/h in 15 Sekunden und einer Spitzengeschwindigkeit von 171 km/h war das für ein

Der Volvo P1800 war ein Relikt der Sechziger, die Produktion lief wegen verschärfter US-Sicherheitsbestimmungen 1973 aus. Zuletzt gebaut worden war die Kombi-Variante 1800 ES mit dem Spitznamen »Schneewittchensarg«. (Foto: © Auto-Medienportal.Net/Volvo)

Die Volvo-Baureihe P120 (1956–1970) ist ein idealer Einstiegsklassiker. Tester lobten damals Platzangebot, Straßenlage, Temperament und Verarbeitung, heute sprechen die gute Ersatzteilsituation und die unverwüstlichen Motoren dafür. (Foto: © Volvo)

Die Volvo 740/760 (1982–1991) sind robust, zuverlässig und noch günstig. Am besten einen ab Baujahr 1988 nehmen. (Foto: © Volvo)

Die Volvo-Baureihe 140 war die erste ernstzunehmende Alternative für Mercedesfahrer.

Ein Volvo hatte kantig zu sein. Die Frontantriebsbaureihe 480 (1986–1995) mit Klappscheinwerfern war das nicht und fiel beim Publikum durch. (Foto: © Volvo)

17.000-D-Mark-Auto nun wahrhaft nicht berauschend, doch *»ursolider Autobau«*. Längst nicht mehr zeitgemäß waren auch die seit 1961 praktisch unverändert gebauten P1800-Coupés – trotz des Versuchs, mit dem »Schneewittchensarg« ES 1800 das Unvermeidliche zu verzögern. Und auch sonst rollte Mitte der Siebziger der Skandinavien-Express nicht mehr richtig rund. Bezeichnend dafür war die Akquisition des niederländischen Autobauers DAF, der sich zu einem Viertel in staatlichem Besitz befand. Die niederländische Firma DAF war als Pkw-Hersteller am 1. Mai 1975 Geschichte: Was danach aus den Van Doornes Automobilfabriken in Eindhoven vom Band rollte, hieß Volvo. Nachdem die Skandinavier das Sagen hatten, bereinigten sie die Modellpalette – Kombi und Coupés fielen aus dem Programm –, bauten den 66er noch unter eigener Bezeichnung weiter und ließen dann dort auch den von DAF entwickelten 343 als Volvo vom Band rollen. Das war der erste Fehlgriff, das niederländische Werk war nicht ausgelastet und der 343 entwickelte sich zum Ladenhüter – weswegen alsbald eine Variante mit Schaltgetriebe statt Keilriemen-Vollautomatik nachgeschoben wurde. Aus diesen Anfängen ging dann die Einstiegs-Baureihe 440/460/480 hervor, doch die standen, zumindest hierzulande, immer ein wenig im Schatten der ikonenhaften 240er. Kurzum: Das Werk in den Niederlanden entwickelte sich zum Zuschussgeschäft, Volvo stoppte den Bau eines eigenen Werkes in den USA und begann Ende der Siebziger unter der Leitung von Haakan Frisinger, die Pkw-Sparte aus dem Gesamtkonzern auszugliedern.

Dem neuen Chef waren die Probleme wohl bekannt: Schwere, aber schwache Autos, Wechselkursprobleme, die zu starken Absatzeinbrüchen führten – das halbe Hundert Händler, das der Marke Anfang der Achtziger in der Bundesrepublik die Treue hielt, machte schwere Zeiten durch.

ECKEN UND KANTEN

Und auch der 140-Nachfolger 240 hatte keinen Traumstart gehabt. Er erschien im August 1974 in den Ausführungen 242, 244 und 245 auf dem Markt, doch auch auf den zweiten Blick zeigte er nichts anderes als das, was Volvo vorher schon geboten hatte: In Blech gepresste Seriosität, so wenig aufregend wie ein Bausparvertrag, aber von bedingungsloser, unzerstörbarer Solidität. Die amerikanische Verkehrssicherheitsbehörde wählte ihn zum Maßstab, als es 1976 darum ging, Karosserie-Sicherheitsnormen festzulegen. Dazu kam ein technisches Frontmotor und Heckantrieb nicht arg weit von dem entfernt war, was Volvo schon seit Jahrzehnten baute – und noch für zwei Jahrzehnte bauen sollte.

Die 240er Reihe wurde bis zuletzt (und das heißt 1993) beständig weiterentwickelt. Nicht alle Varianten wurden auf dem deutschen Markt angeboten, am beliebtesten waren die Viertürer in der Ausstattung DL oder GL, Letztere serienmäßig mit Ledersitzen und Metalliclackierung. Die ersten Wagen hatten den vom Vorgänger übernommenen B20-Motor mit 82 PS, den zum Modelljahr 1979 eingeführten Dieselmotor mit identischer Motorleistung kauften die Schweden bei VW zu, was nicht unbedingt die beste Idee war: Laut und lahm, mit ständig sabbernder Kopfdichtung – sie schleppten schwer am Schwedenstahl. Aber wer einen Volvo fuhr, wollte nicht rasen, sondern seine Familie sicher befördern, und deswegen standen, je länger desto mehr, die Kombis im Fokus – besonders fein mit dem Europa-Motor, dem gemeinsam mit Peugeot und Renault entwickelten 2,7-Liter-Sechszylinder. In Deutschland nicht angeboten wurden die Sechszylinder-Coupés im Bertone-Design – vielleicht ganz gut, mit den schmalen Sehschlitzen sahen sie aus wie eine Limousine mit Kopfweh –, während die klotzigen 700er, die ab 1982 die 240er/260er hätten ablösen sollen, noch vor diesen 1992 ausliefen.

Es bereitet keine Mühe, heute noch einen 240er Kombi im Straßenverkehr zu entdecken, 700er sind deutlich seltener. Das gilt auch für die 900er, ebenso schuhkartonkantig wie alle Volvos bis in die Neunziger und schon damals zu teuer, um weite Verbreitung zu finden. 240er-ähnliche Popularität hat erst wieder die Baureihe 850 an den Tag gelegt.

Den Volvo 244 DL gab es ab Ende 1977 auch mit Einspritzung: »Animiert kaum zum zügigen Fahren, kann es aber ganz gut«, so die Presse damals. (Foto. © Volvo)